华章图书

一本打开的书，一扇开启的门，
通向科学殿堂的阶梯，托起一流人才的基石。

www.hzbook.com

计算机科学丛书

原书第2版

C++语言导学

[美] 本贾尼·斯特劳斯特鲁普（Bjarne Stroustrup） 著

王刚 译

图书在版编目（CIP）数据

C++语言导学（原书第2版）/（美）本贾尼·斯特劳斯特鲁普（Bjarne Stroustrup）著；王刚译．—北京：机械工业出版社，2019.8（2021.11重印）

（计算机科学丛书）

书名原文：A Tour of C++, Second Edition

ISBN 978-7-111-63328-0

I. C… II. ① 本… ② 王… III. C++语言-程序设计 IV. TP312.8

中国版本图书馆CIP数据核字（2019）第164242号

本书版权登记号：图字 01-2018-6463

Authorized translation from the English language edition, entitled A Tour of C++, Second Edition, ISBN: 9780134997834, by Bjarne Stroustrup, published by Pearson Education, Inc., Copyright © 2018 Pearson Education，Inc.

All rights reserved. No part of this book may be reproduced or transmitted in any form or by any means, electronic or mechanical, including photocopying, recording or by any information storage retrieval system, without permission from Pearson Education, Inc.

Chinese simplified language edition published by China Machine Press, Copyright © 2019.

本书中文简体字版由Pearson Education（培生教育出版集团）授权机械工业出版社在中华人民共和国境内（不包括香港、澳门特别行政区及台湾地区）独家出版发行。未经出版者书面许可，不得以任何方式抄袭、复制或节录本书中的任何部分。

本书封底贴有Pearson Education（培生教育出版集团）激光防伪标签，无标签者不得销售。

本书简洁、自成体系，包含C++语言大多数主要特性和标准库组件。当然，这些并未深入介绍，而是给予程序员一个有意义的语言概述、一些关键的例子以及起步阶段的实用帮助。本书的目标不是教你如何编程，它也不可能是你精通C++的唯一资源。但是，如果你是一名C或C++程序员，希望更加熟悉现在的C++语言，或者你是一名精通其他语言的程序员，希望获得有关现代C++语言本质和优点的精确描述，本书是最优选择。

出版发行：机械工业出版社（北京市西城区百万庄大街22号　邮政编码100037）
责任编辑：张梦玲　　　　　　　　　　责任校对：李秋荣
印　　刷：三河市宏图印务有限公司　　版　　次：2021年11月第1版第2次印刷
开　　本：185mm×260mm　1/16　　印　　张：14.25
书　　号：ISBN 978-7-111-63328-0　定　　价：79.00元

客服电话：(010) 88361066　88379833　68326294　　投稿热线：(010) 88379604
华章网站：www.hzbook.com　　　　　　　　　　　读者信箱：hzjsj@hzbook.com

版权所有·侵权必究
封底无防伪标均为盗版
本书法律顾问：北京大成律师事务所　韩光/邹晓东

译者序
A Tour of C++, Second Edition

C++ 是一门经典的程序设计语言。

Bjarne Stroustrup 是 C++ 的设计者、最初的实现者和 ISO 标准的主要制定者。

《A Tour of C++》是 Bjarne Stroustrup 推出的一本能令有经验的程序员快速了解现代 C++ 语言的小册子。与作者的其他著作相比，本书有三个特点。一是"新"：本书以快速导览的形式介绍 C++，是作者的一次新的尝试。从写作手法、章节组织到示例选取都力图推陈出新，一改语言类书籍教条枯燥的通病，文字间洋溢着新意。作为第 2 版，在内容选取、结构组织上较之前的第 1 版进行了全面更新。二是"薄"：本书篇幅短小，每个主题多则二三十页少则十余页即叙述完成，不论随身携带或者置于案头，读者都可以在较短时间内读完本书并从中受益。三是"精"：本书的文字虽少，内容却不少，甚至可以说非常丰富。不但涉及 C++ 的绝大多数语言特性以及重要的标准库组件，而且涵盖了 C++17 标准及未来的 C++20 标准中的很多新内容。

在翻译过程中我们有这样一个体会，与其说作者在书中介绍一些语法和技术，不如说他在传递思想。传递他在发明、设计和不断完善 C++ 语言的过程中的所思和所虑；当思想和编程实践产生碰撞时，他又基于丰富的实践经验给出了非常中肯的建议。

很多学习者和程序员常常会有这样的疑问：C++ 是什么？读完本书，相信你会得到满意的答案。

由于时间紧促且译者水平有限，书中的不当之处恳请广大读者批评指正。

2019 年夏
于南开园

前 言
A Tour of C++, Second Edition

> 教而至简，不亦乐乎。
> ——西塞罗

现在的 C++ 感觉就像是一种新的语言。与 C++98 相比，使用现在的 C++ 我能更清晰、更简单、更直接地表达思想。而且，编译器可以更好地检查程序中的错误，程序的运行速度也提高了。

本书给出 C++ 语言的一个概述，这里所说的 C++ 是由当前的 ISO C++ 标准 C++17 定义的，由主要的 C++ 提供商实现。此外，本书还会介绍一些目前在使用的 ISO 技术规范定义的概念和模块，但它们在 C++20 尚无计划包含进标准中。

就像其他任何一种现代编程语言一样，C++ 规模庞大且提供了非常丰富的库，这是高效编程所需的。这本小册子的目的是让一个有经验的程序员快速了解现代 C++ 语言，因此它覆盖了 C++ 大多数主要的语言特性和标准库组件。读者花费几个小时就能读完这本书，但显然要想写出漂亮的 C++ 程序绝非一日之功。好在本书的目的并非让读者熟练掌握一切，而只是给出一个概览，给出一些关键的例子，帮助读者开始自己的 C++ 之旅。

假设读者已经拥有了一些编程经验。如果没有，建议你先找一本入门教材学习，比如《Programming: Principles and Practice Using C++, Second Edition》（C++ 程序设计原理与实践（第 2 版））[Stroustrup, 2014]，然后再来学习本书。即便你曾经编写过程序，你使用的语言或者编写的应用也可能在风格或形式上与本书所介绍的 C++ 相距甚远。

我们用城市观光的例子来说明本书的作用，比如游览哥本哈根或者纽约。在短短几个小时之内，你可能会匆匆游览几个主要的景点，听一些有趣的传说或故事，然后听取建议接下来做什么。仅靠这样一段旅程，你无法真正了解这座城市，也无法完全理解听到和看到的东西，更无法熟悉这座城市正式的和非正式的生存法则。毕竟想要真正了解一座城市，你必须生活在其中，而且往往需要多年。不过如果幸运的话，此时你已经对城市的概貌有了一些了解，知道了它的某些特殊之处，并且对某些方面产生了兴趣。在这段旅程之后，你就可以开始真正的探索了。

本书的风格就像这段旅程，它会为你介绍 C++ 语言的主要特性，这是按其所支持的程序设计风格来呈现的，例如面向对象编程和泛型编程。本书不准备提供一个详细的、手册式的、逐条特性的 C++ 语言描述。遵循优秀教科书的传统，我努力在使用每个语言特性之前对其进行解释，但实际情况并不总能允许我这样做，而且并不是每个人都会严格按顺序阅读本书。因此，我鼓励读者使用交叉引用和索引。

类似地，本书以示例的方式介绍标准库，而非逐一列举标准库特性。本书没有介绍 ISO 标准之外的库，读者需要的话可以查阅相关资料，例如 [Stroustrup, 2013] 和 [Stroustrup, 2014]，网络上也有大量（质量参差不齐）的其他资料，如 [Cppreference]。例如，当我提到一个标准库函数或类时，很容易就能找到它的定义，并且通过查找其文档，能找到很多相关的资料。

本书力求把 C++ 作为一个整体呈现在读者面前，而非像千层糕一样逐层地介绍。因此，本书不细分某个语言特性是属于 C、C++98 的一部分还是新的 C++11、C++14 或 C++17。这种信息可在第 16 章（历史和兼容性）中找到。本书聚焦基础并力求简洁，但也未能完全抵抗过度阐述新特性的诱惑。这看起来也满足了很多已经了解旧版本 C++ 的读者的好奇心。

一本程序设计语言参考手册或标准会简单陈述可以做什么，但程序员通常对学习如何用好语言更感兴趣。达到这个目的一方面要靠主题的选择，另一方面要靠文字的组织，特别是建议部分。关于优秀的现代 C++ 语言是怎样构成的更多建议可在《C++ Core Guidelines》（C++ 核心准则）[Stroustrup, 2015] 一书中找到。对于希望继续深入探索本书介绍的思想的读者，这是一本很好的书。你可能注意到了，《C++ Core Guidelines》和本书在建议的呈现上甚至建议的编号方式上都惊人地相似。其中一个原因是本书第 1 版是最初的《C++ Core Guidelines》的主要参考资源。

致谢

本书的一些内容源自《C++ 程序设计语言（第 4 版）》（TC++PL4）[Stroustrup, 2013]，因此要感谢帮助我完成 TC++PL4 的所有同仁。

感谢帮助我完成并校对本书第 1 版的所有同仁。

感谢 Morgan Stanley 给予我时间进行本书的写作。感谢哥伦比亚大学 2018 年春季课程"使用 C++ 设计程序"的所有学生找出了本书最初草稿中的很多拼写问题和错误并给出了很多建设性的意见。

感谢 Paul Anderson、Chuck Allison、Peter Gottschling、William Mons、Charles Wilson 和 Sergey Zubkov 审阅了本书并给出了很多改进建议。

本贾尼·斯特劳斯特鲁普

曼哈顿，纽约

目 录

译者序
前言

第1章 基础知识 ··········· 1
1.1 引言 ··········· 1
1.2 程序 ··········· 1
1.3 函数 ··········· 3
1.4 类型、变量和算术运算 ··········· 4
1.4.1 算术运算 ··········· 5
1.4.2 初始化 ··········· 6
1.5 作用域和生命周期 ··········· 7
1.6 常量 ··········· 8
1.7 指针、数组和引用 ··········· 9
1.8 检验 ··········· 12
1.9 映射到硬件 ··········· 14
1.9.1 赋值 ··········· 14
1.9.2 初始化 ··········· 15
1.10 建议 ··········· 16

第2章 用户自定义类型 ··········· 18
2.1 引言 ··········· 18
2.2 结构 ··········· 18
2.3 类 ··········· 20
2.4 联合 ··········· 21
2.5 枚举 ··········· 22
2.6 建议 ··········· 23

第3章 模块化 ··········· 25
3.1 引言 ··········· 25
3.2 分别编译 ··········· 26
3.3 模块（C++20） ··········· 27
3.4 名字空间 ··········· 29
3.5 错误处理 ··········· 30
3.5.1 异常 ··········· 30
3.5.2 不变式 ··········· 32
3.5.3 错误处理替代 ··········· 33
3.5.4 合约 ··········· 35
3.5.5 静态断言 ··········· 35
3.6 函数参数和返回值 ··········· 36
3.6.1 参数传递 ··········· 36
3.6.2 返回值 ··········· 37
3.6.3 结构化绑定 ··········· 39
3.7 建议 ··········· 40

第4章 类 ··········· 41
4.1 引言 ··········· 41
4.2 具体类型 ··········· 42
4.2.1 一种算术类型 ··········· 42
4.2.2 容器 ··········· 44
4.2.3 初始化容器 ··········· 45
4.3 抽象类型 ··········· 47
4.4 虚函数 ··········· 49
4.5 类层次 ··········· 50
4.5.1 层次结构的益处 ··········· 52
4.5.2 层次漫游 ··········· 53
4.5.3 避免资源泄漏 ··········· 54
4.6 建议 ··········· 55

第5章 基本操作 ··········· 57
5.1 引言 ··········· 57
5.1.1 基本操作 ··········· 57
5.1.2 类型转换 ··········· 59
5.1.3 成员初始值 ··········· 59
5.2 拷贝和移动 ··········· 60
5.2.1 拷贝容器 ··········· 60
5.2.2 移动容器 ··········· 62
5.3 资源管理 ··········· 63
5.4 常规操作 ··········· 65
5.4.1 比较 ··········· 65

5.4.2	容器操作	65
5.4.3	输入输出操作	66
5.4.4	用户自定义字面值	66
5.4.5	`swap()`	67
5.4.6	`hash<>`	67
5.5	建议	67

第6章 模板

6.1	引言	69
6.2	参数化类型	69
6.2.1	约束模板参数（C++20）	71
6.2.2	值模板参数	71
6.2.3	模板参数推断	72
6.3	参数化操作	73
6.3.1	函数模板	73
6.3.2	函数对象	74
6.3.3	lambda 表达式	75
6.4	模板机制	77
6.4.1	可变参数模板	78
6.4.2	别名	78
6.4.3	编译时 if	79
6.5	建议	80

第7章 概念和泛型编程

7.1	引言	81
7.2	概念（C++20）	81
7.2.1	概念的使用	82
7.2.2	基于概念的重载	83
7.2.3	合法代码	84
7.2.4	概念的定义	84
7.3	泛型编程	86
7.3.1	概念的使用	86
7.3.2	使用模板抽象	86
7.4	可变参数模板	88
7.4.1	表达式折叠	89
7.4.2	参数转发	90
7.5	模板编译模型	90
7.6	建议	91

第8章 标准库概览

8.1	引言	92
8.2	标准库组件	92
8.3	标准库头文件和名字空间	93
8.4	建议	94

第9章 字符串和正则表达式

9.1	引言	95
9.2	字符串	95
9.3	字符串视图	97
9.4	正则表达式	99
9.4.1	搜索	99
9.4.2	正则表达式符号表示	100
9.4.3	迭代器	104
9.5	建议	104

第10章 输入输出

10.1	引言	106
10.2	输出	107
10.3	输入	108
10.4	I/O 状态	109
10.5	用户自定义类型的 I/O	110
10.6	格式化	111
10.7	文件流	112
10.8	字符串流	112
10.9	C 风格 I/O	113
10.10	文件系统	114
10.11	建议	117

第11章 容器

11.1	引言	119
11.2	`vector`	119
11.2.1	元素	121
11.2.2	范围检查	122
11.3	`list`	123
11.4	`map`	125
11.5	`unordered_map`	125
11.6	容器概述	127
11.7	建议	128

第12章 算法

12.1	引言	130
12.2	使用迭代器	131

12.3	迭代器类型	133
12.4	流迭代器	134
12.5	谓词	136
12.6	算法概述	136
12.7	概念（C++20）	137
12.8	容器算法	140
12.9	并行算法	140
12.10	建议	141

第 13 章 实用功能 142

13.1	引言	142
13.2	资源管理	142
13.2.1	unique_ptr 和 shared_ptr	143
13.2.2	move() 和 forward()	145
13.3	范围检查：span	147
13.4	特殊容器	148
13.4.1	array	149
13.4.2	bitset	150
13.4.3	pair 和 tuple	151
13.5	选择	152
13.5.1	variant	153
13.5.2	optional	154
13.5.3	any	155
13.6	分配器	155
13.7	时间	156
13.8	函数适配器	157
13.8.1	lambda 作为适配器	157
13.8.2	mem_fn()	157
13.8.3	function	158
13.9	类型函数	158
13.9.1	iterator_traits	159
13.9.2	类型谓词	161
13.9.3	enable_if	161
13.10	建议	162

第 14 章 数值 163

14.1	引言	163
14.2	数学函数	163
14.3	数值算法	164
14.4	复数	165
14.5	随机数	166
14.6	向量算术	167
14.7	数值限制	168
14.8	建议	168

第 15 章 并发 169

15.1	引言	169
15.2	任务和 thread	169
15.3	传递参数	170
15.4	返回结果	171
15.5	共享数据	172
15.6	等待事件	173
15.7	任务通信	175
15.7.1	future 和 promise	175
15.7.2	packaged_task	176
15.7.3	async()	177
15.8	建议	178

第 16 章 历史和兼容性 180

16.1	历史	180
16.1.1	大事年表	181
16.1.2	早期的 C++	182
16.1.3	ISO C++ 标准	184
16.1.4	标准和编程风格	186
16.1.5	C++ 的应用	186
16.2	C++ 特性演化	186
16.2.1	C++11 语言特性	187
16.2.2	C++14 语言特性	188
16.2.3	C++17 语言特性	188
16.2.4	C++11 标准库组件	188
16.2.5	C++14 标准库组件	189
16.2.6	C++17 标准库组件	189
16.2.7	已弃用特性	190
16.3	C/C++ 兼容性	190
16.3.1	C 和 C++ 是兄弟	191
16.3.2	兼容性问题	192
16.4	参考文献	193
16.5	建议	196

索引 198

第 1 章

A Tour of C++, Second Edition

基 础 知 识

> 首要任务，干掉所有语言专家。
> ——《亨利六世》（第二部分）

- 引言
- 程序
  Hello, World!
- 函数
- 类型、变量和算术运算
  算术运算；初始化
- 作用域和生命周期
- 常量
- 指针、数组和引用
  空指针
- 检验
- 映射到硬件
  赋值；初始化
- 建议

1.1 引言

本章简要介绍 C++ 的符号系统、C++ 的内存模型和计算模型以及将代码组织为程序的基本机制。这些语言设施支持最为常见的 C 语言编程风格，我们称之为过程式编程（procedural programming）。

1.2 程序

C++ 是一种编译型语言。为了让程序运行，首先要用编译器处理源代码文本，生成目标文件，然后再用连接器将目标文件组合成可执行程序。一个 C++ 程序通常包含多个源代码文件，通常简称为源文件（source file）。

可执行程序都是为特定的硬件/系统组合创建的，不具可移植性。比如说，Mac 上的可执行程序就无法移植到 Windows PC 上。当谈论 C++ 程序的可移植性时，通常是指源代码的可移植性，即源代码可以在不同系统上成功编译并运行。

ISO 的 C++ 标准定义了两类实体：

- 核心语言特性（core language feature），例如内置类型（如 `char` 和 `int`）和循环（如 `for` 语句和 `while` 语句）；
- 标准库组件（standard-library component），比如容器（如 `vector` 和 `map`）和 I/O 操作（如 `<<` 和 `getline()`）。

每个 C++ 实现都提供标准库组件，它们其实也是非常普通的 C++ 代码。换句话说，C++ 标准库可以用 C++ 语言本身实现（仅在实现线程上下文切换这样的功能时才使用少量机器代码）。这意味着 C++ 在面对大多数高要求的系统编程任务时既有丰富的表达力，同时也足够高效。

C++ 是一种静态类型语言，这意味着任何实体（如对象、值、名称和表达式）在使用时都必须已被编译器了解。对象的类型决定了能在该对象上执行的操作。

Hello, World!

最小的 C++ 程序如下所示：

```
int main() { }        // 最小的 C++ 程序
```

这段代码定义了一个名为 `main` 的函数，该函数既不接受任何参数，也不做什么实际工作。

在 C++ 中，花括号 `{}` 表示成组的意思，上面的例子里，它指出函数体的首尾边界。从双斜线 `//` 开始直到该行结束是注释，注释只供人阅读和参考，编译器会直接略过注释。

每个 C++ 程序必须有且只有一个名为 `main()` 的全局函数，它是程序执行的起点。如果 `main()` 返回一个 `int` 整数值，则它是程序返回给"系统"的值。如果 `main()` 不返回任何内容，则系统也会收到一个表示程序成功完成的值。`main()` 返回非零值表示程序执行失败。并非每个操作系统和执行环境都会利用这个返回值：基于 Linux/Unix 的环境通常会用到，而基于 Windows 的环境很少会用到。

通常情况下，程序会产生一些输出。例如，下面这个程序输出 Hello, World!：

```
#include <iostream>

int main()
{
    std::cout << "Hello, World!\n";
}
```

`#include<iostream>` 这一行指示编译器把 `iostream` 中涉及的标准流 I/O 设施的声明包含（include）进来。如果没有这些声明的话，表达式

```
std::cout << "Hello, World!\n"
```

无法正确执行。运算符 `<<`（"输出"）把它的第二个参数写入到第一个参数。在这个例子里，字符串字面值 `"Hello, World!\n"` 被写入到标准输出流 `std::cout`。字符串字面值是指被一对双引号包围的字符序列。在字符串字面常量中，反斜线 `\` 紧跟另一个字符组成一个"特殊字符"。在这个例子中，`\n` 是换行符，因此最终的输出结果是 Hello, World! 后跟一个换行。

`std::` 指出名字 `cout` 可在标准库名字空间（参见 3.4 节）中找到。本书在讨论标准特

性时通常会省略掉 `std::`，3.4 节将介绍如何不使用显式限定符而让名字空间中的名字可见。

基本上所有可执行代码都要放在函数中，并且被 main() 直接或间接地调用。例如：

```
#include <iostream>      // 包含（"引入"）I/O 流库的声明

using namespace std;     // 使得 std 中的名字变得可见，而无须再使用 std::（参见 3.4 节）

double square(double x)  // 计算一个双精度浮点数的平方
{
    return x*x;
}

void print_square(double x)
{
    cout << "the square of " << x << " is " << square(x) << "\n";
}

int main()
{
    print_square(1.234);  // 打印: the square of 1.234 is 1.52276（1.234 的平方是 1.52276）
}
```

"返回类型" void 表示函数 print_square( ) 不返回任何值。

1.3 函数

在 C++ 程序中完成某些任务的主要方式就是调用函数。你若想描述如何进行某个操作，把它定义成函数是标准方式。注意，函数必须先声明后调用。

一个函数声明需要给出三部分信息：函数的名字、函数的返回值类型（如果有的话）以及调用该函数必须提供的参数数量和类型。例如：

```
Elem* next_elem();       // 无参数，返回一个指向 Elem 的指针（一个 Elem*）
void exit(int);          // 接受一个 int 参数，不返回任何值
double sqrt(double);     // 接受一个 double 参数，返回的也是一个 double 类型
```

在一个函数声明中，返回类型位于函数名之前，参数类型位于函数名之后，并用括号包围起来。

参数传递的语义与初始化的语义是相同的（参见 3.6.1 节）。即，编译器会检查参数的类型，并且在必要时执行隐式参数类型转换（参见 1.4 节）。例如：

```
double s2 = sqrt(2);         // 用参数 double{2} 调用 sqrt() 函数
double s3 = sqrt("three");   // 错误: sqrt() 函数要求参数类型是 double
```

我们不应低估这种编译时检查和类型转换的价值。

函数声明可以包含参数名，这有助于读者理解程序的含义。但实际上，除非该声明同时也是函数的定义，否则编译器会简单忽略参数名。例如：

```
double sqrt(double d);       // 返回 d 的平方根
double square(double);       // 返回参数的平方结果
```

返回类型和参数类型属于函数类型的一部分。例如：

```
double get(const vector<double>& vec, int index); // 函数类型: double(const vector<double>&, int)
```

函数可以是类的成员（参见 2.3 节和 4.2.1 节）。对这种成员函数（member function），类

名也是函数类型的一部分，例如：

```
char& String::operator[](int index);        // 函数类型：char& String::(int)
```

我们都希望自己的代码易于理解，因为这是提高代码可维护性的第一步。而令程序易于理解的第一步，就是将计算任务分解为有意义的模块（用函数和类表达）并为它们命名。这样的函数就提供了计算的基本词汇，就像类型（包括内置类型和用户自定义类型）提供了数据的基本词汇一样。C++ 标准算法（如 `find`、`sort` 和 `iota`）提供了一个良好开端（参见第 12 章），接下来我们就能用这些表示通用或者特殊任务的函数组合出更复杂的计算模块了。

代码中错误的数量通常与代码的规模和复杂程度密切相关，多使用一些更短小的函数有助于降低代码的规模和复杂度。例如，通过定义函数来执行一项专门任务，在其他代码中我们就不必再为其编写一段对应的特定代码，将任务定义为函数促使我们为这些任务命名并明确它们的依赖关系。

如果程序中存在名字相同但参数类型不同的函数，则编译器会为每次调用选择最恰当的版本。例如：

```
void print(int);            // 接受一个整型参数
void print(double);         // 接受一个浮点型参数
void print(string);         // 接受一个字符串型参数

void user()
{
    print(42);              // 调用 print(int)
    print(9.65);            // 调用 print(double)
    print("Barcelona");     // 调用 print(string)
}
```

如果存在两个可供选择的函数且它们难分优劣，则编译器认为此次调用具有二义性并报错。例如：

```
void print(int,double);
void print(double,int);

void user2()
{
    print(0,0);             // 错误：二义性调用
}
```

定义多个具有相同名字的函数就是我们所熟知的函数重载（function overloading），它是泛型编程（参见 7.2 节）的一个基本部分。当重载函数时，应保证所有同名函数都实现相同的语义。`print()` 函数就是一个这样的例子：每个 `print()` 都将其实参打印出来。

1.4 类型、变量和算术运算

每个名字、每个表达式都有自己的类型，类型决定了能对名字和表达式执行的操作。例如，下面的声明

```
int inch;
```

指定 `inch` 的类型为 `int`，也就是说，`inch` 是一个整型变量。

一个声明（declaration）是一条语句，为程序引入一个实体，并为该实体指明类型：

- 一个类型（type）定义了一组可能的值以及一组（对象上的）操作。
- 一个对象（object）是存放某种类型值的内存空间。
- 一个值（value）是一组二进制位，具体的含义由其类型决定。
- 一个变量（variable）是一个命名的对象。

C++ 就像一个小型动物园，提供了各种基本类型，但我不是一个动物学家，因此在这里不会列出全部的 C++ 基本类型。你可以在网络上的参考资料中找到它们，如 [Stroustrup,2003] 或 [Cppreference]。一些例子如下：

```
bool        // 布尔值，可取 true 或 false
char        // 字符，如 'a' 'z' 和 '9'
int         // 整数，如 -273、42 和 1066
double      // 双精度浮点数，如 -273.15、3.14 和 6.626e-34
unsigned    // 非负整数，如 0、1 和 999（用于位逻辑运算）
```

每种基本类型都直接对应硬件设施，具有固定的大小，这决定了其中所能存储的值的范围：

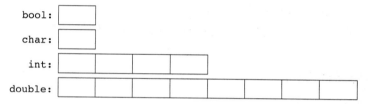

一个 char 变量的实际大小为给定机器上存放一个字符所需的空间（通常是一个 8 位的字节），其他类型的大小都是 char 大小的整数倍。类型的大小是依赖于实现的（即，在不同机器上可能不同），可使用 sizeof 运算符获得这个值。例如，sizeof(char) 等于 1，sizeof(int) 通常是 4。

数包括浮点数和整数。

- 浮点数是通过小数点（如 3.14）或指数（如 3e-2）来区分的。
- 整数字面值默认是十进制（如，42 表示四十二）。前缀 0b 指示二进制（基为 2）的整数字面值（如 0b10101010）。前缀 0x 指示十六进制（基为 16）整数字面值（如 0xBAD1234）。前缀 0 指示八进制（基为 8）的整数字面值（如 0334）。

为了令长字面常量对人类更易读，我们可以使用单引号（'）作为数字分隔符。例如，π 大约为 3.14159'26535'89793'23846'26433'83279'50288，如果你更喜欢十六进制，就是 0x3.243F'6A88'85A3'08D3。

1.4.1 算术运算

算术运算符可用于上述基本类型的恰当组合：

```
x+y     // 加法
+x      // 一元加法
x-y     // 减法
-x      // 一元减法
x*y     // 乘法
x/y     // 除法
x%y     // 整数取余（取模）
```

比较运算符也是如此：

```
x==y    // 相等
x!=y    // 不相等
x<y     // 小于
x>y     // 大于
x<=y    // 小于等于
x>=y    // 大于等于
```

除此之外，C++ 还提供了逻辑运算符：

```
x&y     // 位与
x|y     // 位或
x^y     // 位异或
~x      // 按位求补
x&&y    // 逻辑与
x||y    // 逻辑或
!x      // 逻辑非（否定）
```

位逻辑运算符对运算对象逐位计算，产生结果的类型与运算对象的类型一致。逻辑运算符 `&&` 和 `||` 根据运算对象的值返回 `true` 或者 `false`。

在赋值运算和算术运算中，C++ 会在基本类型之间进行有意义的转换，以便它们能自由地混合运算：

```
void some_function()    // 不返回值的函数
{
    double d = 2.2;     // 初始化浮点数
    int i = 7;          // 初始化整数
    d = d+i;            // 将求和结果赋给 d
    i = d*i;            // 将乘积结果赋给 i；注意，double 类型的 d*i 被截断为一个 int
}
```

表达式中使用的类型转换称为常规算术类型转换（usual arithmetic conversion），其目的是确保表达式以运算对象中最高的精度进行计算。例如，对一个 `double` 和一个 `int` 求和，执行的是双精度浮点数的加法。

注意，`=` 是赋值运算符，而 `==` 是相等性检测。

除了常规的算术和逻辑运算符，C++ 还提供了更特殊的修改变量的运算：

```
x+=y    // x = x+y
++x     // 递增：x = x+1
x-=y    // x = x-y
--x     // 递减：x = x-1
x*=y    // 缩放：x = x*y
x/=y    // 缩放：x = x/y
x%=y    // x = x%y
```

这些运算符简洁、方便，因此使用非常频繁。

表达式的求值顺序是从左至右的，赋值操作除外，它是从右至左求值的。不幸的是，函数实参的求值顺序是未指定的。

1.4.2 初始化

在使用对象之前，必须给它赋予一个值。C++ 提供了多种表达初始化的符号，如前面用到的 `=`，以及一种更通用的形式——花括号限界的初始值列表：

```
double d1 = 2.3;                    // 将 d1 初始化为 2.3
double d2 {2.3};                    // 将 d2 初始化为 2.3
double d3 = {2.3};                  // 将 d3 初始化为 2.3（使用 { ... } 初始化, = 是可选的）
complex<double> z = 1;              // 标量为双精度浮点数的复数
complex<double> z2 {d1,d2};
complex<double> z3 = {d1,d2};       // 使用 { ... } 初始化, = 是可选的

vector<int> v {1,2,3,4,5,6};        // 整数向量
```

= 初始化是一种比较传统的形式，可追溯到 C 语言，但如果你心存疑虑，那么还是使用通用的 {} 列表形式。抛开其他不谈，这至少可以令你避免在类型转换中丢失信息：

```
int i1 = 7.8;          // i1 变成了 7（惊讶吗？）
int i2 {7.8};          // 错误：浮点数向整数的转换
```

不幸的是，丢失信息的类型转换，即收缩转换（narrowing conversion），如 `double` 转换为 `int` 及 `int` 转换为 `char`，在 C++ 中是允许的，而且是隐式应用的。隐式收缩转换带来的问题是为了与 C 语言兼容而付出的代价（参见 16.3 节）。

我们不可以漏掉常量（参见 1.6 节）初始化，变量也只有在极其罕见的情况下可以不初始化。也就是说，在引入一个名字时，你应该已经为它准备好了一个合适的值。用户自定义类型（如 `string`、`vector`、`Matrix`、`Motor_controller` 和 `Orc_warrior`）可以定义为隐式初始化方式（参见 4.2.1 节）。

在定义一个变量时，如果它的类型可以由初始值推断得到，则你无须显式指定：

```
auto b = true;         // 一个 bool
auto ch = 'x';         // 一个 char
auto i = 123;          // 一个 int
auto d = 1.2;          // 一个 double
auto z = sqrt(y);      // z 的类型是 sqrt(y) 的返回类型
auto bb {true};        // bb 是一个 bool
```

当使用 `auto` 时，我们倾向于使用 = 初始化，因为其中不会涉及带来潜在麻烦的类型转换，但如果你喜欢始终使用 {} 初始化，也是可以的。

当没有特殊理由需要显式指定数据类型时，一般使用 `auto`。在这里，"特殊理由"包括：

- 该定义位于一个较大的作用域中，我们希望代码的读者清楚地看到数据类型；
- 我们希望明确一个变量的范围和精度（比如希望使用 `double` 而非 `float`）。

使用 `auto` 可以帮助我们避免冗余的代码，并且无须再书写长类型名。这一点在泛型编程中尤为重要，因为在泛型编程中程序员可能很难知道一个对象的确切类型，类型的名字也可能相当长（参见 12.2 节）。

1.5 作用域和生命周期

声明语句将一个名字引入到一个作用域中：

- **局部作用域**（local scope）：声明在函数（参见 1.3 节）或者 lambda（参见 6.3.2 节）内的名字称为局部名字（local name）。局部名字的作用域从声明它的地方开始，到声明语句所在的块的末尾为止。块（block）用花括号 {} 限定边界。函数参数的名字也属于局部名字。

- **类作用域**（class scope）：如果一个名字定义在一个类（参见 2.2 节、2.3 节和第 4 章）

中，且位于任何函数（参见 1.3 节）、lambda（参见 6.3.2 节）或 enum class（参见 2.5 节）之外，则称之为成员名字（member name），或类成员名字（class member name）。成员名字的作用域从包含它的声明的起始 { 开始，到该声明结束为止。
- 名字空间作用域（namespace scope）：如果一个名字定义在一个名字空间（参见 3.4 节）内，同时位于任何函数、lambda（参见 6.3.2 节）、类（参见 2.2 节、2.3 节和第 4 章）或 enum class（参见 2.5 节）之外，则称之为名字空间成员名字（namespace member name）。它的作用域从其声明位置开始，到名字空间结束为止。

声明在所有结构之外的名字称为全局名字（global name），我们称其位于全局名字空间（global namespace）中。

此外，对象也可以没有名字，比如临时对象或者用 new（参见 4.2.2 节）创建的对象。例如：

```
vector<int> vec;          // vec 是全局的（一个全局整型向量）

struct Record {
    string name;          // name 是 Record 的一个成员（一个字符串类型的成员）
    // ...
};

void fct(int arg)         // fct 是全局的（一个全局函数）
                          // arg 是局部的（一个整型参数）
{
    string motto {"Who dares wins"};    // motto 是局部的
    auto p = new Record{"Hume"};        // p 指向一个未命名的 Record（用 new 创建的）
    // ...
}
```

我们必须先构造（初始化）对象，然后才能使用它，对象在作用域的末尾被销毁。对于名字空间对象来说，它的销毁点在整个程序的末尾。对于成员来说，它的销毁点依赖于它所属对象的销毁点。用 new 创建的对象一直"存活"到 delete（参见 4.2.2 节）销毁了它为止。

1.6 常量

C++ 支持两种不变性概念：
- const：大致的意思是"我承诺不改变这个值"。主要用于说明接口，使得在用指针和引用将数据传递给函数时就不必担心数据会被改变了。编译器强制执行 const 做出的承诺。const 的值可在运行时计算。
- constexpr：大致的意思是"在编译时求值"。主要用于说明常量，以允许将数据置于只读内存中（不太可能被破坏）以及提升性能。constexpr 的值必须由编译器计算。

例如：

```
constexpr int dmv = 17;              // dmv 是一个命名的常量
int var = 17;                        // var 不是常量
const double sqv = sqrt(var);        // sqv 是一个命名常量，可能在运行时计算

double sum(const vector<double>&);   // sum 不会更改它的参数的值（参见 1.7 节）

vector<double> v {1.2, 3.4, 4.5};    // v 不是常量
const double s1 = sum(v);            // 正确：sum(v) 在运行时求值
constexpr double s2 = sum(v);        // 错误：sum(v) 不是常量表达式
```

如果某个函数被用在常量表达式中（constant expression），即该表达式在编译时求值，则这个函数必须定义成 constexpr。例如：

```
constexpr double square(double x) { return x*x; }

constexpr double max1 = 1.4*square(17);     // 正确，1.4*square(17) 是常量表达式
constexpr double max2 = 1.4*square(var);    // 错误：var 不是常量表达式
const double max3 = 1.4*square(var);        // 正确：可在运行时求值
```

constexpr 函数可以接受非常量参数，但此时其结果不再是一个常量表达式。当程序的上下文不要求常量表达式时，我们可以使用非常量表达式参数来调用 constexpr 函数，这样就不用将本来相同的函数定义两次了：一次用于常量表达式，另一次用于变量。

要想定义成 constexpr，函数必须非常简单、无副作用且仅使用通过参数传递的信息。特别是，函数不能更改非局部变量，但可以包含循环以及使用自己的局部变量。例如：

```
constexpr double nth(double x, int n)    // 假设 0<=n
{
    double res = 1;
    int i = 0;
    while (i<n) {    // while 循环：当条件为真时继续循环（参见 1.7.1 节）
        res*=x;
        ++i;
    }
    return res;
}
```

在某些场合中，常量表达式是语言规则所要求的（如数组的界（参见 1.7 节）、case 标签（参见 1.8 节）、模板值参数（参见 6.2 节）以及使用 constexpr 声明的常量）。另一些情况下使用常量表达式是因为编译时求值对程序的性能非常重要。即使不考虑性能因素，不变性概念（对象状态不发生改变）也是一个重要的设计考量。

1.7 指针、数组和引用

最基本的数据集合类型就是数组——一种空间连续分配的相同类型的元素序列。这基本上就是硬件所提供的机制。元素类型为 char 的数组可像下面这样声明：

```
char v[6];    // 含有 6 个字符的数组
```

类似地，指针可这样声明：

```
char* p;      // 指向字符的指针
```

在声明语句中，[ ] 表示 "……的数组"，* 表示 "指向……"。所有数组的下标都从 0 开始，因此 v 包含 6 个元素，从 v[0] 到 v[5]。数组的大小必须是一个常量表达式（参见 1.6 节）。一种指针变量中存放着一个对应类型的对象的地址：

```
char* p = &v[3];    // p 指向 v 的第 4 个元素
char x = *p;        // *p 是 p 所指的对象
```

在表达式中，前置一元运算符 * 表示 "……的内容"，而前置一元运算符 & 表示 "……的地址"。可以用下面的图形来表示上述初始化定义的结果。

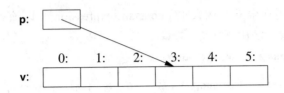

考虑将一个数组的 10 个元素拷贝给另一个数组的任务：

```
void copy_fct()
{
    int v1[10] = {0,1,2,3,4,5,6,7,8,9};
    int v2[10];                    // v2 将成为 v1 的副本

    for (auto i=0; i!=10; ++i)     // 拷贝元素
        v2[i]=v1[i];
    // ...
}
```

上面的 for 语句可以这样解读："将 i 置为 0。当 i 不等于 10 时，拷贝第 i 个元素并递增 i"。当作用于一个整型或浮点型变量时，递增运算符 ++ 执行简单的加 1 操作。C++ 还提供了一种更简单的 for 语句，称为范围 for 语句，它可以用最简单的方式遍历一个序列：

```
void print()
{
    int v[] = {0,1,2,3,4,5,6,7,8,9};

    for (auto x : v)               // 对于 v 中的每个 x
        cout << x << '\n';

    for (auto x : {10,21,32,43,54,65})
        cout << x << '\n';
    // ...
}
```

第一个范围 for 语句可以解读为"从头到尾遍历 v 的每个元素，将其副本放入 x 并打印"。注意，当我们使用一个列表初始化数组时，无须指定其大小。范围 for 语句可用于任意的元素序列（见 12.1 节）。

如果不希望将值从 v 拷贝到变量 x 中，而只是令 x 引用一个元素，则可编写如下代码：

```
void increment()
{
    int v[] = {0,1,2,3,4,5,6,7,8,9};

    for (auto& x : v)              // 对于 v 中的每个 x 加 1
        ++x;
    // ...
}
```

在声明语句中，一元后置运算符 & 表示"……的引用"。引用类似于指针，唯一的区别是我们无须使用前置运算符 * 访问所引用的值。而且，一个引用在初始化之后就不能再引用其他对象了。

当指定函数的参数时，引用特别有用。例如：

```
void sort(vector<double>& v);      // 排序 v（v 是一个 double 的向量）
```

通过使用引用,我们保证在调用 `sort(my_vec)` 时不会拷贝 `my_vec`,从而真正对 `my_vec` 进行排序而不是对其副本进行排序。

还有一种情况,我们既不想改变实参,又希望避免参数拷贝的代价,此时应该使用 `const` 引用(参见 1.6 节)。例如:

```
double sum(const vector<double>&)
```

函数接受 `const` 引用类型的参数是非常普遍的。

用于声明语句中的运算符(如 `&`、`*` 和 `[ ]`)称为声明运算符(declarator operator):

```
T a[n]   //T[n]:n 个 T 组成的数组
T* p     //T*:p 为指向 T 的指针
T& r     //T&:r 为 T 的引用
T f(A)   //T(A):函数 f 接受类型为 A 的实参,返回类型为 T 的结果
```

空指针

我们的目标是确保指针永远指向某个对象,这样该指针的解引用操作才是合法的。当确实没有对象可指向或者需要表示"没有对象可用"的概念时(例如,到达列表的末尾),我们赋予指针值 `nullptr`("空指针")。所有指针类型都共享同一个 `nullptr`:

```
double* pd = nullptr;
Link<Record>* lst = nullptr;   // 一个 Record 的 Link 的指针
int x = nullptr;               // 错误:nullptr 是个指针,不是整数
```

接受一个指针实参时检查一下它是否指向某个东西,这通常是一种明智的做法:

```
int count_x(const char* p, char x)
    //统计 x 在 p[] 中出现的次数
    //假定 p 指向一个以零结尾的字符数组(或者不指向任何东西)
{
    if (p==nullptr)
        return 0;
    int count = 0;
    for (; *p!=0; ++p)
        if (*p==x)
            ++count;
    return count;
}
```

有两点值得注意:一是如何使用 `++` 将指针移动到数组的下一个元素;二是在 `for` 语句中,如果不需要初始化操作,则可以省略它。

`count_x()` 的定义假定 `char*` 是一个 C 风格字符串(C-style string),即,指针指向了一个以零结尾的 `char` 数组。字符串字面值中的字符是不可变的,为了能处理 `count_x("Hello!")`,将 `count_x` 声明为一个 `const char*` 参数。

在旧式代码中,通常用 `0` 和 `NULL` 来替代 `nullptr` 的功能。不过,使用 `nullptr` 能够避免混淆整数(如 `0` 或 `NULL`)和指针(如 `nullptr`)。

在 `count_x()` 例子中,对 `for` 语句我们并没有使用初始化部分,因此可以使用更简单的 `while` 语句:

```
int count_x(const char* p, char x)
```

```
                // 统计 x 在 p[ ] 中出现的次数
                // 假定 p 指向一个以零结尾的字符数组（或者不指向任何东西）
    {
        if (p==nullptr)
                return 0;
        int count = 0;
        while (*p) {
                if (*p==x)
                        ++count;
                ++p;
        }
        return count;
    }
```

while 语句重复执行，直到其循环条件变成 false 为止。

对数值的检验（例如 count_x() 中的 while(*p)）等价于将数值与 0 进行比较（例如 while(*p!=0)）。对指针值的检验（如 if(p)）等价于将指针值与 nullptr 进行比较（如 if(p!=nullptr)）。

"空引用"是不存在的。一个引用必须指向一个合法的对象（C++ 实现也都假定这一点）。的确存在聪明但晦涩难懂的能违反这条规则的方法，但不要这么做。

1.8 检验

C++ 提供了一套用于表达选择和循环结构的常规语句，如 if 语句、switch 语句、while 循环和 for 循环。例如，下面是一个简单的函数，它首先向用户提问，然后根据用户的响应返回一个布尔值：

```
    bool accept()
    {
        cout << "Do you want to proceed (y or n)?\n";    // 显示问题
        char answer = 0;                                  // 初始化一个不会出现在输入中的值
        cin >> answer;                                    // 读入用户的回答

        if (answer == 'y')
                return true;
        return false;
    }
```

与 << 输出运算符（"放入"）相匹配，>> 运算符（"从⋯获取"）被用于输入；cin 是标准输入流（参见第 10 章）。>> 的右侧运算对象是输入操作的目标，其类型决定了 >> 接受什么输入。输出字符串末尾的 \n 字符表示换行（参见 1.2.1 节）。

注意，变量 answer 的定义出现在需要该变量的地方（而非提前）。而声明则可以出现在任意位置。

可以进一步完善代码，使其能够处理用户回答 n（表示"no"）的情况：

```
    bool accept2()
    {
        cout << "Do you want to proceed (y or n)?\n";    // 显示问题
        char answer = 0;                                  // 初始化一个不会出现在输入中的值
        cin >> answer;                                    // 读入用户的回答

        switch (answer) {
```

```
        case 'y':
            return true;
        case 'n':
            return false;
        default:
            cout << "I'll take that for a no.\n";
            return false;
    }
}
```

switch 语句检验一个值是否存在于一组常量中。这些常量被称为 case 标签，彼此之间不能重复，如果待检验的值不等于任何 case 标签，则执行 default 分支。如果程序也没有提供 default，则什么也不做。

在使用 switch 语句的时候，如果想退出某个 case 分支，不必从当前函数返回。通常，我们只是希望继续执行 switch 语句后面的语句，为此只需使用一条 break 语句。举个例子，考虑下面的这个非常聪明但还比较原始的简单命令行方式电子游戏的分析器：

```
void action()
{
    while (true) {
        cout << "enter action:\n";    // 提示用户输入指令
        string act;
        cin >> act;                    // 读入字符存在一个字符串中
        Point delta {0,0};             // Point 保存一个 {x,y} 对

        for (char ch : act) {
            switch (ch) {
            case 'u':    // 向上
            case 'n':    // 向北
                ++delta.y;
                break;
            case 'r':    // 向右
            case 'e':    // 向东
                ++delta.x;
                break;
            // ... 更多操作 ...
            default:
                cout << "I freeze!\n";
            }
            move(current+delta*scale);
            update_display();
        }
    }
}
```

类似 for 语句（参见 1.7 节），if 语句可引入变量并进行检验。例如：

```
void do_something(vector<int>& v)
{
    if (auto n = v.size(); n!=0) {
        // ... 若 n!=0，到达这里 ...
    }
    // ...
}
```

在本例中，我们定义整数 n 是用在 if 语句内，用 v.size() 对其初始化，并在分号

之后立即检验条件 n!=0。对一个在条件中声明的名字，其作用域在 if 语句的两个分支内。

与 for 语句一样，在 if 语句的条件中声明名字的目的也是限制变量的作用域，以提高可读性、尽量减少错误。

最常见的情况是检验变量是否为 0（或 nullptr）。为此，我们可以简单地省略条件的显式描述。例如：

```
void do_something(vector<int>& v)
{
    if (auto n = v.size()) {
        // ... 若 n!=0，到达这里 ...
    }
    // ...
}
```

应尽可能选择使用这种简洁的形式。

1.9 映射到硬件

C++ 提供到硬件的直接映射。当使用一个基本运算时，其具体实现就是硬件提供的，通常是单一机器运算。例如，两个 int 相加的运算 x+y 就是执行一条整数加法机器指令。

C++ 实现将机器内存看作一个内存位置序列，可在其中存放（有类型的）对象并可使用指针寻址：

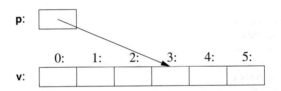

指针在内存中表示为一个机器地址，因此在上图中 p 的数值为 3。如果你觉得这看起来很像一个数组（参见 1.7 节），那是因为数组就是 C++ 中对"内存中对象的连续序列"的基本抽象。

基本语言结构到硬件的简单映射对原始的底层性能是至关重要的，C 和 C++ 多年来就是以此著称的。C 和 C++ 的基本机器模型是基于计算机硬件而非某种形式的数学。

1.9.1 赋值

内置类型的赋值就是一条机器拷贝指令。考虑下面的代码：

```
int x = 2;
int y = 3;
x = y;      // x 变为 3
// 注意：x==y
```

这是很明显的，可图示如下：

| x: 2 | y: 3 | x = y; | x: 3 | y: 3 |

注意，两个对象是独立的。改变 y 的值不会影响到 x 的值。例如，x=99 不会改变 y 的值。这不仅对 int 成立，对其他所有类型都成立，在这一点上，C++ 类似 C 而与 Java、C#

等语言不同。

如果希望不同对象引用相同的（共享）值，就必须显式说明。一种方式是使用指针：

```
int x = 2;
int y = 3;
int* p = &x;
int* q = &y;    // 现在 p!=q 且 *p!=*q
p = q;          // p 变为 &y；现在 p==q，因此（显然）*p == *q
```

这段代码的效果可图示如下：

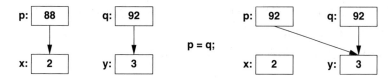

我随意选取了 88 和 92 作为两个 int 的地址。再次强调，我们可以看到被赋值对象从赋值对象得到了值，产生了两个具有相同值独立的对象（在本例中是两个指针）。即，p=q 导致 p==q。在 p=q 赋值之后，两个指针都指向 y。

引用和指针都是引用/指向一个对象，在内存中都表示为一个机器地址。但是，使用它们的语言规则是不同的。给一个引用赋值不会改变它引用了什么，而是给它引用的对象赋值：

```
int x = 2;
int y = 3;
int& r = x;     // r 引用 x
int& r2 = y;    // 现在 r2 引用 y
r = r2;         // 从 r2 读取值，写入 r 中：x 变为 3
```

这段代码的效果可图示如下：

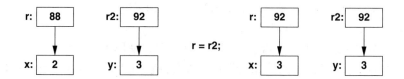

为了访问一个指针指向的值，你需要使用 *；而对于引用，这是自动（隐式）完成的。

对于所有内置类型和提供了 =（赋值）和 ==（相等判断）的定义良好的用户自定义类型（参见第 2 章），在 x=y 赋值之后，都有 x==y。

1.9.2 初始化

初始化与赋值不同。一般而言，正确执行赋值之后，被赋值对象必须有一个值。而另一方面，初始化的任务是将一段未初始化的内存变为一个合法的对象。对几乎所有的类型来说，读写一个未初始化的变量的结果都是未定义的。对内置类型来说，这个问题对引用来说更为明显：

```
int x = 7;
int& r {x};    // 将 r 绑定到 x（r 引用 x）
r = 7;         // 给 r 引用的对象赋值
```

```
int& r2;        // 错误：未初始化的引用
r2 = 99;        // 给 r2 引用的对象赋值
```

幸运的是，我们不能使用一个未初始化的引用。如果可以的话，r2=99 就会将 99 赋予某个未指定的内存位置。这最终可能导致糟糕的结果或程序崩溃。

你可以使用 = 初始化一个引用，但不要被这种形式所迷惑。例如：

```
int& r = x;     // 将 r 绑定到 x（r 引用 x）
```

这仍然是一个初始化操作，将 r 绑定到 x，而不是任何形式的值拷贝。

初始化和赋值的区别对很多用户自定义类型也是十分重要的，例如 string 和 vector，其中被赋值对象拥有资源，而该资源最终需要释放（参见 5.3 节）。

参数传递和函数返回值的基本语义是初始化（参见 3.6 节）。例如，传引用方式的参数传递就是如此。

1.10 建议

本章的建议是《C++Core Guidelines》[Stroustrup,2015] 中的建议的一个子集。对那本书的引用是这种形式 [CG: ES.23]，意为 "Expressions and Statement" 一节中的第 23 条准则。一般地，每条核心准则都进一步给出了原理阐述和示例。

[1] 不必慌张！随着时间推移一切都会清晰起来；1.1 节；[CG: In.0]。
[2] 不要排他地、单独地使用内置特性。正相反，最佳的方式通常是通过库（例如 ISO C++ 标准库，参见第 8 ~ 15 章）间接地使用基本（内置）特性；[CG: P.10]。
[3] 要想写出好的程序，你不必了解 C++ 的所有细节。
[4] 请关注编程技术，而非语言特性。
[5] 关于语言定义问题的最终结论，尽在 ISO C++ 标准；16.1.3 节；[CG: P.2]。
[6] 把有意义的操作"打包"成函数，并给它起个好名字；1.3 节；[CG: F.1]。
[7] 一个函数最好只执行单一逻辑操作；1.3 节；[CG: F.2]。
[8] 保持函数简洁；1.3 节；[CG: F.3]。
[9] 当几个函数对不同类型执行概念上相同的任务时，使用重载；1.3 节。
[10] 如果一个函数可能需要在编译时求值，那么将它声明为 constexpr；1.6 节；[CG: F.4]。
[11] 理解语言原语是如何映射到硬件的；1.4 节、1.7 节、1.9 节、2.3 节、4.2.2 节、4.4 节。
[12] 使用数字分隔符令大的字面值更可读；1.4 节；[CG: NL.11]。
[13] 避免复杂表达式；[CG: ES.40]。
[14] 避免收缩转换；1.4.2 节；[CG: ES.46]。
[15] 最小化变量的作用域；1.5 节。
[16] 避免使用"魔法常量"，尽量使用符号化的常量；1.6 节；[CG: ES.45]。
[17] 优先采用不可变数据；1.6 节；[CG: P.10]。
[18] 一条语句（只）声明一个名字；[CG: ES.10]。
[19] 保持公共的和局部名字简短，特殊的和非局部名字则长一些；[CG: ES.7]。
[20] 避免使用形似的名字；[CG: ES.8]。
[21] 避免出现字母全是大写的名字；[CG: ES.9]。

[22] 在声明语句中使用命名类型时，优先使用 {} 初始化语法；1.4 节；[CG: ES.23]。
[23] 使用 auto 来避免重复类型名；1.4.2 节；[CG: ES.11]。
[24] 避免未初始化变量；1.4 节；[CG: ES.20]。
[25] 保持作用域尽量小；1.5 节；[CG: ES.5]。
[26] 在 if 语句的条件中声明变量时，优先采用隐式检验而不是与 0 进行比较；1.8 节。
[27] 只对位运算使用 unsigned；1.4 节；[CG: ES.101] [CG: ES.106]。
[28] 指针的使用尽量简单、直接；1.7 节；[CG: ES.42]。
[29] 使用 nullptr 而非 0 或 NULL；1.7 节；[CG: ES.47]。
[30] 声明变量时，必须有值可对其初始化；1.7 节、1.8 节；[CG: ES.21]。
[31] 可用代码清晰表达的就不要放在注释中说明；[CG: NL.1]。
[32] 用注释陈述意图；[CG: NL.2]。
[33] 维护一致的缩进风格；[CG: NL.4]。

第 2 章
A Tour of C++, Second Edition

用户自定义类型

> 不必惊慌失措！
> ——道格拉斯·亚当斯

- 引言
- 结构
- 类
- 联合
- 枚举
- 建议

2.1 引言

用基本类型（参见 1.4 节）、`const` 修饰符（参见 1.6 节）和声明运算符（参见 1.7 节）构造出来的类型，称为内置类型（built-in type）。C++ 的内置类型及其操作非常丰富，不过有意设计得更偏底层。这些内置类型能直接、高效地反映传统计算机硬件的能力，但是没有为程序员提供便于编写高级应用程序的高层设施。取而代之，C++ 在内置类型和操作的基础上增加了一套精致的抽象机制（abstraction mechanism），程序员可用它来构造所需的高层设施。

C++ 抽象机制的目的主要是令程序员能够设计并实现他们自己的数据类型，这些类型具有恰如其分的表示和操作，程序员可以简单优雅地使用它们。利用 C++ 的抽象机制从其他类型构造出来的类型被称为用户自定义类型（user-defined type），即类（class）和枚举（enumeration）。用户自定义类型可以基于内置类型构造，也可基于其他用户自定义类型构造。本书的大部分内容都在着重介绍用户自定义类型的设计、实现和使用。用户自定义类型通常优于内置类型，因为其更易用、更不易出错，而且通常与直接使用内置类型实现相同功能一样高效，甚至更快。

本章的剩余部分将呈现类型定义和使用相关的最简单同时也是最基础的语言设施。第 4～7 章对抽象机制及其支持的编程风格进行了更加详细的介绍。第 8～15 章给出标准库的概述，因为标准库主要是由用户自定义类型组成的，所以这些章节也提供了很好的示例，展示了用第 1～7 章介绍的语言设施和编程技术能做什么。

2.2 结构

构造新类型的第一步通常是把所需的元素组织成一种数据结构，即一个 `struct`：

```
struct Vector {
    int sz;         // 元素数目
    double* elem;   // 指向元素的指针
};
```

这是 `Vector` 的第一个版本，它包含一个 `int` 和一个 `double*`。

Vector 类型的变量可像这样定义：

Vector v;

但是，就 v 本身而言，它的用处似乎不大，因为 v 的 elem 指针并没有指向任何东西。为了让它变得有用，我们必须给出一些元素，令 v 指向它们。例如，我们可以构造一个如下所示的 Vector：

```
void vector_init(Vector& v, int s)
{
    v.elem = new double[s];   // 分配一个数组，它含有 s 个 double
    v.sz = s;
}
```

也就是说，v 的 elem 成员被赋予了一个由 new 运算符生成的指针，而 v 的 sz 成员则得到了元素的数目。Vector& 中的 & 指出，我们是通过非 const 引用（参见 1.7 节）方式传递 v 的，这样 vector_init() 就能修改传给它的向量了。

new 运算符从一块名为自由存储（free store）（又称为动态内存（dynamic memory）或堆（heap））的区域中分配内存。在自由存储中分配的对象独立于它创建时所处的作用域，会一直"存活"到使用 delete 运算符（参见 4.2.2 节）销毁它为止。

Vector 的一个简单应用如下所示：

```
double read_and_sum(int s)
    // 从 cin 读入 s 个整数，然后返回这些整数的和，假定 s 是正的
{
    Vector v;
    vector_init(v,s);           // 为 v 分配 s 个元素

    for (int i=0; i!=s; ++i)
        cin>>v.elem[i];         // 读入元素

    double sum = 0;
    for (int i=0; i!=s; ++i)
        sum+=v.elem[i];         // 计算元素的和
    return sum;
}
```

显然，我们的 Vector 在优雅程度和灵活性上与标准库 vector 还有很大差距，尤其是 Vector 的使用者必须知道有关其表示方式的所有细节。本章余下的部分以及接下来的两章会逐步改进 Vector，作为呈现语言特性和技术的一个示例。作为对比，第 11 章会介绍标准库 vector，其中包含着很多良好的改进。

本书使用 vector 和其他标准库组件作为示例，以

- 展现语言特性和设计技术，并
- 帮助读者学会使用这些标准库组件。

不要试图重写 vector 和 string 等标准库组件，直接使用它们更为明智。

我们可以通过名字（或引用）访问 struct 的成员，此时使用 . （点运算符）；也可通过指针访问 struct 的成员，此时使用 ->。例如：

```
void f(Vector v, Vector& rv, Vector* pv)
{
    int i1 = v.sz;           // 通过名字访问
```

```
        int i2 = rv.sz;       // 通过引用访问
        int i3 = pv->sz;      // 通过指针访问
}
```

2.3 类

将数据说明与其操作分离开来有其优势，例如我们可以以任意方式使用数据。但对于用户自定义类型来说，为了具备"真正的类型"所需的所有性质，在其表示形式和操作之间建立紧密的联系是很有必要的。特别是，我们通常希望保持数据表示对用户不可见，从而实现易用性、保证数据使用的一致性以及允许设计者未来改进数据表示。为此，我们必须将类型的接口（所有人均可使用）与其实现（可访问对外部不可见的数据）分离开来。在 C++ 中，实现上述目的的语言机制称为类（class）。类含有一系列成员（member），它可以是数据、函数或者类型。类的 `public` 成员定义了接口，`private` 成员则只能通过接口访问。例如：

```cpp
class Vector {
public:
    Vector(int s) :elem{new double[s]}, sz{s} { }   // 构造一个 Vector
    double& operator[](int i) { return elem[i]; }   // 使用下标访问元素
    int size() { return sz; }
private:
    double* elem;   // 指向元素的指针
    int sz;         // 元素数目
};
```

在此基础上，我们可以定义新类型 `Vector` 的一个变量：

Vector v(6);   // 该 Vector 对象含有 6 个元素

下图解释了这个 `Vector` 变量的构成：

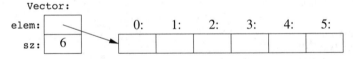

本质上，`Vector` 对象是一个"句柄"，它包含指向元素的指针（`elem`）以及元素数目（`sz`）。在不同 `Vector` 对象中元素数目可能不同（本例是 6），即使同一个 `Vector` 对象在不同时刻也可能含不同数目的元素（参见 4.2.3 节），但 `Vector` 对象本身的大小永远保持不变。这是 C++ 语言处理可变数量信息的一项基本技术：一个固定大小的句柄指向位于"别处"（如通过 `new` 分配的自由空间，参见 4.2.2 节）的一组可变数量的数据。第 4 章的主题就是学习如何设计并使用这样的对象。

在这里，我们只能通过 `Vector` 的接口访问其数据表示（成员 `elem` 和 `sz`），而接口是由其 public 成员提供的：`Vector()`, `operator[]()` 和 `size()`。这样，2.2 节的 `read_and_sum()` 示例可简化为：

```cpp
double read_and_sum(int s)
{
    Vector v(s);                        // 创建一个包含 s 个元素的向量
    for (int i=0; i!=v.size(); ++i)
        cin>>v[i];                      // 读入元素

    double sum = 0;
```

```
        for (int i=0; i!=v.size(); ++i)
            sum+=v[i];                    // 计算元素的和
        return sum;
}
```

与所属类同名的成员"函数"称为构造函数（constructor），即，它是用来构造类的对象的。因此构造函数 `Vector()` 替换了 2.2 节的 `vector_init()`。与普通函数不同，编译器会保证在初始化类对象时使用构造函数，因此，定义构造函数可以消除类变量未初始化问题。

`Vector(int)` 规定了 `Vector` 对象的构造方式。特别是，它声明需要一个整数来构造对象。这个整数用于指定元素数目。构造函数使用成员初始化列表来初始化 `Vector` 的成员：

```
:elem{new double[s]}, sz{s}
```

这条语句的含义是：首先从自由空间获取 `s` 个 `double` 类型的元素，然后用指向这些元素的指针初始化 `elem`；然后使用 `s` 初始化 `sz`。

访问元素的功能是由下标函数 `opeartor[]` 提供的，它返回所需元素的引用（`double&`，既允许读也允许写）。

`size()` 函数的作用是向使用者提供元素数目。

显然，我们完全没有涉及错误处理，但将在 3.5 节提及。类似地，我们也没有提供一种机制来"归还"通过 `new` 获取的 `double` 数组，4.2.2 节将介绍如何使用析构函数来优雅地完成这一任务。

`struct` 和 `class` 没有本质区别，`struct` 就是一种成员默认为 `public` 的 `class`。例如，你也可以为 `struct` 定义构造函数和其他成员函数。

2.4 联合

`union` 是一种特殊的 `struct`，它的所有成员被分配在同一块内存区域中，因此，联合实际占用的空间就是它最大的成员所占的空间。自然，在某个时刻，一个 `union` 中只能保存一个成员的值。例如，一个符号表表项结构保存一个名字和一个值，值可以是一个 `Node*` 或一个 `int`：

```
enum Type { ptr, num };    // 一个 Type 可以保存值 ptr 和 num（参见 2.5 节）

struct Entry {
    string name;    // string 是一个标准库类型
    Type t;
    Node* p;    // 如果 t==str，则使用 p
    int i;      // 如果 t==num，则使用 i
};

void f(Entry* pe)
{
    if (pe->t == num)
        cout << pe->i;
    // ...
}
```

因为 `p` 和 `i` 永远不会同时使用，所以浪费了内存空间。通过将两者定义为一个 `union` 的成员，可以很容易地解决该问题，如下所示：

```cpp
union Value {
    Node* p;
    int i;
};
```

C++ 不会记录一个 union 保存了哪种值，因此程序员必须自己做这个工作：

```cpp
struct Entry {
    string name;
    Type t;
    Value v;   // 如果 t==str，则使用 v.p；如果 t==num，则使用 v.i
};
void f(Entry* pe)
{
    if (pe->t == num)
        cout << pe->v.i;
    // ...
}
```

维护类型域（type field，在本例中是 t）与 union 中所存类型的对应关系很容易出错。为了避免错误，我们可以强制这种对应关系——将联合和类型域封装在一个类中、只允许通过能正确使用联合的成员函数来访问它们。在应用层面上，依赖这种标记联合（tagged union）的抽象很常见也很有用。我们应尽量少地使用"裸" union。

在大多数情况下，我们可以使用标准库类型 variant 来避免直接使用 union。一个 variant 保存一组可选类型中一个类型的值（参见 13.5.1 节）。例如，一个 variant<Node*,int> 可以保存一个 Node* 或一个 int。

使用 variant，Entry 的例子可改写为：

```cpp
struct Entry {
    string name;
    variant<Node*,int> v;
};

void f(Entry* pe)
{
    if (holds_alternative<int>(pe->v))    // *pe 保存一个 int 吗？（参见 13.5.1 节）
        cout << get<int>(pe->v);          // 获取一个 int
    // ...
}
```

对于很多应用，使用 variant 都比使用 union 更简单、更安全。

2.5 枚举

除了类之外，C++ 还提供了一种形式简单的用户自定义类型，可以用来枚举一系列值：

```cpp
enum class Color { red, blue, green };
enum class Traffic_light { green, yellow, red };

Color col = Color::red;
Traffic_light light = Traffic_light::red;
```

注意，枚举值（如 red）位于其 enum class 的作用域之内，因此我们可以在不同的 enum class 中重复使用这些枚举值而不致引起混淆。例如，Color::red 是指 Color 的

red，它与 `Traffic_light::red` 显然不同。

枚举类型常用于描述规模较小的整数值集合。通过使用有指代意义的（且易于记忆的）枚举值名字，可以提高代码的可读性，降低出错的风险。

`enum` 后面的 `class` 关键字指明了枚举是强类型的，且它的枚举值位于指定的作用域中。不同的 `enum class` 是不同的类型，这有助于防止对常量的意外误用。例如，我们不能混用 `Traffic_light` 和 `Color` 的值：

```
Color x = red;                    // 错误：哪个 red？
Color y = Traffic_light::red;     // 错误：这个 red 不是一个 Color
Color z = Color::red;             // 正确
```

同样，我们也不能隐式地混用 `Color` 和整数值：

```
int i = Color::red;     // 错误：Color ::red 不是一个 int
Color c = 2;            // 初始化错误：2 不是一个 Color
```

捕捉试图向枚举类型的转换是避免错误的一种好的防御措施，但我们常常希望用枚举类型的基础类型（默认是 `int`）的值对其初始化，这就要允许从基础类型隐式转换为枚举类型：

```
Color x = Color{5};    // 正确，但有些啰嗦
Color y {6};           // 也是正确的
```

默认情况下，`enum class` 只定义了赋值、初始化和比较（如 `==` 和 `<`，参见 1.4 节）操作。然而，既然枚举类型是一种用户自定义类型，那么就可以为它定义别的运算符：

```
Traffic_light& operator++(Traffic_light& t)    // 前置递增运算符 ++
{
    switch (t) {
    case Traffic_light::green:      return t=Traffic_light::yellow;
    case Traffic_light::yellow:     return t=Traffic_light::red;
    case Traffic_light::red:        return t=Traffic_light::green;
    }
}

Traffic_light next = ++light;    // next 变成了 Traffic_light::green
```

如果你不想显式地限定枚举值名字，并且希望枚举值可以是 `int`（无须显式转换），你可以去掉 `enum class` 中的 `class` 而得到一个"普通" `enum`。"普通" `enum` 中的枚举值的作用域与其 `enum` 的作用域一致，并且会隐式地转换成整数值。例如：

```
enum Color { red, green, blue };
int col = green;
```

在这里，`col` 的值是 1。默认情况下，枚举值对应的整数从 0 开始，依次加 1。"普通" `enum` 很早就出现在 C++ 和 C 中了，所以即使它的效果并不是那么好，在当前的代码中仍很常见。

2.6 建议

[1] 当内置类型过于底层时，优先使用定义良好的用户自定义类型；2.1 节。
[2] 将有关联的数据组织为结构（`struct` 或 `class`）；2.2 节；[CG: C.1]。

[3] 用 class 表达接口与实现的区别；2.3 节；[CG: C.3]。
[4] 一个 struct 就是一个成员默认为 public 的 class；2.3 节。
[5] 定义构造函数以保证和简化类的初始化；2.3 节；[CG: C.2]。
[6] 避免使用"裸" union；将其与类型域封装在一个类中；2.4 节；[CG: C.181]。
[7] 用枚举类型表达一组命名的常量；2.5 节；[CG: Enum.2]。
[8] 与"普通" enum 相比，优先使用 class enum，以避免很多麻烦；2.5 节；[CG: Enum.3]。
[9] 为枚举定义操作来简化使用、保证安全；2.5 节；[CG: Enum.4]。

第 3 章

A Tour of C++, Second Edition

模 块 化

> 我打断你的时候你不许打断我。
> ——温斯顿·丘吉尔

- 引言
- 分别编译
- 模块
- 名字空间
- 错误处理
  异常；不变式；错误处理替代；合约；静态断言
- 函数参数和返回值
  参数传递；返回值；结构化绑定
- 建议

3.1 引言

一个 C++ 程序包含许多独立开发的部分，例如函数（参见 1.2.1 节）、用户自定义类型（参见第 2 章）、类层次（参见 4.5 节）和模板（参见第 6 章）等。其管理的关键就是清晰地定义这些组成部分之间的交互。第一步也是最重要的一步是将每个部分的接口和实现分离开来。在语言层面，C++ 使用声明来表达接口。声明（declaration）指明了使用一个函数或一个类型所需要的东西。例如：

```
double sqrt(double);    // 这个平方根函数接受一个 double, 返回值也是一个 double

class Vector {
public:
    Vector(int s);
    double& operator[](int i);
    int size();
private:
    double* elem;   // elem 指向一个数组, 该数组包含 sz 个 double
    int sz;
};
```

这里的关键点是函数体，即函数的定义（definition）是位于"别处"的。对本例，我们可能也想让 Vector 的表示位于"别处"，不过稍后将再对此进行介绍（抽象类型，参见 4.3 节）。sqrt() 的定义如下所示：

```
double sqrt(double d)        // sqrt() 的定义
{
    // ... 求解平方根的算法, 与数学教科书中并无二致 ...
}
```

对于 Vector 来说，我们需要定义全部三个成员函数：

```cpp
Vector::Vector(int s)              // 构造函数的定义
    :elem{new double[s]}, sz{s}    // 初始化成员
{
}

double& Vector::operator[](int i)  // 下标运算符的定义
{
    return elem[i];
}

int Vector::size()                 // size() 的定义
{
    return sz;
}
```

我们必须定义 `Vector` 的函数，而不必定义 `sqrt()`，因为它是标准库的一部分。但是这没什么本质区别：库不过就是一些"我们碰巧用到的其他代码"，它也是用我们所使用的语言设施所编写的。

一个实体（例如函数）可以有很多声明，但只能有一个定义。

3.2 分别编译

C++ 支持一种名为分别编译的概念，用户代码只能看见所用类型和函数的声明。这些类型和函数的定义则放置在分离的源文件里，并被分别编译。这种机制有助于将一个程序组织成一组半独立的代码片段。这种分离可用来最小化编译时间，并严格强制程序中逻辑独立的部分分离开来（从而最小化发生错误的可能）。库通常是一组分别编译的代码片段（如函数）的集合。

通常，我们将说明模块接口的声明放置在一个文件中，文件名指示出预期用途。例如：

```cpp
// Vector.h:

class Vector {
public:
    Vector(int s);
    double& operator[](int i);
    int size();
private:
    double* elem;    // elem 指向一个数组，该数组包含 sz 个 double
    int sz;
};
```

这段声明被置于文件 `Vector.h` 中，我们称这种文件为头文件（header file），用户将其包含（include）到自己的程序中以便访问接口。例如：

```cpp
// user.cpp:

#include "Vector.h"     // 获得 Vector 的接口
#include <cmath>        // 获得标准库数学函数接口，其中包含 sqrt()

double sqrt_sum(Vector& v)
{
    double sum = 0;
    for (int i=0; i!=v.size(); ++i)
```

```
        sum+=std::sqrt(v[i]);           // 平方根的和
    return sum;
}
```

为了帮助编译器确保一致性,负责提供 Vector 实现部分的 .cpp 文件同样应该包含提供接口的 .h 文件:

```
// Vector.cpp:

#include "Vector.h"  // 获得 Vector 的接口

Vector::Vector(int s)
    :elem{new double[s]}, sz{s}    // 初始化成员
{
}

double& Vector::operator[](int i)
{
    return elem[i];
}

int Vector::size()
{
    return sz;
}
```

user.cpp 和 Vector.cpp 中的代码共享 Vector.h 中提供的接口信息,但这两个文件是相互独立的,可以被分别编译。这几个程序片段可图示如下。

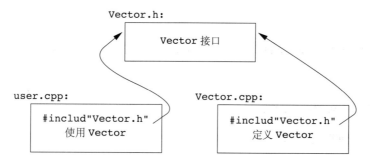

严格来说,使用分别编译并不是一个语言问题,而是关于"如何以最佳方式利用特定语言实现"的问题。但不管怎么说,其实际意义非常重要。程序组织的最佳方式就是将程序看作依赖关系定义良好的一组模块,逻辑上通过语言特性表达模块化,物理上通过文件利用模块化实现高效的分别编译。

一个单独编译的 .cpp 文件(包括它使用 #include 包含的 .h 文件)称为一个编译单元(translation unit)。一个程序可以包含数以千计的编译单元。

3.3 模块(C++20)

使用 #include 是一种古老的、易出错的且代价相当高的程序模块化组织方式。如果你在 101 个编译单元中使用 #include header.h,编译器将会处理 header.h 的文本 101 次。如果你在 header2.h 之前使用 #include header1.h,则 header1.h 中的声明和宏可能影响 header2.h 中代码的含义。相反,如果你在 header1.h 之前使用

`#include header2.h`，则 `header2.h` 可能影响 `header1.h` 中的代码。显然，这不是一种理想的方式，实际上，自 1972 年这种机制被引入 C 语言之后，它就一直是额外代价和错误的主要来源。

我们的最终目的是想找到一种在 C++ 中表达物理模块的更好方法。语言特性 `module` 尚未纳入 ISO C++ 标准，但已是 ISO 技术规范 [ModulesTS]。已有 C++ 实现提供了 `module` 特性，因此我在这里冒一点风险推荐这个特性，虽然其细节可能发生改变，而且距离每个人都能使用它编写代码还有些时日。旧代码，即使用 `#include` 的代码，还会"生存"非常长的时间，因为代码更新代价很高且非常耗时。

我们考虑使用 `module` 表达 3.2 节中的 `Vector` 和 `use()` 例子：

```cpp
// 文件 Vector.cpp:

module;           // 这个编译单元定义一个模块

// ... 我们在这里放置实现 Vector 可能需要的东西 ...
export module Vector;    // 定义称为 "Vector" 的模块

export class Vector {
public:
    Vector(int s);
    double& operator[](int i);
    int size();
private:
    double* elem;       // elem 指向一个数组，它包含 sz 个 double
    int sz;
};

Vector::Vector(int s)
    :elem{new double[s]}, sz{s}    // 初始化成员
{
}

double& Vector::operator[](int i)
{
    return elem[i];
}

int Vector::size()
{
    return sz;
}

export int size(const Vector& v) { return v.size(); }
```

这段代码定义了一个名为 `Vector` 的模块，它导出类 `Vector` 及其所有成员函数和非成员函数 `size()`。

我们使用这个 `module` 的方式是在需要它的地方导入（`import`）它。例如：

```cpp
// 文件 user.cpp:

import Vector;           // 获取 Vector 的接口
#include <cmath>         // 获取标准库数学函数接口，其中包含 sqrt()
```

```
double sqrt_sum(Vector& v)
{
    double sum = 0;
    for (int i=0; i!=v.size(); ++i)
        sum+=std::sqrt(v[i]);        // 平方根求和
    return sum;
}
```

我本可以对标准库数学函数也采用 `import`，但我使用了老式的 `#include`，借此展示新旧风格是可以混合的。在渐进地将 `#include` 旧代码更新为 `import` 新式代码的过程中，这种混合方式是必要的。

头文件和模块的差异不仅是语法上的。

- 一个模块只会编译一遍（而不是在使用它的每个编译单元中都编译一遍）。
- 两个模块可以按任意顺序导入（`import`）而不会改变它们的含义。
- 如果你将一些东西导入一个模块中，则模块的使用者不会隐式获得这些东西的访问权（但也不会被它们所困扰）：`import` 无传递性。

这些差异对可维护性和编译时性能的影响是惊人的。

3.4 名字空间

除了函数（参见 1.3 节）、类（参见 2.3 节）和枚举（参见 2.5 节）之外，C++ 还提供了一种称为名字空间（namespace）的机制，用来表达某些声明属于一个整体以及它们的名字不会与其他名字冲突。例如，我希望利用自己定义的复数类型（参见 4.2.1 节、14.4 节）进行实验：

```
namespace My_code {
    class complex {
        // ...
    };

    complex sqrt(complex);
    // ...

    int main();
}

int My_code::main()
{
    complex z {1,2};
    auto z2 = sqrt(z);
    std::cout << '{' << z2.real() << ',' << z2.imag() << "}\n";
    // ...
}

int main()
{
    return My_code::main();
}
```

通过将我的代码放在名字空间 `My_code` 中，就可以确保我的名字不会与名字空间 `std`（参见 3.4 节）中的标准库名字冲突。这种预防措施是明智的，因为标准库的确提供了 `complex` 算术运算（参见 4.2.1 节、14.4 节）。

访问另一个名字空间中的名字，最简单的方法是用名字空间的名字对其进行限定（例如 `std::cout` 和 `My_code::main`）。"真正的 `main()`"定义在全局名字空间中，换句话说，它不属于任何自定义的名字空间、类或者函数。

如果反复对一个名字进行限定变得令人乏味、分散注意力，我们可以使用 using 声明将名字引入作用域中：

```
void my_code(vector<int>& x, vector<int>& y)
{
    using std::swap;        // 使用标准库 swap
    // ...
    swap(x,y);              // std::swap()
    other::swap(x,y); //     其他某个 swap()
    // ...
}
```

using 声明令来自一个名字空间中的名字变得可用，就如同它声明在当前作用域中一样。我们使用 `using std::swap` 后，就像是已在 `my_code()` 中声明了 swap 一样。

为获取标准库名字空间中所有名字的访问权，我们可以使用 using 指示：

```
using namespace std;
```

using 指示的作用是将具名名字空间中未限定的名字变得在当前作用域中可访问。因此，对 std 使用 using 指示之后，我们直接使用 cout 就可以了，无须再写 `std::cout`。使用 using 指示后，我们就失去了选择性地使用名字空间中名字的能力，因此必须小心使用这一特性，通常是用在一个库遍布于应用中时（如 std）或是在转换一个未使用 namespace 的应用时。

名字空间主要用于组织较大规模的程序组件，例如库。名字空间简化了用单独开发的组件组合程序的过程。

3.5 错误处理

错误处理是一个大而复杂的主题，其内容和涉及面都远远超越了语言设施层面，而深入到了程序设计技术和工具的范畴。不过 C++ 还是提供了一些对此有帮助的特性，其中最主要的一个工具就是类型系统。我们不应基于内置类型（如 char、int 和 double）和语句（如 if、while 和 for）来费力地构造应用程序，而是应构造适合我们应用的类型（如 string、map 和 regex）和算法（如 `sort()`、`find_if()` 和 `draw_all()`）。这些高级构造简化了程序设计，减少了产生错误的可能（例如，你不太可能对一个对话框应用树遍历算法），同时也增加了编译器捕获错误的机会。大多数 C++ 构造都致力于设计并实现优雅且高效的抽象（如用户自定义类型和使用这些自定义类型的算法）。这种抽象机制的一个效果就是运行时错误的捕获位置与错误处理的位置被分离开来。随着程序规模不断增大，特别是库的广泛使用，处理错误的标准变得愈加重要。在程序开发中，尽早地明确错误处理策略是一个好办法。

3.5.1 异常

让我们重新考虑 Vector 的例子。对 2.3 节中的向量，当我们试图访问某个越界的元素时，应该发生什么呢？

- `Vector` 的编写者并不知道使用者在面临这种情况时希望如何处理（通常情况下，`Vector` 的编写者甚至不知道向量被用在何种程序中）。
- `Vector` 的使用者不能保证每次都检测到问题（如果他们能做到的话，越界访问也就不会发生了）。

假设越界访问是一种错误，我们希望能从中恢复，合理的解决方案是由 `Vector` 的实现者检测意图越界的访问并通知使用者，然后使用者可以采取适当的应对措施。例如，`Vector::operator[]()` 能够检测到意图越界的访问，并抛出一个 `out_of_range` 异常：

```
double& Vector::operator[](int i)
{
    if (i<0 || size()<=i)
        throw out_of_range{"Vector::operator[]"};
    return elem[i];
}
```

`throw` 将程序的控制权从某个直接或间接调用 `Vector::operator[]()` 的函数转移到 `out_of_range` 异常处理代码。为此，C++ 实现需能展开（unwind）函数调用栈以便返回调用者的上下文。换句话说，异常处理机制会退出一系列作用域和函数以便回到对处理这种异常表达出兴趣的某个调用者，一路上会按需要调用析构函数（参见 4.2.2 节）。例如：

```
void f(Vector& v)
{
    // ...
    try { // 此处的异常将被后面定义的处理程序处理

        v[v.size()] = 7; // 试图访问 v 末尾之后的位置
    }
    catch (out_of_range& err) {    // 糟糕: out_of_range 错误
        // ... 处理越界错误 ...
        cerr << err.what() << '\n';
    }
    // ...
}
```

如果希望处理某段代码的异常，应将其放在一个 `try` 块中。显然，对 `v[v.size()]` 的赋值操作将会出错。因此，程序进入到 `catch` 子句中，它提供了 `out_of_range` 类型错误的处理代码。`out_of_range` 类型定义在标准库中（在 `<stdexcept>` 中），事实上，它也被一些标准库容器访问函数使用。

我捕获异常时采用了引用方式以避免拷贝，我还使用了 `what()` 函数来打印在 `throw` 点放入异常中的错误信息。

异常处理机制的使用令错误处理变得更简单、更系统、更具可读性。为了达到这一目的，要注意不能过度使用 `try` 语句。我们将在 4.2.2 节中介绍令错误处理简单且系统的主要技术（称为资源请求即初始化（Resource Aquisition Is Initialization，RAII））。RAII 背后的基本思想是，由构造函数获取类操作所需的资源，由析构函数释放所有资源，从而令资源释放得到保证并隐式执行。

我们可以将一个永远不会抛出异常的函数声明成 `noexcept`。例如：

```
void user(int sz) noexcept
{
```

```
    Vector v(sz);
    iota(&v[0],&v[sz],1);     // 将 1,2,3,4 填入 v... (参见 14.3 节)
    // ...
}
```

一旦所有的好计划都失败了，函数 `user()` 仍抛出异常，此时会调用 `std::terminate()` 立即终止当前程序的执行。

3.5.2 不变式

使用异常报告越界访问错误是一个典型的函数检查其实参的例子，因为基本假设，即所谓的前置条件（precondition）没有满足，函数拒绝执行。如果我们正式说明 `Vector` 的下标运算符，我们将定义类似于"索引必须在 `[0:size())` 范围内"的规则，而这正是在 `operator[]()` 中要检查的。符号 `[a:b]` 指定了一个半开区间，表示 a 是区间的一部分，而 b 不是。每当定义一个函数时，就应考虑它的前置条件是什么以及如何检验它（参见 3.5.3 节）。对大多数应用来说，检验简单的不变式是一个好主意，参见 3.5.4 节。

但是，`operator[]()` 对 `Vector` 类型的对象进行操作，而且只在 `Vector` 的成员有"合理"的值时才有意义。特别是，我们说过 "`elem` 指向一个含有 `sz` 个 `double` 的数组"，但这只是注释中的说明而已。对于类来说，这样一条关于假设某事为真的声明称为类不变式（class invariant），简称为不变式（invariant）。建立类的不变式是构造函数的任务（从而成员函数可以依赖该不变式），成员函数的责任是确保当它们退出时不变式仍然成立。不幸的是，我们的 `Vector` 构造函数只履行了一部分职责。它正确地初始化了 `Vector` 成员，但是没有检验传入的实参是否有效。考虑如下情况：

```
    Vector v(-27);
```

这条语句很可能会引起混乱。

下面是一个更好的定义：

```
Vector::Vector(int s)
{
    if (s<0)
        throw length_error{"Vector constructor: negative size"};
    elem = new double[s];
    sz = s;
}
```

本书使用标准库异常 `length_error` 报告元素数目为非正数的错误，因为一些标准库操作也是用这个异常报告这种错误。如果 `new` 运算符找不到可分配的内存，那么就会抛出 `std::bad_alloc`。可以编写如下代码：

```
void test()
{
    try {
        Vector v(-27);
    }
    catch (std::length_error& err) {
        // 处理负数大小
    }
    catch (std::bad_alloc& err) {
        // 处理内存耗尽
```

        }
    }

你可以定义自己的异常类，并令它们将任意信息从异常检测点传递到异常处理点（参见 3.5.1 节）。

通常，当抛出异常后，函数就无法继续完成分配给它的任务了。于是，"处理"异常的含义是做一些简单的局部清理然后重新抛出异常。例如：

```
void test()
{
    try {
        Vector v(-27);
    }
    catch (std::length_error&) {    // 做一些处理并重新抛出异常
        cerr << "test failed: length error\n";
        throw;      // 重新抛出
    }
    catch (std::bad_alloc&) {    // 哎哟！这个程序根本就没设计如何处理内存耗尽
        std::terminate();    // 终止程序
    }
}
```

设计良好的代码中很少见到 `try` 块，你可以通过系统地使用 RAII 技术（参见 4.2.2 节、5.3 节）来避免过度使用 `try` 块。

不变式的概念是设计类的核心，而前置条件在函数设计中也起到类似的作用。不变式

- 帮助我们准确地理解想要什么。
- 强制我们明确表达想要什么，这给我们更多的机会编写出正确的代码（在调试和测试之后）。

不变式的概念是 C++ 中由构造函数（参见第 4 章）和析构函数（参见 4.2.2 节、13.2 节）支撑的资源管理概念的基础。

3.5.3 错误处理替代

错误处理在现实世界的所有软件中都是一个主要问题，因此很自然地有很多解决方法。如果错误被检测出来后无法在函数内局部处理，函数就必须以某种方法与某个调用者沟通这个问题。抛出异常是 C++ 解决此问题的最一般的方法。

在有的语言中，提供异常机制的目的是为返回值提供一种替代机制。但 C++ 不是这样的语言：异常是用来报告错误、完成给定任务的。异常与构造函数和析构函数一起为错误处理和资源管理提供一个一致的框架（参见 4.2.2 节、5.3 节）。当前的编译器都针对返回值进行了优化，使其比抛出一个相同的值作为异常高效得多。

对于错误不能局部处理的问题，抛出异常不是报告错误的唯一方法。函数可用如下方式指出它无法完成分配给它的任务：

- 抛出一个异常。
- 以某种方式返回一个值来指出错误。
- 终止程序（通过调用 `terminate()`、`exit()` 或 `abort()` 这样的函数）。

在下列情况下，我们返回一个错误指示符（一个"错误码"）：

- 错误是常规的、预期的。例如，打开文件的请求失败就是很正常的（可能没有给定名

字的文件或文件不能按请求的权限打开)。
- 预计直接调用者能合理地处理错误。

在下列情况下我们抛出异常：
- 错误很罕见，以致程序员很可能忘记检查它。例如，你最后一次检查 `printf()` 的返回值是什么时候？
- 立即调用者无法处理错误。取而代之，错误必须层层回到最终调用者。例如，让一个应用中的所有函数都可靠地处理每个分配错误或网络故障是不可行的。
- 在一个应用中，底层模块添加了新的错误类型，以致编写高层模块时不可能处理这种错误。例如，当修改一个旧的单线程应用令其能使用多线程，或使用放置在远端需要通过网络访问的资源时。
- 错误代码没有合适的返回路径。例如，构造函数无法返回值给"调用者"检查。特别是，构造函数的调用是发生在构造多个局部变量时或是在一个复杂对象构造了一部分时，这样基于错误码的清理工作就会变得非常复杂。
- 由于在返回值的同时还要返回错误指示符，函数的返回路径变得更为复杂或代价更高（例如使用 `pair`，参见 13.4.3 节），这可能导致使用输出参数、非局部错误状态指示符或其他变通方法。
- 错误必须沿着调用链传递到"最终调用者"。反复检查错误码会很乏味、低效且易出错。
- 错误恢复依赖于多个函数调用的结果，导致需要维护调用和复杂控制结构间的局部状态。
- 发现错误的函数是一个回调函数（函数参数），因此立即调用者甚至可能不知道调用了哪个函数。
- 错误处理需要执行某个"撤销动作"。

在如下情况下，我们终止程序：
- 错误是无法恢复的类型。例如，对很多（但不是所有）系统，没有合理的方法从内存耗尽错误中恢复。
- 在检测到一个非平凡错误时，系统的错误处理基于重启一个线程、一个进程或一台计算机。

确保程序终止的一种方法是向函数添加 `noexcept()`，从而在函数实现的任何地方抛出异常都会进入 `terminate()`。注意，有的应用不能接受无条件终止，这就需要使用替代方法。

不幸的是，上述条件并不总是逻辑上互斥的，也不总是容易应用。程序的规模和复杂度都会对此有影响。有时，随着应用的进化，各种因素间的权衡会发生改变，这时就需要程序员的经验了。如果存疑，你应该优先选择异常机制，因为其伸缩性更好，也不需要外部工具来检查是否所有的错误都被处理了。

不要认为所有的错误码或所有的异常都是糟糕的，它们都有清晰的用途。而且，不要相信异常处理很缓慢的传言，它通常比正确处理复杂的或罕见的错误条件以及重复检验错误码要更快。

对于使用异常实现简单、高效的错误处理，RAII（参见 4.2.2 节、5.3 节）是很必要的。充斥着 `try` 块的代码通常反映了基于错误码构思的错误处理策略最糟糕的那一面。

3.5.4 合约

我们经常需要为不变式、前置条件等编写可选的运行时检验，目前对此还没有通用的、标准的方法。为此，已为 C++20 提出了一种合约机制 [Garcia,2016] [Garcia,2018]。一些用户想依赖检验来保证程序的正确性——在调试时进行全面的运行时检验，而随后部署的代码包含尽量少的检验，合约的目标是为此提供支持。一些组织依赖系统、全面的检验，在其高性能应用中这一需求就很常见。

到目前为止，我们还不得不依赖特别的机制。例如，我们可以使用命令行宏来控制运行时检验：

```
double& Vector::operator[](int i)
{
    if (RANGE_CHECK && (i<0 || size()<=i))
        throw out_of_range{"Vector::operator[]"};
    return elem[i];
}
```

标准库提供了调试宏 `assert()`，以主张在运行时某个条件必须成立。例如：

```
void f(const char* p)
{
    assert(p!=nullptr);   // p 不能是 nullptr
    // ...
}
```

在"调试"模式下，如果 `assert()` 的条件失败，程序会终止。如果不在调试模式下，`assert()` 则不会被检查。这相当粗糙，也很不灵活，但通常已经足够了。

3.5.5 静态断言

异常负责报告运行时发现的错误。如果错误能在编译时发现，当然更好。这是大多数类型系统以及自定义类型接口说明设施的主要目的。不过，我们也能对大多数编译时可知的性质做一些简单检查，并以编译器错误消息的形式报告所发现的问题。例如：

```
static_assert(4<=sizeof(int), "integers are too small");   // 检查整数的大小
```

如果 `4<=sizeof(int)` 不成立，即当前系统中一个 `int` 占据的空间不足 4 字节，则输出 `integers are too small` 信息。将这种表达我们的期望的机制称为断言（assertion）。

`static_assert` 机制能用于任何可以表示为常量表达式（参见 1.6 节）的东西。例如：

```
constexpr double C = 299792.458;      // km/s

void f(double speed)
{
    constexpr double local_max = 160.0/(60*60);   // 160 km/h == 160.0/(60*60) km/s

    static_assert(speed<C,"can't go that fast");       // 错误：速度必须是一个常量
    static_assert(local_max<C,"can't go that fast");   // 正确

    // ...
}
```

一般而言，`static_assert(A,S)` 的作用是当 A 不为 `true` 时，将 S 作为一条编译

器错误信息输出。如果你不希望打印特定消息，可以忽略 S，编译器会提供一条默认消息：

```
static_assert(4<=sizeof(int));        // 使用默认消息
```

默认消息通常是 `static_assert` 所在位置加上表示断言谓词的字符。

`static_assert` 最重要的用途是在泛型编程中为类型参数设置断言（参见 7.2 节、13.9 节）。

3.6 函数参数和返回值

函数调用是从程序的一个部分向另一个部分传递信息的主要方式，也是推荐方式。执行任务所需的信息作为参数传递给函数，生成的结果作为返回值传回。例如：

```cpp
int sum(const vector<int>& v)
{
    int s = 0;
    for (const int i : v)
        s += i;
    return s;
}

vector fib = {1,2,3,5,8,13,21};

int x = sum(fib);            // x 变为 53
```

函数间也存在其他传递信息的路径，例如全局变量（参见 1.5 节）、指针和引用参数（参见 3.6.1 节），以及类对象中的共享状态（参见第 4 章）。全局变量是众所周知的错误之源，我们强烈建议不要使用它，而状态通常只应在共同实现了一个良好定义的抽象的函数间共享（例如，类的成员函数，参见 2.3 节）。

了解了函数传递信息的重要性，就不会对存在多种传递方式感到惊讶了。其中的重点是：

- 对象是拷贝的还是共享的？
- 如果共享对象，它可变吗？
- 对象可以移动从而留下一个"空对象"吗（参见 5.2.2 节）？

参数传递和返回值的默认行为是"拷贝"（参见 1.9 节），但某些拷贝可隐式优化为移动。

在 `sum()` 例子中，得到的 `int` 被拷贝出 `sum()` 而将可能非常大的 `vector` 拷贝进 `sum()` 会很低效且无意义，因此参数是以引用方式传递的（用 & 指出，参见 1.7 节）。

`sum()` 没有理由修改其实参。这种不可变性是通过将 `vector` 参数声明为 `const` 实现的（参见 1.6 节），因此 `vector` 是以 `const` 引用方式传递的。

3.6.1 参数传递

首先考虑如何将值传入函数。默认是拷贝方式（"传值"），如果我们希望在调用者的环境中引用一个对象，则可采用引用方式（"传引用"）。例如：

```cpp
void test(vector<int> v, vector<int>& rv)    // v 采用传值方式，rv 采用传引用方式
{
    v[1] = 99;       // 修改 v（一个局部变量）
    rv[2] = 66;      // 修改 rv 引用的对象
```

```
}
int main()
{
    vector fib = {1,2,3,5,8,13,21};
    test(fib,fib);
    cout << fib[1] << ' ' << fib[2] << '\n';       // 打印 2 66
}
```

当关注性能时，我们通常采用传值方式传递小对象，用传引用方式传递大对象。这里"小"的含义是指"拷贝代价确实很低的东西"。"小"的准确含义依赖于机器架构，但"两三个指针大小或更小"是一条很好的经验法则。

如果基于性能原因想采用传引用方式，但又不希望修改实参，则可采用传 const 引用的方式，就像 sum() 例子中那样。这是目前为止普通程序代码中最常见的情况：这种参数传递方式又快又不易出错。

函数参数具有默认值是很常见的，即一个值被认为是首选的或是最常见的。我们可以采用默认函数参数（default function argument）来指定这样一个默认值。例如：

```
void print(int value, int base =10);      // 按基数"base"打印值

print(x,16);        // 十六进制
print(x,60);        // 六十进制（苏美尔人）
print(x);           // 使用默认值：十进制
```

它是重载的一种替代，符号上更为简单：

```
void print(int value, int base);      // 按基数"base"打印值

void print(int value)                  // 按基数 10 打印值
{
    print(value,10);
}
```

3.6.2 返回值

一旦计算出了结果，就需要将其从函数传递回调用者。再次强调，返回值的默认方式是拷贝，对小对象这是很理想的。我们仅在希望授权调用者访问函数的非局部对象时才以"传引用"方式返回值。例如：

```
class Vector {
public:
    // ...
    double& operator[](int i) { return elem[i]; }    // 返回第 i 个元素的引用
private:
    double* elem;     // elem 指向一个包含 sz 个元素的数组
    // ...
};
```

Vector 的第 i 个元素的存在与下标运算符的调用是无关的，因此我们可以返回它的引用。

另一方面，在函数返回时局部变量就消失了，因此我们不应该返回局部变量的指针或引用：

```cpp
int& bad()
{
    int x;
    // ...
    return x;    // 错误：返回局部变量 x 的引用
}
```

幸运的是，所有主要的 C++ 编译器都能捕获 `bad()` 中的明显错误。

返回一个"小"类型的引用或值都很高效，但如何将大量信息从函数中传递出来呢？考虑下面的代码：

```cpp
Matrix operator+(const Matrix& x, const Matrix& y)
{
    Matrix res;
    // ... 对于所有的 res[i,j], res[i,j] = x[i,j]+y[i,j] ...
    return res;
}

Matrix m1, m2;
// ...
Matrix m3 = m1+m2;    // 无拷贝
```

一个 `Matrix` 可能非常大，从而在现代硬件上做拷贝的代价很高。因此不进行拷贝，而是为 `Matrix` 设计一个移动构造函数（参见 5.2.2 节），将 `Matrix` 移出 `operator+()` 的代价是很低的。我们无须倒退到使用手工内存管理：

```cpp
Matrix* add(const Matrix& x, const Matrix& y)    // 复杂且易错的 20 世纪编程风格
{
    Matrix* p = new Matrix;
    // ... 对于所有的 *p[i,j], *p[i,j] = x[i,j]+y[i,j] ...
    return p;
}

Matrix m1, m2;
// ...
Matrix* m3 = add(m1,m2);    // 只拷贝一个指针
// ...
delete m3;                   // 很容易忘记
```

不幸的是，通过返回指针来返回大对象的方式在旧代码中很常见，这是一些很难发现的错误的主要来源。不要编写这样的代码。注意，`operator+()` 与 `add()` 一样高效，但远比其更容易定义、更容易使用、更不易出错。

如果一个函数不能执行我们要求它执行的任务，它可以抛出异常（参见 3.5.1 节）。这有助于避免代码中到处是"异常问题"的错误码检验。

一个函数的返回类型可以从其返回值推断出来。例如：

```cpp
auto mul(int i, double d) { return i*d; }    // 在这里，"auto" 表示"推断返回类型"
```

这很方便，特别是对泛型函数（函数模板，参见 6.3.1 节）和 `lambda`（参见 6.3.3 节），但要小心使用它，因为推断类型不能提供一个稳定的接口：改变函数（或 `lambda`）的实现就可能改变类型。

3.6.3 结构化绑定

一个函数只能返回一个值，但这个值可以是一个包含很多成员的类对象。这令我们可以高效地返回很多值。例如：

```
struct Entry {
    string name;
    int value;
};

Entry read_entry(istream& is)    // 朴素的读函数（更好的版本参见10.5节）
{
    string s;
    int i;
    is >> s >> i;
    return {s,i};
}

auto e = read_entry(cin);

cout << "{ " << e.name << " , " << e.value << " }\n";
```

在本例中，我们用 {s,i} 构造 Entry 类型返回值。类似地，可以将一个 Entry 的成员"解包"到局部变量中：

```
auto [n,v] = read_entry(is);
cout << "{ " << n << " , " << v << " }\n";
```

`auto [n,v]` 声明了两个局部变量 n 和 v，它们的类型是从 `read_entry()` 的返回值推断出来的。这种为类对象的成员赋予局部名字的机制称为结构化绑定（structured binding）。

考虑另一个例子：

```
map<string,int> m;
// ... 填充 m ...
for (const auto [key,value] : m)
    cout << "{" << key "," << value << "}\n";
```

照例，我们用 `const` 和 `&` 装点 `auto`。例如：

```
void incr(map<string,int>& m)    // 递增 m 的每个元素的值
{
    for (auto& [key,value] : m)
        ++value;
}
```

当我们将结构化绑定用于没有私有数据的类时，很容易看到绑定是如何进行的：定义的用于绑定的名字数目必须与类的非静态数据数目一致，且绑定时引入的每个名字为对应的成员命名。与显式使用组合对象的版本相比，代码质量没有什么差别，结构化绑定的使用只关乎如何更好地表达一个思想。

如果类是通过成员函数来访问的，结构化绑定也能处理。例如：

```
complex<double> z = {1,2};
auto [re,im] = z+2;              // re=3; im=2
```

一个 complex 有两个成员，但其接口由访问函数组成，如 real() 和 imag()。将一个 complex<double> 映射到两个局部变量（如 re 和 im）是可行的，也很高效，但完成这一目的的技术已经超出了本书的范围。

3.7 建议

[1] 区分声明（用作接口）和定义（用作实现）；3.1 节。
[2] 使用头文件描述接口、强调逻辑结构；3.2 节；[CG: SF.3]。
[3] 使用 #include 将头文件包含到实现其函数的源文件中；3.2 节；[CG: SF.5]。
[4] 在头文件中应避免定义非内联函数；3.2 节；[CG: SF.2]。
[5] 优先选择 module 而非头文件（在支持 module 的地方）；3.3 节。
[6] 用名字空间表达逻辑结构；3.4 节；[CG: SF.20]。
[7] 将 using 指示用于程序转换、基础库（如 std）或局部作用域中；3.4 节；[CG: SF.6] [CG: SF.7]。
[8] 不要在头文件中使用 using 指示；3.4 节；[CG: SF.7]。
[9] 抛出一个异常来指出你无法完成分配的任务；3.5 节；[CG: E.2]。
[10] 异常只用于错误处理；3.5.3 节；[CG: E.3]。
[11] 预计直接调用者会处理错误时就使用错误码；3.5.3 节。
[12] 如果通过很多函数调用预计错误会向上传递，则抛出异常；3.5.3 节。
[13] 如果对使用异常还是错误码存疑，优先选择异常；3.5.3 节。
[14] 在设计早期就规划好错误处理策略；3.5 节；[CG: E.12]。
[15] 用专门设计的用户自定义类型（而非内置类型）作为异常；3.5.1 节。
[16] 不要试图在每个函数中捕获所有异常；3.5 节；[CG: E.7]。
[17] 优先选择 RAII 而非显式的 try 块；3.5.1 节、3.5.2 节；[CG: E.6]。
[18] 如果你的函数不抛出异常，那么将其声明成 noexcept；3.5 节；[CG: E.12]。
[19] 令构造函数建立不变式，如果不成功，就抛出异常；3.5.2 节；[CG: E.5]。
[20] 围绕不变式设计你的错误处理策略；3.5.2 节；[CG: E.4]。
[21] 能在编译时检查的问题通常最好在编译时检查；3.5.5 节；[CG: P.4] [CG: P.5]。
[22] 采用传值方式传递"小"值，采用传引用方式传递"大"值；3.6.1 节；[CG: F.16]。
[23] 优先选择传 const 引用方式而非传普通引用方式；_module.arguments_；[CG: F.17]。
[24] 用函数返回值方式（而非输出参数）传回结果；3.6.2 节；[CG: F.20] [CG: F.21]。
[25] 不要过度使用返回类型推断；3.6.2 节。
[26] 不要过度使用结构化绑定，使用命名返回类型在程序文本角度下通常更为清晰；3.6.3 节。

| 第 4 章 |
A Tour of C++, Second Edition

类

> 那些类型一点儿都不"抽象",它们像 int 和 float 一样真实。
>
> ——道格·麦克罗伊

- 引言
- 具体类型
  一种算术类型;容器;初始化容器
- 抽象类型
- 虚函数
- 类层次
  层次结构的益处;层次漫游;避免资源泄漏
- 建议

4.1 引言

本章和下一章的目标是在不涉及过多细节的前提下向读者展现 C++ 是如何支持抽象和资源管理的:

- 本章正式介绍定义和使用新类型(用户自定义类型,user-defined type)的方法。特别是,本章会介绍具体类(concrete class)、抽象类(abstract class)和类层次(class hierarchy)的基本性质、实现技术以及语言设施。
- 第 5 章介绍一些在 C++ 中已经定义了含义的操作,如构造函数、析构函数和赋值操作。这一章概括了如何组合使用这些操作来控制对象的生命周期并支持简单、高效且完整的资源管理。
- 第 6 章介绍模板,这是一种用(其他)类型和算法对类型和算法进行参数化的机制。用户自定义类型与内置类型上的计算是用函数表达的,有时泛化为模板函数(template function)和函数对象(function object)。
- 第 7 章概述支持泛型编程的概念、技术和语言特性。重点介绍定义和使用概念(concept)来准确说明接口以及指导设计。这一章还介绍了可变参数模板(variadic template),它是用来说明最通用、最灵活的接口。

这些语言设施是用于支持所谓的面向对象编程(object-oriented programming)和泛型编程(generic programming)风格的。第 8~15 章会延续这些主题,通过一些示例展示标准库设施及其使用。

C++ 最核心的语言特性就是类(class)。类是一种用户自定义的数据类型,用于在程序代码中表示某种概念。无论何时,只要对程序的设计包含一个有用的概念、想法或实体等,都应该设法把它表示为程序中的一个类,这样,我们的想法就能表达为代码,而不是仅存在于我们的头脑中、设计文档里或者注释里。如果一个程序是用一组精心挑选的类构成的,会远比所有的东西都是直接用内置类型构造的版本更容易理解、更容易设计正确。特别是,库通常提供的就是类。

本质上，基础类型、运算符和语句之外的所有语言设施存在的目的就是帮助我们定义更好的类以及更方便地使用它们。"更好"的含义是更加正确、更容易维护、更有效率、更优雅、更易用、更易读以及更易推断。大多数编程技术依赖于特定类别的类的设计与实现。程序员的需求和偏好千差万别，因此 C++ 对类的支持也是非常宽泛的。接下来，我们只考虑对三种重要的类的基本支持：

- 具体类（参见 4.2 节）；
- 抽象类（参见 4.3 节）；
- 类层次中的类（参见 4.5 节）。

很多有用的类都可以归到这三个类别当中。更多的类可以看作这些类的简单变形或是通过组合相关技术而实现的。

4.2 具体类型

具体类（concrete class）的基本思想是，它们的行为"就像内置类型一样"。例如，一个复数类型和一个无穷精度整数与内置的 `int` 非常相像，当然它们有自己的语义和操作集。同样，`vector` 和 `string` 也很像内置的数组，只不过它们的行为更加良好（参见 9.2 节、10.3 节、11.2 节）。

具体类型的典型特征是，其表示是定义的一部分。在很多重要的例子中，如 `vector`，其表示只是一个或几个指针，指向保存在别处的数据，但这种表示出现在具体类的每一个对象中。这令实现可以在时空上达到最优。特别是，它允许我们

- 将具体类型的对象置于栈、静态分配的内存或者其他对象中（参见 1.5 节）；
- 直接引用对象（而非仅仅通过指针或引用）；
- 立即进行完整的对象初始化（比如使用构造函数，参见 2.3 节）；
- 拷贝和移动对象（参见 5.2 节）。

类的表示可以是私有的（就像 `Vector` 一样，参见 2.3 节）从而只能通过成员函数访问，但它确实是存在的。因此，如果表示方式发生了任何明显的改动，使用者就必须重新编译。这就是我们令具体类型的行为与内置类型完全一样需要付出的代价。对于某些场景，不常改动的类和局部变量提供了迫切需要的清晰性和效率，此时这种特性是可以接受的，而且通常很理想。为了提高灵活性，具体类型可以将其表示的主要部分放置在自由存储（动态内存、堆）中，然后通过存储在类对象内部的成员访问它们。`vector` 和 `string` 就是这样实现的，我们可以将它们看成带有精心打造的接口的资源管理器。

4.2.1 一种算术类型

一种"经典的用户自定义算术类型"是 `complex`：

```cpp
class complex {
    double re, im; // 表示：两个双精度浮点数
public:
    complex(double r, double i) :re{r}, im{i} {}   // 用两个标量构造该复数
    complex(double r) :re{r}, im{0} {}             // 用一个标量构造该复数
    complex() :re{0}, im{0} {}                     // 默认复数为 {0,0}
```

```
    double real() const { return re; }
    void real(double d) { re=d; }
    double imag() const { return im; }
    void imag(double d) { im=d; }

    complex& operator+=(complex z)
    {
        re+=z.re;              // 加到 re 和 im 上
        im+=z.im;
        return *this;          // 返回结果
    }

    complex& operator-=(complex z)
    {
        re-=z.re;
        im-=z.im;
        return *this;
    }}

    complex& operator*=(complex);   // 在类外的某处定义
    complex& operator/=(complex);   // 在类外的某处定义
};
```

这是标准库 complex（参见 14.4 节）略微简化的版本，类定义本身仅包含需要访问其表示的操作。它的表示是非常简单的常规方式。出于实用的需要，它必须兼容 60 年前 Fortran 语言提供的版本，还需要一组常规的运算符。除了满足逻辑上的要求外，complex 还必须足够高效，否则仍旧没有实用价值。这意味着简单操作必须是内联的。也就是说，在最终生成的机器代码中，简单操作（如构造函数、+= 和 imag() 等）不应该以函数调用的方式实现。定义在类内部的函数默认是内联的。我们也可以在函数声明前加上关键字 inline 显式要求将其内联。一个工业级的 complex（如标准库中的那个）必须精心实现，恰当地使用内联。

无需实参就可以调用的构造函数称为默认构造函数（default constructor）。因此，complex() 是 complex 的默认构造函数。通过定义默认构造函数，可以有效防止该类型的对象未初始化。

在返回复数实部和虚部的函数中，const 说明符指出这两个函数不会修改所调用的对象。一个 const 成员函数对 const 和非 const 对象均可调用，但一个非 const 成员函数只能对非 const 对象调用。例如：

```
complex z = {1,0};
const complex cz {1,3};
z = cz;                  // 正确：向一个非 const 变量赋值
cz = z;                  // 错误：complex::operator=() 是一个非 const 成员函数
double x = z.real();     // 正确：complex::real() 是一个 const 成员函数
```

很多有用的操作并不需要直接访问 complex 的表示，因此它们的定义可以与类的定义分离开来：

```
complex operator+(complex a, complex b) { return a+=b; }
complex operator-(complex a, complex b) { return a-=b; }
complex operator-(complex a) { return {-a.real(), -a.imag()}; }   // 一元负号
complex operator*(complex a, complex b) { return a*=b; }
complex operator/(complex a, complex b) { return a/=b; }
```

在本例中，我们利用了一个事实：以传值方式传递实参实际上是进行拷贝，因此我可以修改实参而不会影响调用者的副本，并可以将结果作为返回值。

`==` 和 `!=` 的定义非常直观：

```
bool operator==(complex a, complex b)      // 相等
{
    return a.real()==b.real() && a.imag()==b.imag();
}

bool operator!=(complex a, complex b)      // 不等
{
    return !(a==b);
}

complex sqrt(complex);       // 定义在其他某处

// ...
```

我们可以像下面这样使用类 `complex`：

```
void f(complex z)
{
    complex a {2.3};                       // 用 2.3 构建了 {2.3, 0.0}
    complex b {1/a};
    complex c {a+z*complex{1,2.3}};
    // ...
    if (c != b)
        c = -(b/a)+2*b;
}
```

编译器将 `complex` 数的运算符转换为恰当的函数调用，例如 `c!=b` 意味着 `operator!= (c, b)`，而 `1/a` 意味着 `operator / (complex{1}, a)`。

必须小心地按常规使用用户自定义运算符（"重载运算符"）。这些运算符的语法在语言中已被固定，因此不能定义一元的 `/`。同样，也不可能改变一个运算符操作内置类型时的含义，因此不能重新定义运算符 `+` 令其执行 `int` 的减法。

4.2.2 容器

容器（container）是包含若干元素的对象。因为 `Vector` 类型的对象都是容器，所以我们称类 `Vector` 是一种容器类型。如 2.3 节中的定义，`Vector` 是一种很不错的 `double` 容器：它易于理解，建立了一个有用的不变式（参见 3.5.2 节），提供了带边界检查的访问（参见 3.5.1 节）并且提供了 `size()` 令我们可以遍历其元素。然而，它还是存在一个致命的缺陷：它使用 `new` 分配了元素，但从没有释放这些元素。这不是一个好的设计，因为尽管 C++ 定义了一个垃圾回收器的接口（参见 5.3 节），但并不保证它总是可用的以将未用内存提供给新对象。在某些情况下，你不能使用回收器，而且通常出于逻辑或性能的考虑，你更想使用精确的回收控制。因此，我们需要一种机制以确保构造函数分配的内存一定会被释放，这种机制就叫作析构函数（destructor）：

```
class Vector {
public:
    Vector(int s) :elem{new double[s]}, sz{s}    // 构造函数：请求资源
    {
```

```
    for (int i=0; i!=s; ++i)           // 初始化元素
        elem[i]=0;
}

~Vector() { delete[] elem; }           // 析构函数：释放资源

double& operator[](int i);
int size() const;
private:
double* elem;                          // elem 指向一个含 sz 个 double 的数组
int sz;
};
```

析构函数的命名规则是求补运算符 ~ 后接类的名字，它是构造函数的补充。`Vector` 的构造函数使用 `new` 运算符从自由存储（也称为堆或动态存储）分配一些内存。析构函数则使用 `delete[]` 运算符释放该内存以实现清理。普通 `delete` 释放单个对象，`delete[]` 释放数组。

这一切都无须 `Vector` 的使用者干预。使用者只需像内置类型的变量那样创建和使用 `Vector` 对象就可以了。例如：

```
void fct(int n)
{
    Vector v(n);
    // ... 使用 v ...
    {
        Vector v2(2*n);
        // ... 使用 v 和 v2 ...
    } // v2 在此处销毁
    // ... 使用 v ...
} // v 在此处销毁
```

`Vector` 与 `int` 和 `char` 等内置类型遵循同样的命名、作用域、空间分配、生命周期等规则（参见 1.5 节）。这个版本的 `Vector` 经过了简化，没有包含错误处理，参见 3.5 节。

构造函数/析构函数的机制是很多优雅技术的基础，特别是大多数 C++ 通用资源管理技术（参见 5.3 节、13.2 节）的基础。考虑下面 `Vector` 的图示。

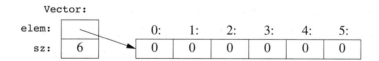

构造函数分配元素并正确初始化 `Vector` 的成员，析构函数释放元素。这就是所谓的*数据句柄模型*（handle-to-data model），常用来管理在对象生命周期中大小会发生变化的数据。在构造函数中请求资源，然后在析构函数中释放它们的技术称为*资源请求即初始化*（Resource Acquisition Is Initialization，RAII），它令我们得以规避"裸 `new` 操作"，即，避免在一般代码中分配内存，取而代之将其隐藏在行为良好的抽象的实现内部。同样，也应该避免"裸 `delete` 操作"。避免裸 `new` 和裸 `delete` 令代码更不易出错，易于避免资源泄漏（参见 13.2 节）。

4.2.3 初始化容器

容器的存在就是用来保存元素的，因此显然需要一种便利的方式将元素存入容器中。我们可以用恰当数目的元素创建一个 Vector，然后再为它们赋值，但通常有更优雅的方法。在这里，我只列举两种我更偏爱的方法：

- 初始值列表构造函数（initializer-list constructor）：用一个元素列表进行初始化。
- `push_back()`：在序列的末尾添加一个新元素。

它们的声明形式如下所示：

```
class Vector {
public:
    Vector(std::initializer_list<double>);    // 用一个 double 列表进行初始化
    // ...
    void push_back(double);                    // 在末尾添加一个元素，容器的长度加 1
    // ...
};
```

其中，`push_back()` 可用于添加任意数量的元素。例如：

```
Vector read(istream& is)
{
    Vector v;
    for (double d; is>>d; )     // 将浮点值读入 d
        v.push_back(d);         // 将 d 添加到 v 当中
    return v;
}
```

上面的输入循环在到达文件末尾或者遇到格式错误时终止。在此之前，每个读入的数都被添加到 Vector 中，因此最后 v 的大小就是读入的元素数目。我们使用了一个 for 语句而不是更常规的 while 语句，这是为了将 d 的作用域限制在循环内部。5.2.2 节将介绍如何为 Vector 提供移动构造函数，使用它我们就能以很低的代价从 read() 返回非常巨大的数据量。

```
Vector v = read(cin);      // 这里不会拷贝 Vector 的元素
```

11.2 节将介绍 std::vector 是如何令 `push_back()` 及其他操作能高效改变 vector 的大小的。

用于定义初始值列表构造函数的 `std::initializer_list` 是一种标准库类型，编译器可以辨识它：当我们使用 {} 列表时，如 {1,2,3,4}，编译器会创建一个 initializer_list 类型的对象并将其提供给程序。因此，我们可以编写如下代码：

```
Vector v1 = {1,2,3,4,5};            // v1 包含 5 个元素
Vector v2 = {1.23, 3.45, 6.7, 8};   // v2 包含 4 个元素
```

Vector 的初始值列表构造函数则可以定义成如下的形式：

```
Vector::Vector(std::initializer_list<double> lst)    // 用一个列表初始化
    :elem{new double[lst.size()]}, sz{static_cast<int>(lst.size())}
{
    copy(lst.begin(),lst.end(),elem);    // 从 lst 复制到 elem 中（参见 12.6 节）
}
```

不幸的是，标准库中的大小和下标都用 unsigend 整数，因此我们需要使用丑陋的 `static_cast` 来将初始值列表的大小显式转换为一个 int。这有点儿卖弄学问，毕竟一个手写列表的元素数目超过整数所能表示的范围（16 位整数最大可以表示 32 767，32 位整数

最大可以表示 2 147 483 647）的可能性是非常低的。但类型系统并无这种常识，它知道变量的可能取值范围，但并不知道真实值，所以有时候它会无中生有地报告一些错误。但这种警告偶尔会拯救程序员避免产生糟糕的错误。

`static_cast` 本身并不负责检查要转换的值，它相信程序员能正确地使用。这个并不总是一个好的假设，所以程序员如果不确定值是否合法，记得检查它。最好避免使用显式类型转换（通常称为强制类型转换（cast），以提醒人们使用它们是为了避免造成某些破坏）。你只应在系统的最底层尝试使用未经检查的强制类型转换，它是很容易出错的。

其他的类型转换包括 `reinterpret_cast`，它将对象视为简单的字节序列，以及 `const_cast`，意为"强制去掉 `const`"。审慎地使用类型系统和良好定义的库能令我们在高层软件中避免使用未经检查的强制类型转换。

4.3 抽象类型

`complex` 和 `Vector` 这样的类型称为具体类型（concrete type），这是因为它们的表示属于定义的一部分。在这一点上，它们与内置类型很相似。相反，抽象类型（abstract type）将使用者与类的实现细节完全隔离开来。为此，我们将接口与表示分离开来，并且放弃了纯局部变量。由于我们对抽象类型的表示一无所知（甚至对其大小也不了解），所以必须从自由存储（参见 4.2.2 节）分配对象，然后通过引用或指针（参见 1.7 节、13.2.1 节）访问对象。

首先，我们为 Container 类定义接口，这是一个比 Vector 更抽象的版本：

```
class Container {
public:
    virtual double& operator[](int) = 0;    //纯虚函数
    virtual int size() const = 0;           //常量成员函数（参见4.2.1节）
    virtual ~Container() {}                 //析构函数（参见4.2.2节）
};
```

这个类是一个纯接口，是为稍后定义的特定容器设计的接口。关键字 `virtual` 的意思是"可能随后在派生类中被重新定义"。不出意料，我们将这种声明为 `virtual` 的函数称为虚函数（virtual function）。Container 类的派生类应为 Container 接口提供具体实现。语法 =0 看起来有点奇怪，它说明函数是纯虚函数（pure virtual），即，Container 的派生类必须定义这个函数。因此，我们不可能定义一个 Container 对象。例如：

```
Container c;                                //错误：不能定义抽象类的对象
Container* p = new Vector_container(10);    //正确：Container 是一个接口
```

Container 只是作为接口出现，为具体实现 `operator[]()` 和 `size()` 函数的类提供接口。包含纯虚函数的类称为抽象类（abstract class）。

Container 的用法是：

```
void use(Container& c)
{
    const int sz = c.size();

    for (int i=0; i!=sz; ++i)
        cout << c[i] << '\n';
}
```

请注意 `use()` 是如何在完全忽略实现细节的情况下使用 `Container` 接口的。它使用了 `size()` 和 `[]`，却根本不知道是哪个类型实现了它们。如果一个类为其他一些类提供接口，我们就称之为多态类型（polymorphic type）。

`Container` 没有构造函数，这对抽象类是很普遍的，毕竟它没有数据需要初始化。另一方面，`Container` 含有一个析构函数，而且该析构函数是 `virtual` 的。这也是抽象类常见的，因为抽象类需要通过引用或指针来操纵，而当我们通过一个指针销毁 `Container` 时，并不清楚它的实现部分到底拥有着哪些资源，参见 4.5 节。

抽象类 `Container` 只定义了接口，未提供实现。为了令 `Container` 有用，我们必须实现一个定义了接口所需函数的容器。为此，我们可以使用具体类 `Vector`：

```cpp
class Vector_container : public Container {    //Vector_container 实现了 Container
public:
    Vector_container(int s) : v(s) { }    //含有 s 个元素的 Vector
    ~Vector_container() { }

    double& operator[](int i) override { return v[i]; }
    int size() const override { return v.size(); }
private:
    Vector v;
};
```

`:public` 可读作"派生自"或"是……的子类型"。我们说类 `Vector_container` 派生自（derived）类 `Container`，而类 `Container` 是 `Vector_container` 类的基（base）类。另外一种术语分别称 `Vector_container` 和 `Container` 为子类（subclass）和超类（superclass）。派生类从它的基类继承成员，因此基类和派生类的使用通常被称为继承（inheritance）。

我们称成员 `operator[]()` 和 `size()` 覆盖（override）了基类 `Container` 中的对应成员。我使用了显式的 `override` 来清楚地说明其意图，这是可选的，但使用显式说明令编译器能捕获错误，例如错误拼写了函数的名字或是 `virtual` 函数及意图覆盖它的版本的类型有微小差异。显式使用 `override` 在较大的类层次中尤其有用，因为如果不使用的话很难知道哪个函数应该覆盖哪个。

析构函数（`~Vector_container()`）覆盖了基类的析构函数 `~Container()`。注意，成员的析构函数 `~Vector()` 被其所属类的析构函数 `~Vector_container()` 隐式调用。

对于像 `use(Container&)` 这样的函数来说，可以在完全不了解实现细节的情况下使用 `Container`，但还需其他某个函数创建可供操作的对象。例如：

```cpp
void g()
{
    Vector_container vc(10);    //10 个元素的 Vector
    // ... 向 vc 填入数据 ...
    use(vc);
}
```

由于 `use()` 不了解 `Vector_container` 但知道 `Container` 的接口，所以对于 `Container` 的其他实现，`use()` 仍能正常工作。例如：

```cpp
class List_container : public Container {    //List_container 实现了 Container
public:
    List_container() { }    //空链表
```

```
    List_container(initializer_list<double> il) : ld{il} { }
    ~List_container() {}
    double& operator[](int i) override;
    int size() const override { return ld.size(); }
private:
    std::list<double> ld;     // 保存 double 的（标准库）list（参见 11.3 节）
};

double& List_container::operator[](int i)
{
    for (auto& x : ld) {
        if (i==0)
            return x;
        --i;
    }
    throw out_of_range{"List container"};
}
```

这段代码中，类的表示是一个标准库 `list<double>`。通常，我们不会用 `list` 实现一个带下标的容器，毕竟 `list` 下标操作的性能很难与 `vector` 相比。但在本例中，我们只是想展示一个与通常实现完全不同的版本。

下面这个函数创建了一个 `List_container`，然后让 `use()` 使用它：

```
void h()
{
    List_container lc = { 1, 2, 3, 4, 5, 6, 7, 8, 9 };
    use(lc);
}
```

这段代码的关键点是 `use(Container&)` 并不清楚它的实参是 `Vector_container`、`List_container` 还是其他某种容器，它也根本不需要知道。它可以使用任何类型的 `Container`，只需了解 `Container` 定义的接口就可以了。因此，如果 `List_container` 的实现发生了改变或者我们使用了 `Container` 的一个全新派生类，都不需要重新编译 `use(Container&)`。

灵活性的反面是我们只能通过引用或指针操作对象（参见 5.2 节，第 13.2.1 节）。

4.4 虚函数

我们再思考一下 `Container` 的用法：

```
void use(Container& c)
{
    const int sz = c.size();

    for (int i=0; i!=sz; ++i)
        cout << c[i] << '\n';
}
```

`use()` 中的 `c[i]` 调用是如何解析为正确的 `operator[]()` 的？当 `h()` 调用 `use()` 时，必须调用 `List_container` 的 `operator[]()`；而当 `g()` 调用 `use()` 时，必须调用 `Vector_container` 的 `operator[]()`。为了实现这样的解析结果，`Container` 的对象就必须包含一些令其能在运行时选择正确函数的信息。常见实现技术是编译器将虚函数的名字转换成函数指针表中的索引。这张表就是所谓的虚函数表（virtual function table）或简称为 `vtbl`。每个含有虚函数的类都有它自己的 `vtbl`，用于辨识虚函数。这种机制可图示如下。

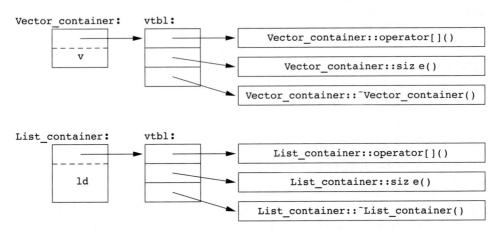

即使调用者不清楚对象的大小和数据布局，`vtbl` 中的函数也能确保对象被正确使用。调用函数的实现只需要知道 `Container` 中 `vtbl` 指针的位置以及每个虚函数对应的索引就可以了。这种虚调用机制能达到非常接近"普通函数调用"机制的效率（相差不超过 25%）。它的空间开销包括两部分：包含虚函数的类的每个对象中都有一个指针；每个这样的类需要一个 `vtbl`。

4.5 类层次

`Container` 是一个非常简单的类层次的例子，所谓类层次（class hierarchy）是指通过派生（如 `:public`）创建的一组类，在格中有序排列。我们使用类层次表示具有层次关系的概念，比如"消防车是卡车的一种，卡车是车辆的一种"以及"笑脸是一个圆，圆是一个形状"。在实际应用中，巨大的类层次很常见，动辄包含上百个类，不论深度还是宽度都很大。不过在本节，我们只考虑一个半真实的经典例子，那就是屏幕上的形状。

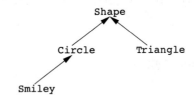

箭头表示继承关系。例如，类 `Circle` 派生自类 `Shape`。为了用代码表示这个简单的层次关系，我们需要首先声明一个定义了所有形状一般属性的类：

```
class Shape {
public:
    virtual Point center() const =0;        // 纯虚函数
    virtual void move(Point to) =0;

    virtual void draw() const = 0;          // 在当前"画布"上绘制
    virtual void rotate(int angle) = 0;

    virtual ~Shape() {}                     // 析构函数
```

```
        // ...
};
```

这个接口自然是一个抽象类：对于每种 Shape 来说，它们的表示各不相同（除了 vtbl 指针的位置）。基于上面的定义，我们就能编写函数来操纵形状指针的向量了：

```
void rotate_all(vector<Shape*>& v, int angle)   // 将 v 的元素旋转 angle 角度
{
    for (auto p : v)
        p->rotate(angle);
}
```

为了定义一种具体的形状，首先必须指明它是一个 Shape，然后再规定其特有的属性（包括虚函数）：

```
class Circle : public Shape {
public:
    Circle(Point p, int rad);        // 构造函数

    Point center() const override
    {
        return x;
    }
    void move(Point to) override
    {
        x = to;
    }

    void draw() const override;
    void rotate(int) override {}     // 一个简单明了的示例算法
private:
    Point x;    // 圆心
    int r;      // 半径
};
```

到目前为止，Shape 和 Circle 的例子与 Container 和 Vector_container 的例子相比并未涉及新的东西，但是我们可以继续构造：

```
class Smiley : public Circle {    // 使用 Circle 作为笑脸的基类
public:
    Smiley(Point p, int rad) : Circle{p,r}, mouth{nullptr} { }

    ~Smiley()
    {
        delete mouth;
        for (auto p : eyes)
            delete p;
    }

    void move(Point to) override;

    void draw() const override;
    void rotate(int) override;

    void add_eye(Shape* s)
    {
```

```cpp
        eyes.push_back(s);
    }
    void set_mouth(Shape* s);
    virtual void wink(int i);        // 眨眼数 i

    // ...

private:
    vector<Shape*> eyes;             // 通常有两只眼
    Shape* mouth;
};
```

vector 的成员函数 push_back() 将其实参拷贝到 vector（此处是 eyes）中成为其最后一个元素，将向量的长度增加 1。

现在可以通过调用 Smiley 的基类的 draw() 及其成员的 draw() 来定义 Smiley::draw()：

```cpp
void Smiley::draw() const
{
    Circle::draw();
    for (auto p : eyes)
        p->draw();
    mouth->draw();
}
```

注意，Smiley 是如何将它的 eyes 保存在了一个标准库 vector 中，以及如何在析构函数中将它们释放掉。Shape 的析构函数是个虚函数，Smiley 的析构函数覆盖了它。对于抽象类来说，因为其派生类的对象通常是通过抽象基类的接口操纵的，所以基类中必须有一个虚析构函数。特别是，我们可能使用一个基类指针释放派生类对象。这样，虚函数调用机制能够确保我们调用正确的析构函数，然后该析构函数再隐式调用其基类的析构函数及其成员的析构函数。

在上面这个简单的例子中，程序员负责在表示人脸的圆圈中恰当地放置眼睛和嘴。

当我们通过派生的方式定义新类时，可以向其中添加数据成员和新的操作。这种机制一方面提供了巨大的灵活性，相应也可能带来混淆、导致糟糕的设计。

4.5.1 层次结构的益处

类层次结构的益处主要体现在两个方面：

- 接口继承（Interface inheritance）：派生类对象可以用在任何要求基类对象的地方。即，基类担当了派生类接口的角色。Container 和 Shape 就是很好的例子，这样的类通常是抽象类。
- 实现继承（Implementation inheritance）：基类负责提供可以简化派生类实现的函数或数据。Smiley 使用 Circle 的构造函数和 Circle::draw() 就是例子，这样的基类通常含有数据成员和构造函数。

具体类，尤其是表示简单的类，与内置类型非常相似：我们将其定义为局部变量，通过它们的名字访问它们，随意拷贝它们，等等。类层次中的类则有所区别：我们倾向于用 new 在自由存储中为其分配空间，然后通过指针或引用访问它们。例如，我们设计这样一个函数，它首先从输入流中读入描述形状的数据，然后构造对应的 Shape 对象：

```
enum class Kind { circle, triangle, smiley };

Shape* read_shape(istream& is)      // 从输入流 is 中读入形状描述信息
{
    //... 从 is 中读取形状描述信息，找到形状的类别 k...

    switch (k) {
    case Kind::circle:
        //读取 circle 数据 {Point,int} 到 p 和 r
        return new Circle{p,r};
    case Kind::triangle:
        //读取 triangle 数据 {Point,Point,Point} 到 p1, p2 和 p3
        return new Triangle{p1,p2,p3};
    case Kind::smiley:
        //读取 smiley 数据 {Point,int,Shape,Shape,Shape} 到 p, r, e1 ,e2 和 m
        Smiley* ps = new Smiley{p,r};
        ps->add_eye(e1);
        ps->add_eye(e2);
        ps->set_mouth(m);
        return ps;
    }
}
```

程序使用该函数的方式如下所示：

```
void user()
{
    std::vector<Shape*> v;
    while (cin)
        v.push_back(read_shape(cin));
    draw_all(v);              // 对每个元素调用 draw()
    rotate_all(v,45);         // 对每个元素调用 rotate(45)
    for (auto p : v)          // 记得删除元素
        delete p;
}
```

显然，这个例子非常简单，尤其是并没有做任何错误处理，但它淋漓尽致地展示了 user() 完全不知道它操纵的是哪种形状。user() 的代码只需编译一次，即可使用随后添加到程序中的新 Shape。注意，在 user() 外没有任何指向这些形状的指针，因此 user() 应该负责释放掉它们。这项工作由 delete 运算符完成并且完全依赖于 Shape 的虚析构函数。因为该析构函数是虚函数，因此 delete 会调用最底层派生类的析构函数。这一点非常关键：因为派生类可能已经获取了很多资源（如文件句柄、锁、输出流等），这些资源都需要释放掉。此例中，Smiley 释放了它的 eyes 和 mouth 对象。它一旦完成了这些工作，就继续调用 Circle 的析构函数。对象的构造是由构造函数 "自顶向下的" 进行的（基类优先），销毁则是由析构函数 "自底向上"（派生类优先）进行的。

4.5.2 层次漫游

read_shape() 函数返回 shape* 指针，从而我们可以按相似的方式处理所有的 Shape。但是，如果我们想使用只有某个特定派生类才提供的成员函数，比如 Smiley 的 wink()，则可以使用 dynamic_cast 运算符询问 "这个 Shape 是 Smiley 吗？"：

```
Shape* ps {read_shape(cin)};
```

```cpp
if (Smiley* p = dynamic_cast<Smiley*>(ps)) { // ... ps 指向一个 Smiley 吗? ...
    // ... 是 Smiley, 使用它
}
else {
    // ... 不是 Smiley, 执行其他操作 ...
}
```

如果在运行时 `dynamic_cast` 的参数（此处是 `ps`）所指向对象的类型不是期望的类型（此处是 `Smiley`）或其派生类，则 `dynamic_cast` 返回 `nullptr`。

如果我们认为指向不同派生类对象的指针是合法参数，就可以对指针类型使用 `dynamic_cast`，然后检查结果是否是 `nullptr`。这种检验常被方便地用在条件语句中的变量初始化中。

如果我们不能接受不同类型，可以简单地对引用类型使用 `dynamic_cast`。如果对象不是预期类型，`dynamic_cast` 会抛出一个 `bad_cast` 异常：

```cpp
Shape* ps {read_shape(cin)};
Smiley& r {dynamic_cast<Smiley&>(*ps)};    // 要在某处捕获 std::bad_cast
```

适度使用 `dynamic_cast` 能让代码变得更简洁。如果我们可以避免使用类型信息，就能写出更简洁、更高效的代码，不过类型信息偶尔会丢失，必须被恢复出来。典型场景是我们传递一个对象给某个系统，它接受的是由基类定义的接口。当该系统稍后将对象传回时，我们可能不得不恢复其原本类型。类似 `dynamic_cast` 的操作被称为"类型"（is kind of）或者"实例"（is instance of）操作。

4.5.3 避免资源泄漏

有经验的程序员可能已经注意到，我在上面的程序中留下了三个可能导致错误的地方：

- `Smiley` 的实现者可能未能 `delete` 指向 `mouth` 的指针。
- `read_shape()` 的使用者可能未能 `delete` 返回的指针。
- `Shape` 指针容器的拥有者可能未能 `delete` 指针所指向的对象。

从这层意义上来看，在自由存储上分配的对象的指针是危险的：我们不应该用一个"普通老式指针"来表示所有权。例如：

```cpp
void user(int x)
{
    Shape* p = new Circle{Point{0,0},10};
    // ...
    if (x<0) throw Bad_x{};     // 潜在泄漏危险
    if (x==0) return;            // 潜在泄漏危险
    // ...
    delete p;
}
```

除非 x 是正数，否则这段代码就会发生泄漏。将 `new` 的结果赋予一个"裸指针"就是自找麻烦。

这种问题的一个简单解决方案是，如果需要释放资源，则不要使用"裸指针"，而是使用标准库 `unique_ptr`（参见 13.2.1 节）：

```cpp
class Smiley : public Circle {
    // ...
```

```
private:
    vector<unique_ptr<Shape>> eyes;    // 通常有两只眼
    unique_ptr<Shape> mouth;
};
```

这是一个简单、通用且高效的资源管理技术的例子（参见 5.3 节）。

这一改变有一个令人愉快的副作用，我们不再需要为 Smiley 定义析构函数。编译器会隐式生成一个析构函数，它会对 vector 中的 unique_ptr（参见 5.3 节）进行所需的析构操作。使用 unique_ptr 的代码与正确使用裸指针的代码具有完全相同的效率。

现在我们考虑 read_shape() 的使用者：

```
unique_ptr<Shape> read_shape(istream& is)   // 从输入流 is 读取形状描述信息
{
    // ... 从 is 中读取形状描述信息，找到形状的类别 k...
    switch (k) {
    case Kind::circle:
        // 读取 circle 数据 {Point,int} 到 p 和 r
        return unique_ptr<Shape>{new Circle{p,r}};    // 参见 13.2.1 节
    // ...
}

void user()
{
    vector<unique_ptr<Shape>> v;
    while (cin)
        v.push_back(read_shape(cin));
    draw_all(v);              // 对每个元素调用 draw()
    rotate_all(v,45);         // 对每个元素调用 rotate(45)
} // 所有的形状被隐式销毁
```

现在每个对象都由 unique_ptr 所拥有了，当不再需要对象时，换句话说，当对象的 unique_ptr 离开了作用域时，unique_ptr 将 delete 对象。

为了让 unique_ptr 版本的 user() 能够正确运行，我们需要能接收 vector<unique_ptr<Shape>> 的 draw_all() 和 rotate_all()。写太多这样的 _all() 函数过于乏味，因此 6.3.2 节提供了一种替代技术。

4.6 建议

[1] 直接用代码表达思想；4.1 节；[CG: P.1]。
[2] 具体类型是最简单的类。只要可能，优先选择具体类型而非复杂类或普通数据结构；4.2 节；[CG: C.10]。
[3] 使用具体类表示简单概念；4.2 节。
[4] 对于性能关键的组件，优先选择具体类而非类层次；4.2 节。
[5] 定义构造函数来处理对象的初始化；4.2.1 节、5.1.1 节；[CG: C.40] [CG: C.41]。
[6] 只有当函数需要直接访问类的表示时，才将其定义为成员；4.2.1 节；[CG: C.4]。
[7] 定义运算符主要模仿其常规用法；4.2.1 节；[CG: C.160]。
[8] 使用非成员函数定义对称运算符；4.2.1 节；[CG: C.161]。
[9] 如果成员函数不改变其对象的状态，将其声明为 const 的；4.2.1 节。
[10] 如果构造函数获取了资源，那么这个类就需要一个析构函数来释放这些资源；4.2.2

节；[CG: C.20]。
- [11] 避免使用"裸"new 和 delete 操作；4.2.2 节；[CG: R.11]。
- [12] 使用资源句柄和 RAII 管理资源；4.2.2 节；[CG: R.1]。
- [13] 如果类是一个容器，为它定义一个初始化值列表构造函数；4.2.3 节；[CG: C.103]。
- [14] 如果需要将接口和实现完全分离开来，则使用抽象类作为接口；4.3 节；[CG: C.122]。
- [15] 使用指针和引用访问多态对象；4.3 节。
- [16] 抽象类通常不需要构造函数；4.3 节；[CG: C.126]。
- [17] 使用类层次表示具有继承层次结构的一组概念；4.5 节。
- [18] 具有虚函数的类应该同时具有一个虚的析构函数；4.5 节；[CG: C.127]。
- [19] 在规模较大的类层次中使用 override 显式地指明函数覆盖；4.5.1 节；[CG: C.128]。
- [20] 当设计类层次时，注意区分实现继承和接口继承；4.5.1 节；[CG: C.129]。
- [21] 当类层次漫游不可避免时，应使用 dynamic_cast；4.5.2 节；[CG: C.146]。
- [22] 如果认为无法找到目标类是一个错误，则将 dynamic_cast 用于引用类型；4.5.2 节；[CG: C.147]。
- [23] 如果认为无法找到目标类也可以接受，则将 dynamic_cast 用于指针类型；4.5.2 节；[CG: C.148]。
- [24] 使用 unique_ptr 或者 shared_ptr 来避免忘记 delete 用 new 创建的对象；4.5.3 节；[CG: C.149]。

| 第 5 章 |
A Tour of C++, Second Edition

基本操作

> 当某人说，
> 我想要一种编程语言，
> 我想做什么就只需说什么，
> 给他一支棒棒糖。
> ——艾伦·佩利

- 引言
  基本操作；类型转换；成员初始值
- 拷贝和移动
  拷贝容器；移动容器
- 资源管理
- 常规操作
  比较；容器操作；输入和输出操作；用户自定义字面值；`swap()`；`hash<>`
- 建议

5.1 引言

某些操作，如初始化、赋值、拷贝和移动，语言规则认为它们是基本操作，会对它们做出一些假设。其他一些操作，如 == 和 <<，则具有常规含义，如被忽略是很危险的。

5.1.1 基本操作

在很多的程序设计任务中，对象的构造都扮演着至关重要的角色。其用法的多样性也反映在支持初始化的语言特性的范围和灵活性。

类型的构造函数、析构函数、拷贝操作和移动操作在逻辑上有千丝万缕的联系。它们的定义必须是匹配的，否则就会遇到逻辑或者性能问题。如果类 X 的析构函数执行了一些重要的任务，比如释放自由存储空间或者释放锁，则该类很可能需要全套函数：

```
class X {
public:
    X(Sometype);             // "普通构造函数"：创建一个对象
    X();                     // 默认构造函数
    X(const X&);             // 拷贝构造函数
    X(X&&);                  // 移动构造函数
    X& operator=(const X&);  // 拷贝赋值：清理目标对象并拷贝
    X& operator=(X&&);       // 移动赋值：清理目标对象并移动
    ~X();                    // 析构函数：清理资源
    // ...
};
```

当下面 5 种情况发生时，对象会被移动或拷贝：

- 被赋值给其他对象
- 作为对象初始值
- 作为函数的实参
- 作为函数的返回值
- 作为异常

赋值操作会使用拷贝或赋值运算符，其他情况大体上使用拷贝或移动构造函数。但是，拷贝或移动构造函数的调用常常被优化掉，取而代之构造一个对象，用来在目标对象中直接进行正确的初始化。例如：

```
X make(Sometype);
X x = make(value);
```

在这里，编译器通常会在 x 中直接用 `make()` 构造 X，因此消除（"省去"）了一次拷贝。

除了用于命名对象和自由空间对象的初始化，构造函数还被用于初始化临时对象以及实现显式类型转换。

编译器会根据需要生成上面这些特殊的成员函数，"普通构造函数"除外。如果你希望显式指出生成这些函数的默认实现，可以编写如下代码：

```
class Y {
public:
    Y(Sometype);
    Y(const Y&) = default;    // 确实想要默认拷贝构造函数
    Y(Y&&) = default;         // 确实想要默认移动构造函数
    // ...
};
```

如果你显式指出生成某些默认函数，编译器就不会再为其他函数生成默认定义了。

如果一个类包含指针成员，通常最好显式定义拷贝和移动操作。这样做的原因是，指针指向的东西可能需要该类来 `delete`，这种情况下逐成员拷贝的默认版本就会出错。也可能指针指向的是该类不能 `delete` 的东西。无论哪种情况，代码的读者应该都想了解清楚。具体例子参见 5.2.1 节。

一个好的经验法则（有时也被称为零原则（the rule of zero））是：要么定义所有的基本操作，要么一个也不定义（对所有的基本操作都使用默认定义）。例如：

```
struct Z {
    Vector v;
    string s;
};

Z z1;           // 默认初始化 z1.v 和 z1.s
Z z2 = z1;      // 默认拷贝 z1.v 和 z1.s
```

在这里，编译器会按需要生成逐成员处理方式的默认构造、拷贝、移动和析构函数，所有的函数都具有正确的语义。

作为 `=default` 的补充，我们有 `=delete` 来指出不要生成某个操作。类层次中的基类是我们不希望允许逐成员拷贝的经典例子。例如：

```
class Shape {
public:
    Shape(const Shape&) =delete;           // 无拷贝操作
```

```
    Shape& operator=(const Shape&) =delete;
    // ...
};

void copy(Shape& s1, const Shape& s2)
{
    s1 = s2;   // 错误：Shape 的拷贝操作已经删除了
}
```

使用 =delete 后，再试图使用已删除的函数就会引起一个编译错误；=delete 可用来禁止任何函数，而不仅是基本成员函数。

5.1.2 类型转换

接受单个参数的构造函数定义了从参数类型到类类型的转换。例如，complex（参见 4.2.1 节）提供了一个接受 double 的构造函数：

```
complex z1 = 3.14;    // z1 变成了 {3.14, 0.0}
complex z2 = z1*2;    // z2 变成了 z1*{2.0,0} =={6.28, 0.0}
```

这种隐式类型转换有时候很理想，有时候则不然。例如，Vector（参见 4.2.2 节）提供了一个接受 int 的构造函数：

```
Vector v1 = 7;    // OK：v1 含有 7 个元素
```

这通常会被认为是一个不幸的结果，而且标准库 vector 也禁止这种 int 到 vector 的"转换"。

避免这种问题的方法是，只允许显式"类型转换"，即，我们可以像下面这样定义构造函数：

```
class Vector {
public:
    explicit Vector(int s);   // 禁止 int 到 Vector 的隐式类型转换
    // ...
};
```

于是：

```
Vector v1(7);     // OK：v1 含有 7 个元素
Vector v2 = 7;    // 错误：禁止 int 到 Vector 的隐式类型转换
```

关于类型转换的问题，大多数类型与 Vector 类似，complex 则只能代表一小部分，因此除非你有充分理由，否则最好将接受单个参数的构造函数声明为 explicit 的。

5.1.3 成员初始值

当定义类的数据成员时，我们可以为其提供一个默认初始值，称为默认成员初始值（default member initializer）。考虑 complex（参见 4.2.1 节）的一个修改版本：

```
class complex {
    double re = 0;
    double im = 0;   // 表示：两个 double，默认值均为 0.0
public:
```

```
    complex(double r, double i) :re{r}, im{i} {}   // 从两个标量构造 complex: {r,i}
    complex(double r) :re{r} {}                     // 从一个标量构造 complex: {r,0}
    complex() {}                                    // 默认 complex: {0,0}
    // ...
}
```

如果构造函数未提供值,就会使用默认值。这种机制简化了代码,而且帮助我们避免意外地漏掉成员初始化。

5.2 拷贝和移动

默认情况下,我们可以拷贝对象,不论是用户自定义类型的对象还是内置类型的对象都是如此。拷贝的默认含义是逐成员的拷贝,即依次复制每个成员。例如,使用 4.2.1 节的 `complex`:

```
void test(complex z1)
{
    complex z2 {z1};    // 拷贝初始化
    complex z3;
    z3 = z2;            // 拷贝赋值
    // ...
}
```

因为赋值和初始化操作都是复制 `complex` 的全部两个成员,因此现在 `z1`、`z2` 和 `z3` 具有相同的值。

当设计一个类时,必须一直考虑对象是否会被拷贝以及如何拷贝的问题。对于简单的具体类型,逐成员的拷贝通常就是正确的拷贝语义。但对于某些复杂的具体类型,如 `Vector`,逐成员拷贝不是正确的拷贝语义;而对于抽象类型,几乎总是如此。

5.2.1 拷贝容器

当一个类作为资源句柄(resource handle)时,换句话说,当这个类对一个通过指针访问的对象负责时,默认的逐成员拷贝通常意味着灾难。逐成员拷贝会违反资源句柄的不变式(参见 3.5.2 节)。例如,下面所示的默认拷贝将产生一个与原对象指向相同元素的 `Vector` 副本:

```
void bad_copy(Vector v1)
{
    Vector v2 = v1;     // 把 v1 的表示复制给 v2
    v1[0] = 2;          // v2[0] 现在也是 2 了!
    v2[1] = 3;          // v1[1] 现在也是 3 了!
}
```

假设 `v1` 包含四个元素,则结果如下图所示。

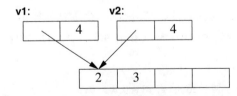

幸运的是,`Vector` 具有析构函数这一事实强烈暗示默认的(逐成员)拷贝语义是错误

的，编译器应该至少对此给出警告。我们应该为其定义更好的拷贝语义。

类对象的拷贝通过两个成员来定义：拷贝构造函数（copy constructor）与拷贝赋值运算符（copy assignment）：

```
class Vector {
private:
    double* elem;   // elem 指向含有 sz 个 double 的数组
    int sz;
public:
    Vector(int s);                              // 构造函数：建立不变式，获取资源
    ~Vector() { delete[] elem; }                // 析构函数：释放资源

    Vector(const Vector& a);                    // 拷贝构造函数
    Vector& operator=(const Vector& a);         // 拷贝赋值运算符

    double& operator[](int i);
    const double& operator[](int i) const;

    int size() const;
};
```

对 Vector 来说，拷贝构造函数的正确定义应该首先为指定数量的元素分配空间，然后把元素拷贝到其中，这样在拷贝完成后，每个 Vector 就拥有自己的元素副本了：

```
Vector::Vector(const Vector& a)     // 拷贝构造函数
    :elem{new double[a.sz]},        // 为元素分配空间
     sz{a.sz}
{
    for (int i=0; i!=sz; ++i)       // 拷贝元素
        elem[i] = a.elem[i];
}
```

现在 v2=v1 的结果可图示如下。

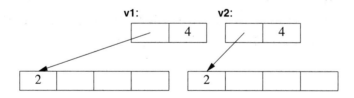

当然，在拷贝构造函数之外我们还需要一个拷贝赋值运算符：

```
Vector& Vector::operator=(const Vector& a)    // 拷贝赋值运算符
{
    double* p = new double[a.sz];
    for (int i=0; i!=a.sz; ++i)
        p[i] = a.elem[i];
    delete[] elem;          // 删除旧元素
    elem = p;
    sz = a.sz;
    return *this;
}
```

其中，名字 this 在成员函数中是预定义的，它指向调用该成员函数的那个对象。

5.2.2 移动容器

我们可以通过定义拷贝构造函数和拷贝赋值运算符来控制拷贝，但是对于大型容器来说拷贝的代价可能太高。当使用引用向函数传递对象时，可避免拷贝的代价，但我们不能返回局部对象的引用作为结果（在调用者有机会查看一下返回的局部对象之前，它就已经被销毁了）。考虑下面代码：

```
Vector operator+(const Vector& a, const Vector& b)
{
    if (a.size()!=b.size())
        throw Vector_size_mismatch{};

    Vector res(a.size());

    for (int i=0; i!=a.size(); ++i)
        res[i]=a[i]+b[i];
    return res;
}
```

为了从运算符 + 返回结果，要将结果从局部变量 `res` 拷贝出来，拷贝到调用者可以访问的地方。我们可能这样使用 +：

```
void f(const Vector& x, const Vector& y, const Vector& z)
{
    Vector r;
    // ...
    r = x+y+z;
    // ...
}
```

这就需要拷贝 `Vector` 对象至少两次（每次使用运算符 + 都要拷贝一次）。如果 `Vector` 很大，比方说含有 10 000 个 `double`，那么这种拷贝就会让人头疼不已了。最不合理的地方是 `operator+()` 中的 `res` 在拷贝后就不再使用了。事实上我们并不想要一个副本——我们只想把计算结果从函数中取出来——我们想要的是移动（move）一个 `Vector`，而不是拷贝（copy）它。幸运的是，我们可以表达这一意图：

```
class Vector {
    // ...

    Vector(const Vector& a);                  // 拷贝构造函数
    Vector& operator=(const Vector& a);       // 拷贝赋值运算符

    Vector(Vector&& a);                       // 移动构造函数
    Vector& operator=(Vector&& a);            // 移动赋值运算符
};
```

基于上述定义，编译器将选择移动构造函数（move constructor）来实现将返回值从函数中传输出来的任务。这意味着 `r=x+y+z` 不需要再拷贝 `Vector`，而只是移动它。

作为一种典型情况，`Vector` 移动构造函数的定义非常简单：

```
Vector::Vector(Vector&& a)
    :elem{a.elem},        // 从 a 中"夺取元素"
    sz{a.sz}
```

```
    {
        a.elem = nullptr;      // 现在 a 已经没有元素了
        a.sz = 0;
    }
```

符号 && 的意思是"右值引用",这是一种我们可以为其绑定一个右值的引用。术语"右值"是"左值"的一个补充,左值的大致含义是"能出现在赋值运算符左侧的内容",因此右值大致上就是我们无法为其赋值的值,比如函数调用返回的一个整数就是右值。因此,右值引用的含义就是,引用了一个别人无法赋值的内容,所以我们可以安全地"窃取"它的值。Vector 的 operator+() 中的局部变量 res 就是一个例子。

移动构造函数不接受 const 实参:毕竟移动构造函数应该会删除掉它实参中的值。移动赋值(move assignment)运算符的定义与之类似。

当右值引用被用作初始值或者赋值操作的右侧运算对象时,将使用移动操作。

移动之后,源对象所进入的状态应该能允许运行析构函数。通常,我们也应该允许为源对象赋值。标准库算法(参见第 12 章)就假定了这一点,我们的 Vector 也是如此。

程序员也许知道一个值在什么地方之后不再被使用,但不能期待编译器也能这么聪明,程序员可以指明这一点:

```
Vector f()
{
    Vector x(1000);
    Vector y(2000);
    Vector z(3000);
    z = x;              // 执行拷贝操作(x 随后在 f() 中还可能使用)
    y = std::move(x);   // 执行移动操作(移动赋值)
    // ... 这里最好不再使用 x ...
    return z;           // 执行移动操作
}
```

标准库函数 move() 不会真的移动什么,而是返回其实参的引用,我们可能从实参中移出数据,所以返回的是右值引用。因此,它其实是一种类型转换(_hist.cast_)。

在 return 语句执行之前的状态如下图所示。

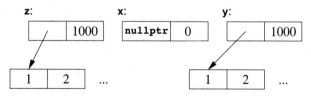

当我们从 f() 返回时,z 的元素被 return 移出 f(),然后它被销毁。但 y 的析构函数会 delete[] 自己的元素。

C++ 标准要求编译器消除与初始化关联的大多数拷贝操作,因此调用移动构造函数的情况不如你想象的那么多。这种拷贝省略(copy elision)甚至连移动操作的微小开销都消除了。另一方面,隐式消除赋值中的拷贝或移动通常是不可能的,因此移动赋值运算符对性能非常关键。

5.3 资源管理

通过定义构造函数、拷贝操作、移动操作和析构函数,程序员就能对包含的资源(比如容器中的元素）的生命周期提供完全的控制。而且移动构造函数还允许对象从一个作用域简单高效地移动到另一个作用域。这样，对于我们不能或不希望拷贝出作用域的对象，就可以简单高效地移出作用域。考虑一个表示并发活动的标准库 `thread`（参见 15.2 节）以及一个含有 1 000 000 个 `double` 的 Vector。对于前者，我们无法拷贝它；对于后者，我们则是不希望拷贝。

```
std::vector<thread> my_threads;

Vector init(int n)
{
    thread t {heartbeat};                   // 并发运行 heartbeat（在一个独立线程中）
    my_threads.push_back(std::move(t));     // 将 t 移到 my_threads 中（参见 13.2.2 节）
    // ... 更多初始化操作 ...

    Vector vec(n);
    for (int i=0; i!=vec.size(); ++i)
        vec[i] = 777;
    return vec;                             // 将 vec 移出 init()
}

auto v = init(1'000'000);                   // 启动 heartbeat 并初始化 v
```

在很多情况下，使用 Vector 和 thread 这样的资源句柄要优于直接使用内置指针。实际上，标准库"智能指针"（如 `unique_ptr`）本身就是资源句柄（参见 13.2.1 节）。

我们使用标准库 vector 存放 thread 的原因是，在 6.2 节之前我们还接触不到用一种元素类型参数化 Vector 的方法。

就像替换掉程序中的 new 和 delete 一样，我们也可以将指针转化为资源句柄。在这两种情况下，都将得到更简单也更易维护的代码，而且没什么额外的开销。特别是，我们能实现强资源安全（strong resource safety），换句话说，对于一般概念上的资源，这种方法都可以消除资源泄漏的风险。比如存放内存的 vector、存放系统线程的 thread 和存放文件句柄的 fstream。

在很多编程语言中，资源管理任务都主要委托给了垃圾回收器，C++ 同样提供了一个垃圾回收接口以便程序员插入自己的垃圾回收器。但是，我认为对于资源管理问题垃圾收集是最后的选择，仅当更干净、更通用且局部化更好的替代技术都不可用时才考虑它。我理想中的情况是不制造任何垃圾，从而消除对垃圾回收器的需求：不要产生垃圾！

垃圾回收本质上是一种全局内存管理模式。聪明的垃圾回收器实现可以缓解内存问题，不过随着系统的分布式趋势日益明显（考虑缓存、多核以及集群），局部性变得比任何时候都重要了。

而且，内存也不是唯一的一种资源。任何必须获取并在使用后（显式或隐式）释放的东西都是资源，比如内存、锁、套接字、文件句柄和线程句柄等。不出意料的，不是内存的资源被称为非内存资源（non-memory resource）。一个好的资源管理系统应该能够处理全部的资源类型。任何长时间运行的系统都应该尽量避免资源泄漏，但是另一方面，过度的资源占用和资源泄漏一样糟糕。例如，如果一个系统中内存、锁、文件句柄等资源的占用都是两倍时长，则系统就必须储备两倍的资源以供使用。

在求助于垃圾回收机制之前，先考虑系统地使用资源句柄：令所有的资源都在某个作用域内有所归属，并默认在其拥有者的作用域结束时释放。在 C++ 当中，这被称为 RAII（Resource Acquisition Is Initialization，资源请求即初始化），它与错误处理一样都是基于异常机制的。我们可以使用移动语义或者"智能指针"将资源从一个作用域移动到另一个作用域，并使用"共享指针"共享资源的所有权（参见 13.2.1 节）。

在 C++ 标准库中，RAII 无处不在：例如内存（`string`、`vector`、`map`、`unordered_map` 等）、文件（`ifstream`、`ofstream` 等）、线程（`thread`）、锁（`lock_guard`、`unique_lock` 等）和通用对象（通过 `unique_ptr` 和 `shared_ptr` 访问）。其结果是，隐式的资源管理在日常应用中很难察觉到，降低了资源占用时间。

5.4 常规操作

一些操作对其所定义的类型具有常规含义。程序员和库（特别是标准库）通常假定操作具有这些常规含义，因此，当我们设计支持这些操作的新类型时，遵循这些常规含义是明智的。

- 比较：`==`、`!=`、`<`、`<=`、`>` 和 `>=`（参见 5.4.1 节）
- 容器操作：`size()`、`begin()` 和 `end()`（参见 5.4.2 节）
- 输入输出操作：`>>` 和 `<<`（参见 5.4.3 节）
- 用户自定义字面值（参见 5.4.4 节）
- `swap()`（参见 5.4.5 节）
- 哈希函数：`hash<>`（参见 5.4.6 节）

5.4.1 比较

相等比较（`==` 和 `!=`）的含义与拷贝紧密相关。在拷贝之后，副本比较应该是相等：

X a = something;
X b = a;
assert(a==b);   // 在这里，如果 a!=b，就会有非常奇怪的事情（参见 3.5.4 节）。

当定义 `==` 时，也就定义了 `!=` 并确保 `a!=b` 就意味着 `!(a==b)`。

类似地，如果你定义了 `<`，也就定义了 `<=`、`>`、`>=` 并确保一些常见的等价关系是成立的：

- `a<=b` 意味着 `(a<b)||(a==b)` 和 `!(b<a)`。
- `a>b` 意味着 `b<a`。
- `a>=b` 意味着 `(a>b)||(a==b)` 和 `!(b<a)`。

为了等价地处理 `==` 这样的二元运算符的两个运算对象，最好将其定义为类所在名字空间中的独立函数（而非成员函数）。例如：

namespace NX {
    class X {
        // ...
    };
    bool operator==(const X&, const X&);
    // ...
};

5.4.2 容器操作

除非有非常充分的理由，否则我们应该按标准库容器（参见第 11 章）的风格来设计容器。特别是，通过将容器实现为句柄并为其实现恰当的基本操作来令它是资源安全的（参见

5.1.1 节和 5.2 节）。

标准库容器都知道自己的元素数目，我们可以调用 `size()` 来获得这个信息。例如：

```
for (size_t i = 0; i<c.size(); ++i)     //size_t 是标准库 size() 返回类型的名字
    c[i] = 0;
```

但是，标准库算法（参见第 12 章）并不是使用从 0 到 `size()` 的下标来遍历容器，而是依赖于序列（sequence）的概念，一个序列是用一对迭代器（iterator）框定的：

```
for (auto p = c.begin(); p!=c.end(); ++p)
    *p = 0;
```

在这里，`c.begin()` 是一个指向 c 的首元素的迭代器，而 `c.end()` 指向 c 的尾后元素。类似于指针，迭代器支持用 `++` 操作移动到下一元素，以及用 `*` 访问指向的元素的值。这种迭代器模型（iterator model）（参见 12.3 节），具有非常高的通用性和效率。迭代器被用来将序列传递给标准库算法。例如：

```
sort(v.begin(),v.end());
```

更多细节和更多容器操作的介绍请见第 11 章、第 12 章。

另一种隐式使用元素数目的方法是范围 `for` 循环：

```
for (auto& x : c)
    x = 0;
```

这段代码其实隐式使用了 `c.begin()` 和 `c.end()`，它大致等价于显式使用迭代器的循环。

5.4.3 输入输出操作

对于整数运算对象，`<<` 表示左移操作，`>>` 表示右移操作。但对于 `iostream`，它们分别是输入和输出运算符（参见 1.8 节和第 10 章）。关于细节和更多 I/O 操作的介绍，参见第 10 章。

5.4.4 用户自定义字面值

类的一个目的是令程序员能设计、实现高度模仿内置类型的自定义类型。构造函数提供的初始化功能等同甚至超出了内置类型初始化的灵活性和效率，但对于内置类型，我们可以声明字面值：

- `123` 是一个 `int`。
- `0xFF00u` 是一个 `unsigned int`。
- `123.456` 是一个 `double`。
- `"Surprise!"` 是一个 `const char[10]`。

如果对用户自定义类型也能提供这种字面值就非常有用了。通过为恰当的字面值后缀定义含义，我们可以做到这一点，从而得到：

- `"Surprise!"s` 是一个 `std::string`。
- `123s` 是 `second`（秒）。
- `12.7i` 是 `imaginary`（虚部），因此 `12.7i+47` 是一个复数（即 `{47, 12.7}`）。

特别是，通过使用合适的头文件和名字空间，我们就能直接从标准库获得上述功能。

标准库字面值后缀		
`<chrono>`	std::literals::chrono_literals	h, min, s, ms, us, ns
`<string>`	std::literals::string_literals	s
`<string_view>`	std::literals::string_literals	sv
`<complex>`	std::literals::complex_literals	i, il, if

不出意外，带有用户自定义后缀的字面值称为用户自定义字面值（user-defined literal）或简称为UDL。这种字面值是使用字面值运算符（literal operator）定义的。字面值运算符将其参数类型的字面值及一个后缀转换为其返回类型。例如，用于 imaginary 的后缀 i 可实现如下：

```
constexpr complex<double> operator""i(long double arg)    //imaginary 字面值
{
    return {0,arg};
}
```

在这里，
- `operator""` 指出我们在定义一个字面值运算符。
- "字面值指示符" `""` 之后的 `i` 是运算符要给定含义的后缀。
- 参数类型 `long double` 指出后缀（i）是为浮点数字面值定义的。
- 返回类型 `complex<double>` 指出结果字面值的类型。

有了这个定义，我们可以编写如下代码：

```
complex<double> z = 2.7182818+6.283185i;
```

5.4.5 swap()

很多算法都使用 `swap()` 函数交换两个对象的值，特别是 `sort()`。这类算法通常假定 `swap()` 非常快且不会抛出异常。标准库提供了一个 `std::swap(a, b)` 实现，它进行了三步移动操作：`(tmp=a, a=b, b=tmp)`。如果你设计的一个类的拷贝代价很高而且可能被交换（例如，被排序函数交换），则应为其提供移动操作和 `swap()`。注意，标准库容器（参见第11章）和 string（参见9.2.1节）都具有快速的移动操作。

5.4.6 hash<>

标准库 `unordered_map<K,V>` 是一种哈希表，K 为关键字类型，V 是值类型（参见11.5节）。为了将类型 X 用作关键字，我们必须定义 `hash<X>`。对于常见类型，如 `std::string`，标准库已经为我们做了定义。

5.5 建议

[1] 要控制对象的构造、拷贝、移动和析构；5.1.1节；[CG: R.1]。
[2] 构造函数、赋值操作和析构函数要设计为一组匹配的操作；5.1.1节；[CG: C.22]。
[3] 要么定义所有的基本操作，要么什么也不定义；5.1.1节；[CG: C.21]。
[4] 如果默认构造函数、赋值操作或析构函数是适合的，就让编译器去生成它们（不要自

己重写）；5.1.1 节；[CG: C.20]。

[5] 如果类有一个指针成员，它就可能需要用户自定义的析构函数、拷贝操作和移动操作，或者禁止它们；5.1.1 节；[CG: C.32] [CG: C.33]。

[6] 如果类具有一个析构函数，它就可能需要用户自定义的拷贝和移动操作，或者禁止它们；5.2.1 节。

[7] 默认将单参数构造函数声明为 `explicit` 的；5.1.1 节；[CG: C.46]。

[8] 如果类成员有合理的默认值，以数据成员初始值的方式为其提供此默认值；5.1.3 节；[CG: C.48]。

[9] 对于一个类型，如果默认拷贝语义不适合，重定义或禁止拷贝操作；5.2.1 节、4.6.5 节；[CG: C.61]。

[10] 通过传值方式返回容器（依赖移动操作提高性能）；5.2.2 节；[CG: F.20]。

[11] 对大的运算对象，采用 `const` 引用参数类型；5.2.2 节；[CG: F.16]。

[12] 提供强资源安全。即，永远不泄漏任何可视为资源的东西；5.3 节；[CG: R.1]。

[13] 如果某个类是一个资源句柄，则它需要一个用户自定义的构造函数、一个析构函数以及非默认的拷贝操作；5.3 节；[CG: R.1]。

[14] 重载运算符应模仿常规用法；5.4 节；[CG: C.160]。

[15] 遵循标准库容器设计；5.4.2 节；[CG: C.100]。

第 6 章

A Tour of C++, Second Edition

模　　板

> 这里是你畅所欲言之地。
> ——本贾尼•斯特劳斯特鲁普

- 引言
- 参数化类型
  约束模板参数；值模板参数；模板参数推断
- 参数化操作
  函数模板；函数对象；lambda 表达式
- 模板机制
  可变参数模板；别名；编译时 if
- 建议

6.1　引言

向量的使用者不太可能总是使用 `double` 向量。向量是个通用的概念，与浮点数的概念应该是无关的。因此，向量的元素类型应该独立表示。模板（template）是一个类或一个函数，我们用一组类型或值对其进行参数化。我们用模板表示那些最好理解为通用事物的概念，然后通过指定参数（例如指定 `vector` 的元素类型为 `double`）生成特定的类型或函数。

6.2　参数化类型

对于之前使用的双精度浮点数向量，只要将其改为 template 并且用一个类型参数替换特定类型 `double`，就能将其泛化。例如：

```
template<typename T>
class Vector {
private:
    T* elem;        // elem 指向含有 sz 个 T 类型元素的数组
    int sz;
public:
    explicit Vector(int s);             // 构造函数：建立不变式，获取资源
    ~Vector() { delete[] elem; }        // 析构函数：释放资源

    // ... 拷贝和移动操作 ...

    T& operator[](int i);               //用于非 const 向量
    const T& operator[](int i) const;   //用于 const 向量（参见 4.2.1 节）
    int size() const { return sz; }
};
```

前缀 `template<typename T>` 指出 T 是该声明的参数。它是数学上 "对所有 T" 或更精确的 "对所有类型 T" 的 C++ 表达。如果你希望表达数学上的 "对所有 T，有 P(T)"，

就需要概念这个语言特性（参见 6.2.1 节、7.2 节）。使用 `class` 引入类型参数和使用 `typename` 是等价的，在旧代码中我们常常看到 `template<class T>` 作为前缀。

成员函数的定义方式与之类似：

```
template<typename T>
Vector<T>::Vector(int s)
{
    if (s<0)
        throw Negative_size{};
    elem = new T[s];
    sz = s;
}

template<typename T>
const T& Vector<T>::operator[](int i) const
{
    if (i<0 || size()<=i)
        throw out_of_range{"Vector::operator[]"};
    return elem[i];
}
```

基于上述定义，可以像下面这样定义 `Vector`：

```
Vector<char> vc(200);         // 含有 200 个字符的向量
Vector<string> vs(17);        // 含有 17 个字符串的向量
Vector<list<int>> vli(45);    // 含有 45 个整数链表的向量
```

最后一行 `Vector<list<int>>` 中的 `>>` 表示嵌套模板实参的结束，并不是输入运算符被放错了地方。

可以像下面这样使用 `Vector`：

```
void write(const Vector<string>& vs)    // 字符串的向量
{
    for (int i = 0; i!=vs.size(); ++i)
        cout << vs[i] << '\n';
}
```

为了 `Vector` 支持范围 `for` 循环，需要为之定义恰当的 `begin()` 和 `end()` 函数：

```
template<typename T>
T* begin(Vector<T>& x)
{
    return x.size() ? &x[0] : nullptr;    // 指向第一个元素或 nullptr
}

template<typename T>
T* end(Vector<T>& x)
{
    return x.size() ? &x[0]+x.size() : nullptr;    // 指向尾后元素
}
```

在此基础上，可编写如下代码：

```
void f2(Vector<string>& vs)    // 字符串的向量
{
    for (auto& s : vs)
        cout << s << '\n';
}
```

类似地,也能将列表、向量、映射(也就是关联数组)、无序映射(也就是哈希表)等定义成模板(参见第 11 章)。

模板是一种编译时机制,因此与人工打造的代码相比,并不会产生任何额外的运行时开销。事实上,Vector<double> 生成的代码与第 4 章的 Vector 版本生成的代码是等价的。而且,标准库 vector<double> 生成的代码可能更优(因为其实现做了很多优化工作)。

一个模板加上一组模板实参被称为一个实例化(instantiation)或一个特例化(specialization)。在编译过程中靠后的实例化时间(instantiation time),编译器为程序中用到的每个实例生成相应的代码(参见 7.5 节)。对生成的代码会进行类型检查,使得生成的代码与手写代码一样是类型安全的。不幸的是,类型检查通常是在编译过程中靠后的实例化时间进行的。

6.2.1 约束模板参数(C++20)

大多数情况下,只有模板参数满足特定要求时模板才有意义。例如,Vector 通常提供拷贝操作,如果是这样,它就必须要求其元素是可拷贝的。即,必须要求 Vector 的模板参数不能仅是一个 typename,而应是一个 Element。"Element"指出了可以成为元素的类型应满足什么要求:

```
template<Element T>
class Vector {
private:
    T* elem;    // elem 指向一个包含 sz 个类型为 T 的元素的数组
    int sz;
    // ...
};
```

其中 template<Element T> 是数学上"对所有 T,满足 Element(T)"的 C++ 表达。即 Element 是一个谓词,它检查 T 是否具有 Vector 要求的所有性质。这种谓词被称为概念(concept,参见 7.2 节)。概念所说明的模板参数称为约束参数(constrained argument),参数约束的模板称为约束模板(constrained template)。

实例化模板时使用的类型如果不满足要求,就会导致一个编译时错误。例如:

```
Vector<int> v1;        // 正确:我们可以拷贝一个 int
Vector<thread> v2;     // 错误:我们不能拷贝一个标准线程(参见 15.2 节)
```

由于在 C++20 之前 C++ 不会官方支持概念,因此旧代码会使用非约束模板参数,而将要求放在文档中。

6.2.2 值模板参数

除了类型参数外,模板也可以接受值参数。例如:

```
template<typename T, int N>
struct Buffer {
    using value_type = T;
    constexpr int size() { return N; }
    T[N];
    // ...
};
```

其中的别名(value_type)和 constexpr 函数的目的是令用户可以(只读地)访问

模板参数。

值参数在很多场景下都非常有用。例如，我们可以用 `Buffer` 创建任意大小的缓冲区，而不必使用自由存储（动态内存）：

```
Buffer<char,1024> glob;    // 全局的字符缓冲区（静态分配）

void fct()
{
    Buffer<int,10> buf;    // 局部的整数缓冲区（在栈上）
    // ...
}
```

模板值参数必须是常量表达式。

6.2.3 模板参数推断

考虑标准库模板 `pair` 的使用：

```
pair<int,double> p = {1,5.2};
```

很多人已经发现，必须指明模板参数类型是很烦琐的，因此标准库提供了一个函数 `make_pair()`，它能从其函数实参推断出 `pair` 的模板参数并返回：

```
auto p = make_pair(1,5.2);    // p 是一个 pair<int,double>
```

这引出一个很明显的问题"为什么不能从构造函数参数推断模板参数？"于是，在 C++17 中我们可以这样做了，即

```
pair p = {1,5.2};    // p 是一个 pair<int,double>
```

这不仅是 `pair` 的问题，`make_` 函数非常常见。考虑一个简单的例子：

```
template<typename T>
class Vector {
public:
    Vector(int);
    Vector(initializer_list<T>);    // 初始值列表构造函数
    // ...
};

Vector v1 {1,2,3};       // 从初始值元素类型推断 v1 的元素类型
Vector v2 = v1;          // 从 v1 的元素类型推断 v2 的元素类型

auto p = new Vector{1,2,3};    // p 指向一个 Vector<int>

Vector<int> v3(1);       // 此处需要显式指出元素类型（因为元素类型未被提及）
```

显然，这简化了符号表示并消除了误输入的冗余模板参数类型引起的烦恼。但是，这不是万能灵药。推断可能导致奇怪的结果（`make_` 函数和构造函数机制都是如此）。考虑下面的代码：

```
Vector<string> vs1 {"Hello", "World"};    // Vector<string>
Vector vs {"Hello", "World"};             // 推断为 Vector<const char*>（奇怪吗？）
Vector vs2 {"Hello"s, "World"s};          // 推断为 Vector<string>
Vector vs3 {"Hello"s, "World"};           // 错误：初始值列表不一致
```

C 风格字符串字面值的类型是 `const char*`（参见 1.7 节）。如果我们不想这样，就应

使用后缀 s 来得到恰当的 string 类型（参见 9.2 节）。如果初始值列表中的元素具有不同类型，就无法推断出唯一元素类型，从而得到一个错误。

如果不能从构造函数的参数推断出模板参数，我们可以提供一个推断指导来帮助解决这个问题。考虑下面代码：

```
template<typename T>
class Vector2 {
public:
    using value_type = T;
    // ...
    Vector2(initializer_list<T>);        // 初始值列表构造函数

    template<typename Iter>
        Vector2(Iter b, Iter e);         // [b:e) 范围构造函数
    // ...
};

Vector2 v1 {1,2,3,4,5};                  // 元素类型是 int
Vector2 v2(v1.begin(),v1.begin()+2);
```

显然，v2 应该是一个 Vector2<int>，但如果没有帮助，编译器无法推断出这个结果。代码只是指出构造函数的参数是由两个相同类型的值组成的对。没有语言对概念的支持（参见 7.2 节），编译器不能对类型进行任何假设。为了能进行推断，可以在 Vector 的声明后面添加一个"推断指导"：

```
template<typename Iter>
    Vector2(Iter,Iter) -> Vector2<typename Iter::value_type>;
```

这样，如果看到用一对迭代器初始化 Vector2，应该将 Vector2::value_type 推断为迭代器值的类型。

推断指导的效果很微妙，因此最好还是令类模板的设计不需要推断指导。但是，标准库充斥着（还）未使用 concept（参见 7.2 节）的类且具有这种歧义，因此推断指导的使用相当多。

6.3　参数化操作

模板的用途远不止用元素类型参数化容器。特别是，模板广泛用于参数化标准库中的类型和算法（参见 11.6 节、12.6 节）。

有三种表达用类型和值参数化操作的方式：
- 函数模板
- 函数对象：一个可以携带数据并像函数一样调用的对象
- lambda 表达式：函数对象的简写形式

6.3.1　函数模板

对于任何可用范围 for 遍历的序列（如容器），可编写如下函数计算其元素值的和：

```
template<typename Sequence, typename Value>
Value sum(const Sequence& s, Value v)
{
```

```
    for (auto x : s)
        v+=x;
    return v;
}
```

模板参数 `Value` 和函数参数 `v` 使得调用者可以指定累加器（用于求和的变量）的类型和初始值：

```
void user(Vector<int>& vi, list<double>& ld, vector<complex<double>>& vc)
{
    int x = sum(vi,0);                      // 整数向量的和（累加到整数）
    double d = sum(vi,0.0);                 // 整数向量的和（累加到双精度浮点数）
    double dd = sum(ld,0.0);                // 双精度浮点数链表的和
    auto z = sum(vc,complex{0.0,0.0});      // complex<double> 向量的和
}
```

将一些 `int` 累加到一个 `double` 中是为了得体地处理超出 `int` 表示范围的数值。注意 `sum<Sequence,Value>` 的模板参数类型是如何根据函数实参推断出来的。幸运的是，我们无须显式地指明这些类型。

这里的 `sum()` 可以看作标准库 `accumulate()` 的简化版本（参见 13.4 节）。

函数模板可以用于成员函数，但不能是 `virtual` 成员。因为编译器不知道这种模板在程序中有哪些实例，因此无法为其生成 `vtbl`（参见 4.4 节）。

6.3.2 函数对象

模板的一个特殊用途是函数对象（function object），有时也称为函子（functor），用这种机制定义的对象可以像函数一样调用。例如：

```
template<typename T>
class Less_than {
    const T val;        // 待比较的值
public:
    Less_than(const T& v) :val{v} { }
    bool operator()(const T& x) const { return x<val; }  // 调用运算符
};
```

其中，名为 `operator()` 的函数实现了"函数调用"或者称为"调用"或"应用"运算符 `()`。

可以为某些参数类型定义 `Less_than` 类型的命名变量：

```
Less_than lti {42};                       // lti(i) 将用 < 比较 i 和 42（i<42）
Less_than lts {"Backus"s};                // lts(s) 将用 < 比较 s 和 "Backus"（s<"Backus"）
Less_than<string> lts2 {"Naur"};          // "Naur" 是一个 C 风格字符串，因此要使用 <string> 来使用正确的 <
```

接下来，就能像调用函数一样调用这种对象了：

```
void fct(int n, const string & s)
{
    bool b1 = lti(n);     // 如果 n<42，则为真
    bool b2 = lts(s);     // 如果 s<"Backus"，则为真
    // ...
}
```

这样的函数对象经常作为算法的参数出现。例如，可以像下面这样统计有多少个值令谓

词返回 true：

```
template<typename C, typename P>
    // 要求 Sequence<C> && Callable<P,Value_type<P>>
int count(const C& c, P pred)
{
    int cnt = 0;
    for (const auto& x : c)
        if (pred(x))
            ++cnt;
    return cnt;
}
```

我们可以调用谓词（predicate），其返回值是 `true` 或 `false`。例如：

```
void f(const Vector<int>& vec, const list<string>& lst, int x, const string& s)
{
    cout << "number of values less than " << x << ": " << count(vec,Less_than{x}) << '\n';
    cout << "number of values less than " << s << ": " << count(lst,Less_than{s}) << '\n';
}
```

其中，`Less_than{x}` 构造了一个 `Less_than<int>` 类型的对象，调用它将与名为 `x` 的 `int` 比较，而 `Less_than{s}` 构造的对象则与名为 `s` 的 `string` 比较。函数对象的精妙之处在于它们携带着准备与之比较的值。我们无须为每个值（以及每种类型）单独编写函数，更不必将值保存在令人讨厌的全局变量中。而且，像 `Less_than` 这样的简单函数对象很容易内联，因此调用 `Less_than` 比间接函数调用更有效率。可携带数据和高效这两个特性使得函数对象非常适合用作算法的参数。

用于指明通用算法关键操作含义的函数对象（如 `Less_than` 之于 `count()`）常常被称为策略对象（policy object）。

6.3.3 lambda 表达式

在 6.3.2 节中，我们将 `Less_than` 的定义和使用分离开来。这样做看起来有点不方便，因此，C++ 提供了一种隐式生成函数对象的表示方法：

```
void f(const Vector<int>& vec, const list<string>& lst, int x, const string& s)
{
    cout << "number of values less than " << x
        << ": " << count(vec,[&](int a){ return a<x; })
        << '\n';
    cout << "number of values less than " << s
        << ": " << count(lst,[&](const string& a){ return a<s; })
        << '\n';
}
```

`[&](int a){return a<x;}` 这种表示方法被称为 lambda 表达式（lambda expression），它生成一个与 `Less_than<int>{x}` 完全一样的函数对象。`[&]` 是一个捕获列表（capture list），它指出 lambda 体中使用的所有局部名字（如 `x`）将通过引用访问。如果希望只"捕获" `x`，则可以写成 `[&x]`；如果希望给生成的函数对象传递一个 `x` 的拷贝，则写成 `[=x]`。什么也不捕获是 `[]`，捕获所有通过引用访问的局部名字是 `[&]`，捕获所有以值访问的局部名字是 `[=]`。

虽然使用 lambda 简单便捷，但也有些晦涩难懂。对于复杂的操作（比如说，不是简单的一条表达式），我们更愿意给该操作起个名字，以便于更加清晰地表述它的目的并且在程序中很多地方使用它。

在 4.5.3 节中，我们注意到一个很恼人的事情，我们不得不编写很多像 `draw_all()` 和 `rotate_all()` 这样的函数来执行针对指针 `vector` 或 `unique_ptr vector` 中元素的操作。函数对象（尤其是 `lambda`）有助于解决这一问题，它令我们能将容器的遍历和对每个元素的具体操作分离开来。

首先，需要定义一个函数，它负责对指针容器的元素指向的每个对象执行特定操作：

```cpp
template<typename C, typename Oper>
void for_all(C& c, Oper op)       // 假定 C 是一个指针容器
    // 要求 Sequence<C> && Callable<Oper,Value_type<C>>（参见 7.2.1 节）
{
    for (auto& x : c)
        op(x);                    // 向 op() 传递每个指向的元素的引用
}
```

接下来，改写 4.5 节中的 `user()`，而无须编写一大堆 `_all()` 函数：

```cpp
void user2()
{
    vector<unique_ptr<Shape>> v;
    while (cin)
        v.push_back(read_shape(cin));
    for_all(v,[](unique_ptr<Shape>& ps){ ps->draw(); });         //draw_all()
    for_all(v,[](unique_ptr<Shape>& ps){ ps->rotate(45); });     //rotate_all(45)
}
```

向 `lambda` 传入一个 `unique_ptr<Shape>&`，这样，`for_all()` 就无须关心对象是如何存储的。特别是，这些 `for_all()` 调用不会影响传递来的 `Shape` 的生命周期，而且 `lambda` 体对参数的使用就像使用普通旧式指针一样。

类似于函数，`lambda` 也可以是泛型的。例如：

```cpp
template<class S>
void rotate_and_draw(vector<S>& v, int r)
{
    for_all(v,[](auto& s){ s->rotate(r); s->draw(); });
}
```

这里，类似变量声明，`auto` 表示任何类型都可以接受作为初始值（在一次调用中，认为实参初始化了形参）。这令带 `auto` 参数的 `lambda` 成为一个模板，即泛型 `lambda`（generic lambda）。出于标准委员会政策缺失原因，`auto` 的这种使用方式当前还未允许作为函数实参。

可以用任意支持 `draw()` 和 `rotate()` 的对象的容器调用此泛型 `rotate_and_draw()`。例如：

```cpp
void user4()
{
    vector<unique_ptr<Shape>> v1;
    vector<Shape*> v2;
    // ...
    rotate_and_draw(v1,45);
    rotate_and_draw(v2,90);
}
```

使用 `lambda`，我们可以将任何语句转换为一个表达式。这种语法最常用来提供一个操

作，以计算出一个值作为实参值，但其能力是通用的。考虑一个复杂的初始化：

```
enum class Init_mode { zero, seq, cpy, patrn };    // 替代初始值的方法

// 杂乱的代码：

// int n, Init_mode m, vector<int>& arg, 迭代器 p 和 q 在其他地方定义

vector<int> v;

switch (m) {
case zero:
    v = vector<int>(n);    // n 个元素初始化为 0
    break;
case cpy:
    v = arg;
    break;
};

// ...

if (m == seq)
    v.assign(p,q);    // 从序列 [p:q] 拷贝

// ...
```

这是一个非写实的例子，但不幸的是它很典型。我们需要在数据结构（这里是 v）的一组初始值中进行选择，而且我们需要对不同的值进行不同的计算。这种代码通常很杂乱，被认为是追求"效率"所必要的，但它们是错误之源：

- 变量在获得想要给它的值之前就被使用。
- "初始化代码"可能与其他代码混合在一起，令其很难理解。
- 当"初始化代码"与其他代码混合在一起时，很容易忘记其中一些情况。
- 这本质上不是初始化，而是赋值。

取而代之，可以将其转换为可用作初始值的 lambda：

```
// int n, Init_mode m, vector<int>& arg, 迭代器 p 和 q 在其他地方定义

vector<int> v = [&] {
    switch (m) {
    case zero:
        return vector<int>(n);        // n 个元素初始化为 0
    case seq:
        return vector<int>{p,q};      // 从序列 [p:q] 拷贝
    case cpy:
        return arg;
    }
};
// ...
```

还是忘记了一个 case，但现在很容易发现这个错误。

6.4 模板机制

为了定义好的模板，需要一些语言设施支持：

- 值依赖于类型：可变参数模板（variable template）（参见 6.4.1 节）。
- 类型和模板的别名：别名模板（alias template）（参见 6.4.2 节）。
- 编译时选择机制：`if constexpr`（参见 6.4.3 节）。
- 编译时查询类型和表达式属性的机制：`requires-`表达式（参见 7.2.3 节）。

此外，模板设计和使用中还经常使用 `constexpr` 函数（参见 1.6 节）和 `static_asserts`（参见 3.5.5 节）。

这些基本机制是构建通用的、基本的抽象的主要工具。

6.4.1 可变参数模板

当使用一个类型时，我们通常是想获得类型的常量和值。对类模板当然也是如此：当定义一个 C<T> 时，我们通常是想获得类型 T 和其他依赖 T 的类型的常量、变量。下面是来自流体力学仿真的一个例子 [Garcia,2015]：

```
template <class T>
    constexpr T viscosity = 0.4;

template <class T>
    constexpr space_vector<T> external_acceleration = { T{}, T{-9.8}, T{} };

auto vis2 = 2*viscosity<double>;
auto acc = external_acceleration<float>;
```

这里，`space_vector` 是一个三维向量。

自然，我们可以使用任意合适类型的表达式作为初始值。考虑下面的代码：

```
template<typename T, typename T2>
    constexpr bool Assignable = is_assignable<T&,T2>::value;   // is_assignable 是一个类型
                                                                // 萃取（参见 13.9.1 节）

template<typename T>
void testing()
{
    static_assert(Assignable<T&,double>, "can't assign a double");
    static_assert(Assignable<T&,string>, "can't assign a string");
}
```

经过一些重要演变，此思想成为概念定义的核心（参见 7.2 节）。

6.4.2 别名

令人惊讶的是，为类型或模板引入代名词常常是很有用的。例如，标准头文件 `<cstddef>` 包含了别名 `size_t` 的定义，可能如下：

```
using size_t = unsigned int;
```

`size_t` 的实际类型是依赖于实现的，因此在另一个实现中 `size_t` 可能是一个 `unsigned long`。有了别名 `size_t`，程序员就可以编写出可移植的代码。

对参数化类型来说，一种非常常见的方式是为与模板实参相关的类型提供一个别名。例如：

```
template<typename T>
class Vector {
```

```
public:
    using value_type = T;
    // ...
};
```

实际上，每个标准库容器都会提供一个 `value_type` 作为其值类型的名字（参见第 11 章）。这令我们可编写出能用于任何遵循这种规范的容器的代码。例如：

```
template<typename C>
using Value_type = typename C::value_type;    // C 的元素的类型

template<typename Container>
void algo(Container& c)
{
    Vector<Value_type<Container>> vec;    // 在这里保存结果
    // ...
}
```

通过绑定一些或所有模板实参，别名机制可以用来定义一个新模板。例如：

```
template<typename Key, typename Value>
class Map {
    // ...
};

template<typename Value>
using String_map = Map<string,Value>;

String_map<int> m;    // m 是一个 Map<string,int>
```

6.4.3 编译时 if

考虑编写一个操作，它使用两个操作 `slow_and_safe(T)` 或 `simple_and_fast(T)` 中的一个。这个问题在基础代码中很常见，在这种代码中通用性和选择性能是很重要的。传统的解决方案是编写一对重载函数并基于萃取选取最适合那个（参见 13.9.1 节），例如标准库的 `is_pod`。如果涉及类层次，基类可以提供 `slow_and_safe` 通用操作，而派生类可用一个 `simple_and_fast` 实现覆盖它。

在 C++17 中，可以使用编译时 `if`：

```
template<typename T>
void update(T& target)
{
    // ...
    if constexpr(is_pod<T>::value)
        simple_and_fast(target);    // 用于"普通旧数据"
    else
        slow_and_safe(target);
    // ...
}
```

这里 `is_pod<T>` 是一个类型萃取（参见 13.9.1 节），它告诉我们一个类型是否可以简单拷贝。

只有被选中的 `if constexpr` 分支才会被实例化。这个解决方案提供了最优性能和优化的局部性。

重要的是，if constexpr 不是一种文本处理机制，因此不能用来打破常规的语法、类型和作用域规则。例如：

```
template<typename T>
void bad(T arg)
{
    if constexpr(Something<T>::value)
        try {                                   // 语法错误

    g(arg);

    if constexpr(Something<T>::value)
        } catch(...) { /* ... */ }              // 语法错误
}
```

允许这种文本处理会严重危害代码的可读性，而且会给依赖于现代程序表示技术的工具（例如"抽象语法树"）带来问题。

6.5 建议

[1] 用模板表达那些用于很多实参类型的算法；6.1 节；[CG: T.2]。

[2] 用模板表达容器；6.2 节；[CG: T.3]。

[3] 用模板提升代码的抽象水平；6.2 节；[CG: T.1]。

[4] 模板是类型安全的，但很晚才进行检查；6.2 节。

[5] 令构造函数和函数模板推断类模板参数类型；6.2.3 节。

[6] 将函数对象用作算法的参数；6.3.2 节；[CG: T.40]。

[7] 如果在某处只需要一个简单的函数对象，使用 lambda 表达式；6.3.2 节。

[8] 不能将虚函数成员定义成模板成员函数；6.3.1 节。

[9] 利用模板别名简化符号表示并隐藏实现细节；6.4.2 节。

[10] 使用模板时要确保它的定义（不仅是声明）位于作用域内；7.5 节。

[11] 模板提供了编译时的"鸭子类型"；7.5 节。

[12] 模板不存在分离式编译：在用到模板的所有编译单元中有 #include 模板的定义。

第 7 章

A Tour of C++, Second Edition

概念和泛型编程

> 编程：
> 你必须从有趣的算法开始。
> ——亚历山大·斯捷潘诺夫

- 引言
- 概念
  概念的使用；基于概念的重载；合法代码；概念的定义
- 泛型编程
  概念的使用；使用模板抽象
- 可变参数模板
  表达式折叠；参数转发
- 模板编译模型
- 建议

7.1 引言

模板是干什么用的？换句话说，使用模板会使什么编程技术更为有效？总的来说，模板提供了：

- 以参数方式传递类型（以及值和模板）而又不丢失信息的能力。这意味着有大好机会进行内联，当前的 C++ 实现对此都能善加利用。
- 在实例化时刻将来自不同上下文的信息组织起来的机会。这提供了优化机会。
- 以实参方式传递常量的能力。这意味着进行编译时计算的能力。

换句话说，模板提供了一种编译时计算和类型操纵的强大机制，可产生非常紧凑和高效的代码。记住，类型（类）既可包含代码（参见 6.3.2 节）也可包含值（参见 6.2.2 节）。

模板首要的也是最常见的用途是支持泛型编程（generic programming），即关注通用算法的设计、实现和使用的编程。这里"通用"的含义是，算法的设计目的是可接受很多不同类型，只要它们满足算法对实参的要求即可。模板和概念一起构成了 C++ 对泛型编程的主要支撑。模板提供了（编译时）参数化多态。

7.2 概念（C++20）

考虑来自 6.3.1 节的 sum()：

```
template<typename Seq, typename Num>
Num sum(Seq s, Num v)
{
    for (const auto& x : s)
        v+=x;
    return v;
}
```

我们可以对任何数据结构调用 `sum()`，只要数据结构支持 `begin()` 和 `end()` 从而范围 `for` 能正确工作，例如标准库的 `vector`、`list` 和 `map`。而且，数据结构的元素类型只受其使用的限制：该类型能被加到 `Value` 实参上即可，例如 `int`、`double` 和 `Matrix`（任何合理的 `Matrix` 定义）。可以从两个维度称 `sum()` 算法是泛型算法：用来保存元素的数据结构的类型（序列）和元素类型。

因此，`sum()` 要求它的第一个模板实参是某种序列，第二个模板实参是某种数。我们称这种要求为概念（concept）。

对概念的语言支持还不是 ISO C++ 标准，但它已是一个 ISO 技术规范 [ConceptsTS]。其实现已在使用，因此我在这里冒险推荐它，虽然其细节可能还会改变，而且距离所有人用它来编写产品级代码还尚需时日。

7.2.1 概念的使用

大多数模板实参必须满足特定要求，才能使模板正确编译、使生成的代码正确工作。即大多数模板必须是约束模板（参见 6.2.1 节）。用 `typename` 引入类型名受到的约束最小，只要求实参是一个类型。我们通常可以比这做得更好。再次考虑 `sum()`：

```
template<Sequence Seq, Number Num>
Num sum(Seq s, Num v)
{
    for (const auto& x : s)
        v+=x;
    return v;
}
```

这段代码非常清晰。一旦定义了概念 `Sequence` 和 `Number` 意味着什么，编译器只需查看 `sum()` 的接口就能拒绝错误的调用，而无须查看 `sum()` 的实现。这也改进了对错误的报告。

但是，`sum()` 的接口规范是不完整的：我"忘记了"说明 `Sequence` 的元素必须能加到 `Number` 上。为此，我们可以这样做：

```
template<Sequence Seq, Number Num>
    requires Arithmetic<Value_type<Seq>,Num>
Num sum(Seq s, Num n);
```

一个序列的 `Value_type` 就是序列中元素的类型。`Arithmetic<X,Y>` 是一个概念，它指出我们可以对 X 类型和 Y 类型的数进行算术运算。这令我们避免意外地试图计算一个 `vector<string>` 或一个 `vector<int*>` 的 `sum()`，同时还能接受 `vector<int>` 和 `vector<complex<double>>`。

在本例中，我们只需 `+=`，但出于简单性和灵活性的考虑，我们不应对模板实参限制太紧。特别是，有朝一日我们可能想用 `+` 和 `=` 而非 `+=` 来表达 `sum()`，那时我们会很高兴当初使用了一个通用概念（即本例中的 `Arithmetic`）而不是一个更受限的要求"具有 `+=`"。

不完全说明可能是很有用的，就像第一个 `sum()` 中使用的概念。除非说明是完整的，否则一些错误只能到实例化时才会被发现。但是，不完全说明会有很多好处，可表达意图，而且对平稳的增量式开发是很重要的，在这个过程中不可能一开始就认识到我们需要的所有要求。如果有成熟的概念库，初始说明就会很接近完美。

不出意料，requires Arithmetic<Value_type<Seq>,Num> 被称为 requirements 子句。template<Sequence Seq> 这种语法是显式使用 requires Sequence <Seq> 的一种简写形式。如果我喜欢冗长，那么可以写出如下等价代码：

```
template<typename Seq, typename Num>
    requires Sequence<Seq> && Number<Num> && Arithmetic<Value_type<Seq>,Num>
Num sum(Seq s, Num n);
```

另一方面，还可以利用两种语法的等价性编写如下代码：

```
template<Sequence Seq, Arithmetic<Value_type<Seq>> Num>
Num sum(Seq s, Num n);
```

在还不能使用概念的地方，我们就不得不使用命名规范和注释，例如：

```
template<typename Sequence, typename Number>
    //要求 Arithmetic<Value_type<Sequence>,Number>
Numer sum(Sequence s, Number n);
```

无论选择哪种语法，设计模板时对其参数施加语义约束都是很重要的（参见 7.2.4 节）。

7.2.2 基于概念的重载

一旦已经恰当地用接口说明了模板，那么可以基于其属性来进行重载，这和函数几乎一样。考虑标准库函数 advance()（参见 12.3 节）的一个略微简化的版本，它向前推进迭代器：

```
template<Forward_iterator Iter>
void advance(Iter p, int n)        //将 p 向前移动 n 个元素
{
    for (--n)
        ++p;                //前向迭代器具有 ++，但没有 + 和 +=
}


template<Random_access_iterator Iter, int n>
void advance(Iter p, int n)        //将 p 向前移动 n 个元素
{
    p+=n;               //随机访问迭代器具有 +=
}
```

编译器会选择具有实参能满足的最强要求的模板。在本例中，list 只支持前向迭代器，而 vector 则提供随机访问迭代器，于是有：

```
void user(vector<int>::iterator vip, list<string>::iterator lsp)
{
    advance(vip,10);    //使用快速的 advance()
    advance(lsp,10);    //使用慢的 advance()
}
```

类似其他重载，这是一种编译时机制，意味着不会有运行时额外开销，而且当编译器无法找到一个最佳选择时，它会给出一个歧义错误。基于概念的重载规则远比通用重载的规则（参见 1.3 节）简单。首先考虑单一实参有多个可选模板的情况：

- 如果实参不匹配概念，则不会选择这个可选模板。
- 如果实参只匹配一个可选模板的概念，则选择它。
- 如果来自两个可选模板的实参对一个概念匹配得同样好，则产生一个歧义。

- 如果来自两个可选模板的实参匹配同一个概念，而其中一个更为严格（匹配另一个的所有要求并满足更多要求），则选择它。

被选中的模板必须满足：
- 与所有实参都匹配，且
- 对所有实参都至少与其他可选模板匹配得一样好，且
- 至少对一个实参匹配得更好。

7.2.3 合法代码

一组模板实参是否满足了模板对其参数的要求？这个问题最终归结为某些表达式是否合法。

使用 requires 表达式，可以检查一组表达式是否合法。例如：

```
template<Forward_iterator Iter>
void advance(Iter p, int n)        // 将 p 向前移动 n 个元素
{
    for (--n)
        ++p;                       // 前向迭代器具有 ++，但没有 + 和 +=
}

template<Forward_iterator Iter, int n>
    requires requires(Iter p, int i) { p[i]; p+i; }    // Iter 具有下标和加法操作
void advance(Iter p, int n)        // 将 p 向前移动几个元素
{
    p+=n;                          // 随机访问迭代器具有 +=
}
```

其中，requires requires 不是拼写错误。第一个 requires 表示 requirements 子句的开始，而第二个 requires 是 requires 表达式的开始：

```
requires(Iter p, int i) { p[i]; p+i; }
```

一个 requires 表达式就是一个谓词，当其中的语句是合法代码时为 true，否则为 false。

我将 requires 表达式视为泛型编程的汇编代码。类似普通的汇编代码，requires 表达式非常灵活，而且没有强加新的编程规则。它以这样或那样的形式出现在最有趣的泛型代码的底层，就像汇编代码出现在最有趣的普通代码的底层那样。类似于汇编代码，requires 表达式不应该被视为"普通代码"。如果你在代码中看到了 requires requires，这很可能是非常底层的代码。

在 advance() 中，我故意以一种不优雅、不自然的方式使用 requires requires。注意，我"忘记了"指出 += 以及操作所需的返回类型。我已经警告过你！应优先选择命名概念，用名字指示其语义含义。

总结起来，应优先选择使用恰当命名的概念和明确指定的语义（参见 7.2.4 节），并在其定义中使用 requires 表达式。

7.2.4 概念的定义

最终，我们期待找到有用的概念，如标准库这类库中的 Sequence 和 Arithmetic。范围技术规范 [RangesTS] 已经为标准库算法的约束提供了一组这样的概念（参见 12.7 节）。

不过，简单概念倒并不难定义。

概念就是一种编译时谓词，指出一个或多个类型应如何使用。考虑第一个简单例子：

```
template<typename T>
concept Equality_comparable =
    requires (T a, T b) {
        { a == b } -> bool;    // 用 == 比较类型为 T 的对象
        { a != b } -> bool;    // 用 != 比较类型为 T 的对象
    };
```

`Equality_comparable` 是一个概念，用来确保可比较一种类型的值相等或不等。简单地说，就是给定该类型的两个值，必须可以用 == 和 != 比较它们，且这些操作的结果必须可转换为 `bool` 类型。例如：

```
static_assert(Equality_comparable<int>);    // 成功

struct S { int a; };
static_assert(Equality_comparable<S>);      // 失败，因为 struct 不会自动具有 == 和 !=
```

概念 `Equality_comparable` 的定义完全等价于英语描述，不会更冗长。一个 concept 的值总是 `bool` 类型的。

定义 `Equality_comparable` 来处理不同类型值的比较几乎同样简单：

```
template<typename T, typename T2 =T>
concept Equality_comparable =
    requires (T a, T2 b) {
        { a == b } -> bool;    // 用 == 比较 T 与 T2
        { a != b } -> bool;    // 用 != 比较 T 与 T2
        { b == a } -> bool;    // 用 == 比较 T2 与 T
        { b != a } -> bool;    // 用 != 比较 T2 与 T
    };
```

`typename T2 =T` 指出，如果不指定第二个模板实参，T2 会与 T 一样，即 T 是一个默认模板参数（default template argument）。

可以像下面这样测试 `Equality_comparable`：

```
static_assert(Equality_comparable<int,double>);   // 成功
static_assert(Equality_comparable<int>);          // 成功（T2 默认为 int）
static_assert(Equality_comparable<int,string>);   // 失败
```

下面是一个更复杂的关于序列的例子：

```
template<typename S>
concept Sequence = requires(S a) {
    typename Value_type<S>;       // S 必须是一个值类型
    typename Iterator_type<S>;    // S 必须是一个迭代器类型

    { begin(a) } -> Iterator_type<S>;    // begin(a) 必须返回一个迭代器
    { end(a) } -> Iterator_type<S>;      // end(a) 必须返回一个迭代器

    requires Same_type<Value_type<S>,Value_type<Iterator_type<S>>>;
    requires Input_iterator<Iterator_type<S>>;
};
```

对于一个想用作 `Sequence` 的类型 S，它必须提供一个 `Value_type`（其元素的类型）和一个 `Iterator_type`（其迭代器的类型，参见 12.1 节）。它必须确保有 `begin()`

和 `end()` 函数返回其迭代器，如同标准库容器惯用的那样（参见 11.3 节）。最后，`Iterator_type` 实际上必须是一个 `input_iterator`，其元素与 S 的元素具有相同类型。

表达基本语言概念的概念最难定义。因此，最好使用已建成的库中的概念。12.7 节介绍了一组有用的概念。

7.3 泛型编程

C++ 支持的泛型编程（generic programming）基于这样的核心思想：从具体、高效的算法抽象出泛型算法，这些泛型算法可与不同数据表示结合，生成多种多样有用的软件 [Stepanov,1989]。表示基本操作和数据结构的抽象称为概念（concept），以模板参数要求的形式出现。

7.3.1 概念的使用

好的、有用的概念是基础，我们更多地是发现它们而非设计它们。这方面的例子包括整数和浮点数（甚至在经典 C 中就有定义）、序列和更一般的数学概念，如域和向量空间。它们都是表示一个应用领域的基本概念，这也是"概念"名称的由来。发现、形式化概念使其达到有效泛型编程所需的程度，是很有挑战性的。

对于基本应用，考虑概念 `Regular`（参见 12.7 节）。如果一个类型的行为类似于一个 `int` 或一个 `vecotr`，则称它是正规的。一个正规的类型的对象

- 可默认构造。
- 可使用构造函数或赋值操作进行拷贝（使用通用的拷贝语义，产生两个独立的对象，比较起来是相等的）。
- 可用 `==` 和 `!=` 进行比较。
- 没有采用过分聪明的编程花招而导致技术问题。

`string` 是另一个正规类型的例子。类似 `int`，`string` 也是 `StrictTotallyOrdered` 的（参见 12.7 节）。即，两个字符串可以用 `<`、`<=`、`>` 和 `>=` 进行比较，采用的是恰当的比较语义。

概念不只是一种语法上的概念，从本质上来说它是关于语义的。例如，不应定义 `+` 来进行除法计算；这与任何合理数字的要求不符。不幸的是，现在还没有任何语言支持表达语义，因此不得不依赖专家知识和常识来得到语义上有意义的概念。不要定义语义上无意义的概念，如 `Addable` 和 `Subtractable`。取而代之，依赖领域知识来定义能匹配应用领域中基本概念的概念。

7.3.2 使用模板抽象

好的抽象都是精心从具体例子发展而来的。试图为每个想象出的需求和技术做好准备来进行"抽象"不是一个好主意。这会导致不优雅的代码和代码膨胀。取而代之，你应该从来自实际应用的一个（最好是多个）具体例子开始，尝试去掉不必要的细节。考虑下面代码：

```
double sum(const vector<int>& v)
{
    double res = 0;
    for (auto x : v)
        res += x;
```

```
        return res;
}
```

显然，这是众多数值序列求和方法中的一种。
考虑这段代码在哪些方面不够通用：

- 为什么只是 int？
- 为什么只是 vector？
- 为什么累加到一个 double 中？
- 为什么从 0 开始？
- 为什么是加法？

通过将具体类型转换为模板实参即可回答前四个问题，于是得到了标准库 accumulate 算法的最简单形式：

```
template<typename Iter, typename Val>
Val accumulate(Iter first, Iter last, Val res)
{
        for (auto p = first; p!=last; ++p)
                res += *p;
        return res;
}
```

这里，我们有：

- 要遍历的数据结构已抽象为一对迭代器，表示一个序列（参见 12.1 节）。
- 累加器的类型已变为一个参数。
- 初始值现在已是一个输入。累加器的类型就是这个初始值的类型。

快速的检查或是（更好的）性能测试会显示：用一些数据结构调用这个模板生成的代码等价于手工编码的原始程序生成的代码。例如：

```
void use(const vector<int>& vec, const list<double>& lst)
{
        auto sum = accumulate(begin(vec),end(vec),0.0);    // 累加到一个 double 中
        auto sum2 = accumulate(begin(lst),end(lst),sum);
        //
}
```

从一段（多段更好）具体代码进行泛化同时又保持性能的过程称为提升（lifting）。相反，设计模板的最佳方法通常是：

- 首先编写一个具体版本；
- 然后进行调试、测试和性能实验；
- 最后将具体类型替换为模板实参。

重复 begin() 和 end() 当然很烦人，因此可以稍微简化一下接口：

```
template<Range R, Number Val>    // Range 应具有 begin() 和 end()
Val accumulate(R r, Val res = 0)
{
        for (auto p = begin(r); p!=end(r); ++p)
                res += *p;
        return res;
}
```

为实现完全泛化，还可以抽象 += 运算，参见 14.3 节。

7.4 可变参数模板

模板可定义为接受任意数目、任意类型的实参。这种模板称为可变参数模板。考虑一个简单的函数,它输出任意支持 << 操作符的类型的值:

```
void user()
{
    print("first: ", 1, 2.2, "hello\n"s);      // 打印出 first: 1 2.2 hello

    print("\nsecond: ", 0.2, 'c', "yuck!"s, 0, 1, 2, '\n');   // 打印出 second: 0.2 c yuck! 0 1 2
}
```

传统上,实现一个可变参数模板是将第一个实参与剩余实参分离开来,然后对剩余实参递归调用可变参数模板:

```
void print()
{
    // 对实参什么也不做
}

template<typename T, typename... Tail>
void print(T head, Tail... tail)
{
    // 对每个实参做的操作,如下面这样
    cout << head << ' ';
    print(tail...);
}
```

`typename...` 指出 `Tail` 是一个类型序列。`Tail...` 指出 `tail` 是一个 `Tail` 类型值的序列。参数声明中如果带 `...`,则称其为参数包(parameter pack)。在本例中,`tail` 是一个(函数实参)参数包,其中元素的类型在(模板实参)参数包 `Tail` 中找到。因此,`print()` 可接受任意数目、任意类型的实参。

对 `print()` 的调用将实参分割为头(首实参)和尾(剩余实参)。头被打印出来,然后对尾调用 `print()`。当然,`tail` 最终会变为空,因此需要一个无参版本的 `print()` 来处理这种情况。如果不希望允许零实参的情况,可以用编译时 if 来去掉这个 `print()`:

```
template<typename T, typename... Tail>
void print(T head, Tail... tail)
{
    cout << head << ' ';
    if constexpr(sizeof...(tail)> 0)
        print(tail...);
}
```

我使用了编译时 if(参见 6.4.3 节),而不是普通的运行时 if,以避免生成最终的永远不会被调用的 `print()` 调用。

可变参数模板(有时简称为 variadic)的强大之处在于,它可以接受你想给它的任何实参。但它也有以下缺点:

- 正确实现递归可能有些棘手。
- 递归实现的编译时代价可能出人意料得高。
- 接口的类型检查可能是一个复杂的模板程序。

因其令灵活性,可变参数模板被广泛用于标准库中,因而有时可能被鲁莽地过度使用。

7.4.1 表达式折叠

为了简化简单可变参数模板的实现，C++17 提供了一种遍历参数包中元素的有限形式。例如：

```
template<Number... T>
int sum(T... v)
{
    return (v + ... + 0);    // 以 0 为初始值，将 v 中所有元素相加
}
```

在本例中，sum() 可以接受任意数目、任意类型的实参。假设 sum() 真的将实参相加，我们就可以编写像下面这样的代码：

```
int x = sum(1, 2, 3, 4, 5);   // x 变为 15
int y = sum('a', 2.4, x);     // y 变为 114（2.4 被截断，'a' 的值为 97）
```

sum 的函数体使用了表达式折叠：

```
return (v + ... + 0);    // 以 0 为初始值，将 v 中的所有元素相加
```

在这里，(v + ... + 0) 表示以 0 为初始值，将 v 中的所有元素相加。第一个累加的元素是"最右"元素（下标最大的元素）：(v[0]+(v[1]+(v[2]+(v[3]+(v[4]+0)))))。即，累加从右边的 0 开始。这被称为右折叠（right fold）。我们也可以使用左折叠（left fold）：

```
template<typename... T>
int sum2(T... v)
{
    return (0 + ... + v);   // 将 v 中的所有元素加到 0 上
}
```

现在，第一个累加的元素是"最左"元素（下标最小的元素）：((((0+v[0])+v[1])+v[2])+v[3])+v[4])。即，从左边的 0 开始。

折叠（fold）是一种非常强大的抽象，它显然与标准库 accumulate() 相关，在不同的语言和社区中它的名字也各种各样。在 C++ 中，折叠表达式现在还局限于简化可变参数模板的实现。折叠不一定是进行数值计算。考虑下面著名的例子：

```
template<typename ...T>
void print(T&&... args)
{
    (std::cout << ... << args) << '\n';    // 打印所有参数
}

print("Hello!"s,' ',"World ",2017);    // (((((std::cout << "Hello!"s) << ' ') << "World ")
                                       //    << 2017) << ' \n');
```

很多实际使用的例子都是简单地包含一组能转换为共同类型的值。在那些例子中，简单拷贝实参到一个向量中或所需类型中，通常能进一步简化应用：

```
template<typename Res, typename... Ts>
vector<Res> to_vector(Ts&&... ts)
{
    vector<Res> res;
    (res.push_back(ts) ...);    // 无需初始值
    return res;
}
```

可以像下面这样使用 to_vector：

auto x = to_vector<double>(1,2,4.5,'a');

template<typename... Ts>
int fct(Ts&&... ts)
{
    auto args = to_vector<string>(ts...);   // args[i]是第i个实参
    // ... 在这里使用实参 ...
}

int y = fct("foo", "bar", s);

7.4.2 参数转发

可变参数模板的一个重要用途是通过接口不加改变地传递实参。考虑一个网络输入通道的概念，其真正的传输值的方法是一个传输参数。不同的传输机制有着不同的构造函数参数集：

```
template<typename Transport>
    requires concepts::InputTransport<Transport>
class InputChannel {
public:
    // ...
    InputChannel(TransportArgs&&... transportArgs)
        : _transport(std::forward<TransportArgs>(transportArgs)...)
    {}
    // ...
    Transport _transport;
};
```

标准库函数 forward()（参见 13.2.2 节）用于将实参从 InputChannel 构造函数不加改变地移动到 Transport 构造函数。

这里的关键点是，InputChannel 的编写者可以构造一个 Transport 类型的对象，而无须知道构造一个特定 Transport 所需的实参。InputChannel 的实现者只需知道所有 Transport 对象的公共用户接口。

转发在基础库中非常常见，因为在其中通用性和低运行时额外开销是必需的，而且很通用的接口非常常见。

7.5 模板编译模型

设定了概念（参见 7.2 节）之后，我们就可以检查模板的实参是否满足其概念。在此过程中发现的错误会被报告给程序员，程序员必须修正问题。还有一些实参在此刻无法进行检查，如非约束模板参数的实参，这些实参的检查会推迟到用给定模板实参为模板生成代码的时候，即"模板实例化时刻"。对于概念产生之前的代码，这个时刻就是进行所有类型检查的时刻。而使用了概念之后，在概念检查成功之后才会进行这一步。

实例化时刻（后）类型检查的一个不好的副作用是类型错误发现得过晚、会产生刺眼的糟糕错误信息，因为编译器只有在组合了来自程序中多个地方的信息后才发现问题。

实例化时刻的模板类型检查会检查模板定义中的实参使用。这提供了常称为鸭子类型（duck typing，"如果它走路像鸭子，叫声像鸭子，那么它就是一只鸭子"）的一个编译时变体。或者用更专业的术语描述，我们对一些值进行操作，那么一个操作的存在和含义仅依赖于其操作的值。这不同于另外一个视角：对象具有类型，类型决定了操作的存在和含义。值是"存活"于对象内的。这是对象（如变量）在 C++ 中的工作方式，而只有满足对象要求的值才能放到对象中。在编译时使用模板所做的事情多半是不涉及对象的，只涉及值。唯一的例外是 `constexpr` 函数（参见 1.6 节）中的局部变量，在编译器中它是作为对象使用的。

为了使用一个非约束模板，其定义（而不仅是其声明）必须在使用位置所在的作用域中。例如，标准库头文件 `<vector>` 包含 `vector` 的定义。在实践中，这意味着模板定义通常是置于头文件而非 `.cpp` 文件中。当我们打算使用模块（参见 3.3 节）时，这一点有所改变。如果使用模块，对普通函数和模板函数，源代码的组织方式是相同的。对于这两类函数，其定义都会受到保护，免受文本包含带来的问题。

7.6 建议

[1] 模板提供了一种编译时编程的通用机制；7.1 节。
[2] 当设计一个模板时，仔细考虑对其模板实参所设定的概念（要求）；7.3.2 节。
[3] 当设计一个模板时，使用一个具体版本进行最初的实现、调试和测试；7.3.2 节。
[4] 将概念用作一种设计工具；7.2.1 节。
[5] 对所有的模板实参指明概念；7.2 节；[CG: T.10]。
[6] 只要可能就使用标准概念（如范围概念）；7.2.4 节；[CG: T.11]。
[7] 如果你需要一个简单函数对象且只用在一个地方，则使用 lambda；6.3.2 节。
[8] 模板是没有分离编译的：在每个使用模板的编译单元中都 `#include` 模板定义。
[9] 使用模板表达容器和范围；7.3.2 节；[CG: T.3]。
[10] 避免没有有意义的语义的"概念"；7.2 节；[CG: T.20]。
[11] 对每个概念要求完整的操作集；7.2 节；[CG: T.21]。
[12] 当你需要一个函数接受可变数目的、不同类型的实参时，使用可变参数模板；7.4 节。
[13] 对同构实参列表不要使用可变参数模板（对这种情况优先选择初始值列表）；7.4 节。
[14] 为了使用模板，确保其定义（而不仅是其声明）在作用域中；7.5 节。
[15] 模板提供了编译时的"鸭子类型"；7.5 节。

第 8 章
A Tour of C++, Second Edition

标准库概览

> 当无知只是瞬间,又何必浪费时间学习呢?
> ——霍布斯(漫画人物)

- 引言
- 标准库组件
- 标准库头文件和名字空间
- 建议

8.1 引言

从来没有一个重要的程序是仅仅用"裸语言"写成的。人们通常先开发出一系列库,随后将它们作为进一步编程工作的基础。如果只用裸语言编写程序,大多数情况下将是一个非常乏味的过程。而使用好的库,几乎所有的编程工作都会变得更简单。

承接第 1~7 章,第 9~15 章将对重要的标准库设施给出一个快速导览。我将简要介绍有用的标准库类型,如 `string`、`ostream`、`variant`、`vector`、`map`、`path`、`unique_ptr`、`thread`、`regex` 和 `complex`,并介绍它们最常见的使用方法。

如同在第 1~7 章中一样,强烈建议你不要因为对某些细节理解不够充分而心烦或气馁。本章的目的是介绍那些最有用的标准库设施的基本知识。

在 ISO C++ 标准中,标准库规范几乎占了三分之二篇幅。在学习 C++ 的过程中,应努力探寻标准库相关知识,优先使用标准库设施而不是自制的替代品来编写程序。这是因为,标准库的设计中已经凝结了太多思想,还有更多思想体现在其实现中,未来,还会有大量的精力投入到其维护和扩展中。

本书介绍的标准库设施,在任何一个完整的 C++ 实现中都是必备的部分。当然,除了标准库组件外,大多数 C++ 实现还提供"图形用户接口"(GUI)系统、Web 接口、数据库接口等。类似地,大多数应用程序开发环境还会提供"基础库",提供企业级或工业级的"标准"开发和运行环境。但在本书中,我不会介绍这类系统和库。

本书的目标还是为读者提供一个独立的 C++ 语言介绍,它基于 C++ 标准定义,同时保证程序范例都是可移植的。当然,我们鼓励程序员去探索那些常见的非 C++ 标准设施。

8.2 标准库组件

标准库提供的设施可以分为如下几类:

- 运行时语言支持(例如,对资源分配和运行时类型信息的支持)。
- C 标准库(进行了非常小的修改,以便尽量减少与类型系统的冲突)。
- 字符串(包括对国际字符集、本地化和子串只读视图的支持),参见 9.2 节。
- 对正则表达式匹配的支持,参见 9.4 节。

- I/O 流，这是一个可扩展的输入输出框架，用户可向其中添加自己设计的类型、流、缓冲策略、区域设定和字符集（参见第 10 章）。标准库中还有一个可移植的文件处理库（参见 10.10 节）。
- 容器（如 `vector` 和 `map`）和算法（如 `find()`、`sort()` 和 `merge()`）的框架，参见第 11 章和第 12 章。人们习惯上称这个框架为标准模板库（STL）[Stepanov,1994]，用户可向其中添加自己定义的容器和算法。
- 对数值计算的支持（例如标准数学函数、复数、支持算术运算的向量以及随机数发生器），参见 4.2.1 节和第 14 章。
- 对并发程序设计的支持，包括 `thread` 和锁机制，参见第 15 章。在此基础上，用户就能够以库的形式添加新的并发模型。
- 大多数 STL 算法和一些数值算法（如 `sort()` 和 `reduce()`）的并行版本，参见 12.9 节和 14.3.1 节。
- 支持模板元程序设计的工具（如类型萃取，参见 13.9 节）、STL 风格的泛型程序设计（如 `pair`，参见 13.4.3 节）、通用程序设计（如 `variant` 和 `optional`，参见 13.5.1 节和 13.5.2 节）和 `clock`（参见 13.7 节）。
- 支持高效、安全的通用资源管理以及可选的垃圾收集器的接口（参见 5.3 节）。
- 用于资源管理的"智能指针"（如 `unique_ptr` 和 `shared_ptr`，参见 13.2.1 节）。
- 特殊用途容器，例如 `array`（参见 13.4.1 节）、`bitset`（参见 13.4.2 节）和 `tuple`（参见 13.4.3 节）。
- 对应常见计量单位的后缀，如 `ms` 表示毫秒、`i` 表示虚部（参见 5.4.4 节）。

一个类包含在标准库中的主要标准是：
- 它几乎对所有 C++ 程序员（包括初学者和专家）都有用；
- 它能以一种通用的形式提供给程序员，与简单版本相比，这种通用形式没有严重的额外开销；
- 简单使用很易学（相对于其对应的编程任务的固有复杂性而言）。

本质上，C++ 标准库提供了最常用的基本数据结构及其上的基础算法。

8.3 标准库头文件和名字空间

每个标准库设施都是通过若干标准库头文件提供的，例如：

```
#include<string>
#include<list>
```

包含这两个头文件后，程序中就可以使用 `string` 和 `list` 了。

标准库定义在一个名为 `std` 的名字空间中（参见 3.4 节）。要使用标准库设施，可以使用 `std::` 前缀：

```
std::string sheep {"Four legs Good; two legs Baaad!"};
std::list<std::string> slogans {"War is Peace", "Freedom is Slavery", "Ignorance is Strength"};
```

为简便起见，我在本书的例子中很少显式使用 `std::` 前缀，我也不会总是显式使用 `#include` 包含必要的头文件。为了正确编译和运行本书中的程序片段，你必须补上 `#include` 语句以包含恰当的头文件，并通过 `std::` 前缀等方式令标准库名字可用。例如：

```
#include<string>          // 令标准库 string 设施可用
using namespace std;      // 令 std 中的所有名字可用而不必使用 std:: 前缀

string s {"C++ is a general-purpose programming language"};   // 正确: string 是 std::string
```

这段代码将一个名字空间（`std`）中的所有名字都暴露到全局名字空间中，一般来说，这并不是一个好的编程习惯。但是，在本书中，我仅使用标准库，可以明确地知道它提供什么。

下面是一些挑选出的标准库头文件，其中的声明都放在名字空间 `std` 中：

选择的标准库头文件		
`<algorithm>`	`copy(), find(), sort()`	第 12 章
`<array>`	`array`	13.4.1 节
`<chrono>`	`duration, time_point`	13.7 节
`<cmath>`	`sqrt(), pow()`	14.2 节
`<complex>`	`complex, sqrt(), pow()`	14.4 节
`<filesystem>`	`path`	10.10 节
`<forward_list>`	`forward_list`	11.6 节
`<fstream>`	`fstream, ifstream, ofstream`	10.7 节
`<future>`	`future, promise`	15.7 节
`<ios>`	`hex, dec, scientific, fixed, defaultfloat`	10.6 节
`<iostream>`	`istream, ostream, cin, cout`	第 10 章
`<map>`	`map, multimap`	11.5 节
`<memory>`	`unique_ptr, shared_ptr, allocator`	13.2.1 节
`<random>`	`default_random_engine, normal_distribution`	14.5 节
`<regex>`	`regex, smatch`	9.4 节
`<string>`	`string, basic_string`	9.2 节
`<set>`	`set, multiset`	11.6 节
`<sstream>`	`istringstream, ostringstream`	10.8 节
`<stdexcept>`	`length_error, out_of_range, runtime_error`	3.5.1 节
`<thread>`	`thread`	15.2 节
`<unordered_map>`	`unordered_map, unordered_multimap`	11.5 节
`<utility>`	`move(), swap(), pair`	第 13 章
`<variant>`	`variant`	13.5.1 节
`<vector>`	`vector`	11.2 节

此列表远未囊括所有标准库头文件。

C++ 标准库中也提供了来自 C 标准库的头文件，如 `<stdlib.h>`。这类头文件都有一个对应的版本，名字加上了前缀 `c` 并去掉了后缀 `.h`，如 `<cstdlib>`。这些对应版本中的声明都放在名字空间 `std` 中。

8.4 建议

[1] 不要重新发明轮子，应该使用库；8.1 节；[CG: SL.1]。
[3] 当你有多种选择时，优先选择标准库而不是其他库；8.1 节；[CG: SL.2]。
[4] 不要认为标准库在任何情况下都是理想之选；8.1 节。
[5] 当你使用标准库设施时，记得用 `#include` 包含相应的头文件；8.3 节。
[6] 记住，标准库设施都定义在名字空间 `std` 中；8.3 节；[CG: SL.3]。

| 第 9 章 |
A Tour of C++, Second Edition

字符串和正则表达式

> 优先选择标准而非另类。
> ——斯特伦克与怀特

- 引言
- 字符串
  string 的实现
- 字符串视图
- 正则表达式
  搜索；正则表达式符号表示；迭代器
- 建议

9.1 引言

在大多数程序中，文本处理都是重要的组成部分。C++ 标准库提供了 `string` 类型，使得大多数程序员不必再使用 C 风格的文本处理方式——通过指针来处理字符数组。`string_view` 类型则允许我们在操作字符序列时不必理会它们是如何存储的（例如，存储在一个 `std::string` 中或一个 `char[]` 中）。此外，C++ 标准库还提供了正则表达式匹配功能，能帮助程序员在正文中查找特定模式。C++ 标准库提供的正则表达式在形式上类似于大多数现代程序设计语言中常见的方式。`string` 和 `regex` 都支持多种字符类型（如 Unicode）。

9.2 字符串

标准库提供了 `string` 类型，弥补了简单字符串字面值（参见 1.2.1 节）的不足。它还提供了 Regular 类型（参见 7.2 节和 12.7 节）来拥有和操纵不同字符类型的字符序列。`string` 类型提供了很多有用的字符串操作，如连接操作。下面是一个例子：

```
string compose(const string& name, const string& domain)
{
    return name + '@' + domain;
}

auto addr = compose("dmr","bell-labs.com");
```

在本例中，`addr` 被初始化为字符序列 `dmr@bell-labs.com`。字符串的"加法"表示连接操作。你可以将一个 `string`、一个字符串字面值、一个 C 风格字符串或一个字符连接到一个 `string` 上。标准库 `string` 定义了一个移动构造函数，因此，即使是以传值方式而不是传引用方式返回一个很长的 `string`，也会很高效（参见 5.2.2 节）。

在很多应用中，连接操作最常见的用法是在一个 `string` 的末尾添加一些内容。这可以直接通过 `+=` 操作来实现。例如：

```cpp
void m2(string& s1, string& s2)
{
    s1 = s1 + '\n';    // 追加换行
    s2 += '\n';        // 追加换行
}
```

这两种向 `string` 末尾添加内容的方式在语义上是等价的，但我更倾向于后者，因为它更明确、更简洁地表达了要做什么，而且可能也更高效。

`string` 对象是可变的。除了 `=` 和 `+=` 外，`string` 还支持下标操作（使用 `[]`）和子串操作。例如：

```cpp
string name = "Niels Stroustrup";

void m3()
{
    string s = name.substr(6,10);       // s = "Stroustrup"
    name.replace(0,5,"nicholas");       // name 变为 "nicholas Stroustrup"
    name[0] = toupper(name[0]);         // name 变为 "Nicholas Stroustrup"
}
```

`substr()` 操作返回一个 `string`——实参指定的子串的拷贝。第一个参数是一个下标，指向 `string` 中一个位置，第二个参数指出所需子串的长度。由于下标从 0 开始，因此上面程序中 s 得到的值是 `Stroustrup`。

`replace()` 操作替换子串内容。在本例中，要替换的是从 0 开始、长度为 5 的子串，即 `Niels`，它被替换为 `nicholas`。最后，我将首字母变为大写。因此，`name` 的最终值为 `Nicholas Stroustrup`。注意，替换的内容和被替换的子串不必一样长。

有很多有用的 `string` 操作，如赋值（使用 `=`）、下标（使用 `[]` 或者像对 `vector` 那样使用 `at()`，参见 11.2.2 节）、比较（使用 `==` 和 `!=`）及字典序（使用 `<`、`<=`、`>` 和 `>=`）、迭代（像对 `vector` 那样使用迭代器，参见 12.2 节）、输入（参见 10.3 节）和流（参见 10.8 节）。

自然地，`string` 可以相互比较，与 C 风格字符串比较（参见 1.7.1 节），也可以与字符串字面值比较，例如：

```cpp
string incantation;

void respond(const string& answer)
{
    if (answer == incantation) {
        // 变魔术
    }
    else if (answer == "yes") {
        // ...
    }
    // ...
}
```

如果你需要一个 C 风格字符串（一个以 0 结尾的 `char` 数组），`string` 支持对其包含的字符进行只读访问，例如：

```cpp
void print(const string& s)
{
    printf("For people who like printf: %s\n",s.c_str());   // s.c_str() 返回指向 s 字符的指针
    cout << "For people who like streams: " << s << '\n';
}
```

字符串字面值根据定义是 `const char*` 类型。为了得到 `std::string` 类型的字面值，需使用后缀 `s`。例如：

```
auto s = "Cat"s;        // std::string 类型
auto p = "Dog";         // C 风格字符串：const char* 类型
```

为了使用后缀 `s`，需要使用名字空间 `std::literals::string_literals`（参见 5.4.4 节）。

string 的实现

实现字符串类是一个常见的而且很有用的 C++ 编程练习。但对于一般用途，我们第一次尝试编写这样的类，即使精雕细琢，在易用性和性能上也很难与标准库 `string` 相比。在当前的 `string` 实现版本中，通常会使用短字符串优化（short-string optimization）技术。即，短字符串会直接保存在 `string` 对象内部，只有长字符串保存在自由存储区中。考虑下面例子：

```
string s1 {"Annemarie"};              // 短字符串
string s2 {"Annemarie Stroustrup"};   // 长字符串
```

内存布局可能像下面这样：

当一个 `string` 的值由短字符串变为长字符串（或相反）时，它的表示会相应地调整。一个"短"字符串可以有多少个字符？这是 C++ 实现自己定义的，但"大约 14 个字符"是很接近的猜测。

`string` 的实际性能严重依赖运行时环境。特别是，在多线程实现中，内存分配操作的代价相对较高。而且，当程序使用大量长度不一的字符串时，内存碎片问题会很严重。这也是短字符串优化技术被普遍采用的主要原因。

为了处理多字符集，标准库定义了一个通用的字符串模板 `basic_string`，`string` 实际上是此模板用字符类型 `char` 实例化的一个别名：

```
template<typename Char>
class basic_string {
    // ... Char 类型的字符串 ...
};

using string = basic_string<char>
```

用户可以定义任意字符类型的字符串。例如，假定我们有一个日文字符类型 `Jchar`，则可定义：

```
using Jstring = basic_string<Jchar>;
```

现在，我们就可以在 `Jstring`——日文字符串上执行常见的字符串操作。

9.3 字符串视图

字符序列最常见的用途是传递给某个函数供其读取。这可以通过以字符串的值、引用或

C 风格字符串的方式传递 string 参数来实现。在很多系统中（如未提供字符串类型的系统中），还有其他替代方法。无论是哪种情况，如果我们是想传递一个子串，都有额外的复杂性。为了解决这个问题，标准库提供了 string_view，它基本上就是一个（指针，长度）对，表示一个字符序列。

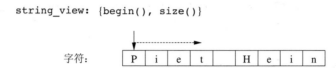

我们通过 string_view 可实现对一个连续字符序列的访问。字符的存储可以是很多种方式之一，包括 string 和 C 风格字符串。string_view 类似于指针或引用，因为它并不拥有它所指向的字符。在这一点上，它很像 STL 迭代器对（参见 12.3 节）。

考虑下面的简单函数，它将两个字符串连接起来：

```
string cat(string_view sv1, string_view sv2)
{
    string res(sv1.length()+sv2.length());
    char* p = &res[0];
    for (char c : sv1)          // 一种拷贝方法
        *p++ = c;
    copy(sv2.begin(),sv2.end(),p);  // 另一种拷贝方法
    return res;
}
```

我们可以像下面这样调用 cat()：

```
string king = "Harold";
auto s1 = cat(king,"William");           // string 和 const char*
auto s2 = cat(king,king);                // string 和 string
auto s3 = cat("Edward","Stephen"sv);     // const char * 和 string_view
auto s4 = cat("Canute"sv,king);
auto s5 = cat({&king[0],2},"Henry"sv);   // HaHenry
auto s6 = cat({&king[0],2},{&king[2],4}); // Harold
```

这个 cat() 与接受 const string& 实参的 compose() 相比有三方面的优点：

- 它可以用于以不同方式管理的字符序列。
- 对于 C 风格字符串实参，不会创建临时 string 实参。
- 我们可以简单地传递子串。

注意后缀 sv（表示"字符串视图"）的使用。为了使用此后缀，我们必须编写

```
using namespace std::literals::string_view_literals;    // 参见 5.4.4 节
```

为什么要如此费神？原因在于当传递 "Edward" 时，我们需要从 const char* 构造一个 string_view，而这需要统计字符数。而对 "Stephen"sv，其长度是在编译时计算的。

当返回一个 string_view 时，记得它很像一个指针，它需要指向一些东西：

```
string_view bad()
{
    string s = "Once upon a time";
    return {&s[5],4};        // 糟糕：返回指向局部变量的指针
}
```

我们在这段代码中返回指向一个 `string` 中字符的指针，而这些字符在我们能使用它们之前就被销毁了。

`string_view` 是其字符的只读视图，这是它的一个重要限制。例如，你不能用 `string_view` 向一个将其实参修改为小写形式的函数传递字符。为此，你可以考虑使用 `gsl::span` 或 `gsl::string_span`（参见 13.3 节）。

对 `string_view` 的越界访问的结果是未说明的。如果你希望保证进行范围检查，应使用 `at()`，对试图越界的访问它会抛出 `out_of_range`，或者使用 `gsl::string_span`（参见 13.3 节），或者"只是小心一些"。

9.4 正则表达式

正则表达式是一种很强大的文本处理工具，它提供了一种简单、精炼的方法描述文本中的模式（例如，形如 TX 77845 的美国邮政编码，或形如 2009-06-07 的 ISO 风格的日期），它还提供了高效查找这种模式的方法。在 `<regex>` 中，标准库定义了 `std::regex` 类及其支持函数来提供对正则表达式的支持。下面是一个模式的定义，你可以从中领略 regex 库的风格：

```
regex pat {R"(\w{2}\s*\d{5}(-\d{4})?)"};    // 美国邮政编码模式: XXddddd-dddd 及其变形
```

在其他语言中使用过正则表达式的人会发现 `\w{2}\s*\d{5}(-\d{4})?` 很熟悉。它指明了一个以两个字母开始（`\w{2}`）的模式，后面是可选的若干空白符 `\s*`，再接下来是五个数字 `\d{5}`，然后是可选的一个破折号和四个数字 `-\d{4}`。如果你还不熟悉正则表达式，现在可能是一个学习它的好时机（[Stroustrup,2009], [Maddock,2009], [Friedl,1997]）。

为了表达模式，我使用了一个原始字符串字面值（raw string literal），它以 R"(开始，以)" 结束。原始字符串字面值的好处是可以直接包含反斜线和引号，因此非常适合表示正则表达式，因为其中常常包含大量反斜线。如果我使用常规字符串，模式定义需要写成如下这样：

```
regex pat {"\\w{2}\\s*\\d{5}(-\\d{4})?"};    // 美国邮政编码模式
```

在 `<regex>` 中，标准库为正则表达式提供了如下支持：
- `regex_match()`：将正则表达式与一个字符串（已知长度）进行匹配（参见 9.4.2 节）。
- `regex_search()`：在一个（任意长的）数据流中搜索与正则表达式匹配的字符串（参见 9.4.1 节）。
- `regex_replace()`：在一个（任意长的）数据流中搜索与正则表达式匹配的字符串并将其替换。
- `regex_iterator`：遍历匹配结果和子匹配（参见 9.4.3 节）。
- `regex_token_iterator`：遍历未匹配部分。

9.4.1 搜索

使用模式的最简单的方式是在流中搜索它：

```
int lineno = 0;
for (string line; getline(cin,line); ) {        // 读入缓冲区 line 中
    ++lineno;
    smatch matches;                              // 匹配结果保存在这里
    if (regex_search(line,matches,pat))          // 在 line 中搜索 pat
        cout << lineno << ": " << matches[0] << '\n';
}
```

`regex_search(line,matches,pat)` 在 `line` 中搜索任何与正则表达式 `pat` 匹配的子串，如果找到匹配子串，就将其保存在 `matches` 中。如果未找到任何匹配，`regex_search(line,matches,pat)` 返回 `false`。变量 `matches` 的类型是 `smatch`。开头的 "s" 表示 "子" 或 "字符串" 的意思，一个 `smatch` 实质上是一个 `string` 的 vector，每个 `string` 保存的是一个子匹配。首元素 `matches[0]` 对应整个匹配。`regex_search()` 的结果是一批匹配，通常表示为一个 `smatch` 对象。

```
void use()
{
    ifstream in("file.txt");        // 输入文件
    if (!in)                         // 检查文件是否正确打开
        cerr << "no file\n";

    regex pat {R"(\w{2}\s*\d{5}(-\d{4})?)"};   // 美国邮政编码模式

    int lineno = 0;
    for (string line; getline(in,line); ) {
        ++lineno;
        smatch matches;             // 匹配的字符串保存在这里
        if (regex_search(line, matches, pat)) {
            cout << lineno << ": " << matches[0] << '\n';      // 完整匹配
            if (1<matches.size() && matches[1].matched)        // 如果有子模式
                                                                // 且已匹配
                cout << "\t: " << matches[1] << '\n';          // 子匹配
        }
    }
}
```

此函数读取一个文件，在其中查找美国邮政编码，如 `TX 77845` 和 `DC 20500-0001`。`smatch` 类型是一个保存 `regex` 匹配结果的容器。在本例中 `matches[0]` 对应整个模式而 `matches[1]` 对应可选的四个数字的子模式。

换行符 `\n` 可以是模式的一部分，因此可以搜索多行模式。显然，如果希望做这样的搜索，就不应一次读取一行。

正则表达式的语法和语义的设计目标是，使之能编译成可高效运行的自动机 [Cox, 2007]，这个编译过程是由 `regex` 类型在运行时完成的。

9.4.2 正则表达式符号表示

`regex` 库可以识别几种正则表达式符号表示的变体。在本书中，我使用默认的符号表示，它是 ECMA 标准的一个变体，ECMA 标准被用于 ECMAScript 中（更为人们所熟知的名称是 JavaScript）。

正则表达式的语法基于一些特殊含义的字符。

正则表达式的特殊字符			
.	任意单个字符（"通配符"）	\	下一个字符有特殊含义
[	字符集开始	*	零次或多次重复（后缀操作）
]	字符集结束	+	一次或多次重复（后缀操作）
{	计数开始	?	可选（零次或一次）（后缀操作）
}	计数结束	|	二选一（或运算）
(	分组开始	^	行开始；表示否定
)	分组结束	$	行结束

例如，我们可以指定一个模式是以零个或多个 A 开头，后接一个或多个 B，最后是一个可选的 C：

`^A*B+C?$`

下面这些字符串与此模式匹配：

```
AAAAAAAAAAAABBBBBBBBC
BC
B
```

下面这些字符串与此模式不匹配：

```
AAAAA       //没有 B
  AAAABC    //多了前导空格
AABBCC      //多于一个 C
```

模式的一个组成部分如果被括号所包围，则它构成一个子模式（可从 smatch 中独立抽取出来）。例如：

```
\d+-\d+         //没有子模式
\d+(-\d+)       //一个子模式
(\d+)(-\d+)     //两个子模式
```

通过添加后缀，可以指定一个模式是可选的或是重复的（默认恰好出现一次）。

重复	
{n}	恰好重复 n 次
{n,}	重复 n 次或更多次
{n,m}	至少重复 n 次，最多 m 次
*	零次或多次，即 {0,}
+	一次或多次，即 {1,}
?	可选的（零次或一次），即 {0,1}

例如下面的正则表达式：

`A{3}B{2,4}C*`

下面两个字符串与之匹配：

```
AAABBC
AAABBB
```

下面几个字符串与之不匹配：

```
AABBC           //A 太少
AAABC           //B 太少
AAABBBBBCCC     //B 太多
```

如果在任何重复符号（?、*、+ 及 {}）之后放一个后缀 ?，会使模式匹配器变得"懒惰"或者说"不贪心"。即，当查找一个模式时，匹配器会查找最短匹配而非最长匹配。而默认情况下，模式匹配器总是查找最长匹配，这就是所谓的最长匹配法则（Max Munch rule）。考虑下面的字符串：

`ababab`

模式 (ab)+ 匹配整个字符串 ababab，而 (ab)+? 只匹配第一个 ab。
下表列出了最常用的字符集。

字符集	
alnum	任意字母数字字符
alpha	任意字母
blank	任意空白符，但不能是行分隔符
cntrl	任意控制字符
d	任意十进制数字
digit	任意十进制数字
graph	任意图形符
lower	任意小写字符
print	任意可打印字符
punct	任意标点
s	任意空白符
space	任意空白符
upper	任意大写字符
w	任意单词字符（字母数字字符再加上下划线）
xdigit	任意十六进制数字

在正则表达式中，字符集名字必须用 [: :] 包围起来。例如，[:digit:] 匹配一个十进制数字。而且，如果是定义一个字符集，外边还必须再包围一对方括号 []。

一些字符集还支持简写表示。

字符集简写		
\d	一个十进制数字	[[:digit:]]
\s	一个空白符（空格、制表符等）	[[:space:]]
\w	一个字母 (a-z) 或数字 (0-9) 或下划线 (_)	[_[:alnum:]]
\D	除 \d 之外的字符	[^[:digit:]]
\S	非空白符	[^[:space:]]
\W	除 \w 之外的字符	[^_[:alnum:]]

此外，支持正则表达式的语言通常还提供如下字符集简写。

非标准（但常见的）字符集简写		
\l	一个小写字符	[[:lower:]]
\u	一个大写字符	[[:upper:]]
\L	除 \l 之外的字符	[^[:lower:]]
\U	除 \u 之外的字符	[^[:upper:]]

为了保证彻底的可移植性，应使用完整的字符集名字而不是简写。

考虑这样一个例子：编写一个模式，描述 C++ 标识符——以一个下划线或字母开头，后接任意多个（可以是零个）字母、数字或下划线。为了展示其中的微妙之处，下面给出了一些错误的模式：

    [:alpha:][:alnum:]*   // 错误：表示字符集应该在外边再加上一层中括号对
    [[:alpha:]][[:alnum:]]*   // 错误：没有接受下划线（'_' 不是字母）

```
([[:alpha:]]|_)[[:alnum:]]*         // 错误：下划线也不属于字母数字

([[:alpha:]]|_)([[:alnum:]]|_)*     // 正确，但太笨拙了
[[:alpha:]_][[:alnum:]_]*           // 正确：在字符集中包含了下划线
[_[:alpha:]][_[:alnum:]]*           // 也是正确的
[_[:alpha:]]\w*                     // \w 等价于 [_[:alnum:]]
```

最后，下面的函数用最简单的 `regex_match()` 版本（参见 9.4.1 节）来检查一个字符串是否是一个标识符：

```
bool is_identifier(const string& s)
{
    regex pat {"[_[:alpha:]]\\w*"};  // 下划线或字母
                                     // 后接零或多个下划线、字母或数字
    return regex_match(s,pat);
}
```

注意，为了在一个普通字符串字面值中包含一个反斜线，必须使用两个反斜线。使用原始字符串字面值则可缓解这种特殊字符问题，例如：

```
bool is_identifier(const string& s)
{
    regex pat {R"([_[:alpha:]]\w*)"};
    return regex_match(s,pat);
}
```

下面是一些示例模式：

```
Ax*              // A, Ax, Axxxx
Ax+              // Ax, Axx                           A 不匹配
\d-?\d           // 1-2, 12                           1--2 不匹配
\w{2}-\d{4,5}    // Ab-1234, XX-54321, 22-5432        数字也属于 \w
(\d*:)?(\d+)     // 12:3, 1:23, 123, :123             123: 不匹配
(bs|BS)          // bs,BS                             bS 不匹配
[aeiouy]         // a, o, u                           英语元音字母，x 不匹配
[^aeiouy]        // x, k                              非元音字母，e 不匹配
[a^eiouy]        // a, ^, o, u                        元音字母或 ^
```

在一个正则表达式中，被括号限定的部分形成一个 group（子模式），通过 `sub_match` 来表示。如果你需要用括号但又不想定义一个子模式，则应使用 (?: 而不是普通的 (。例如：

```
(\s|:|,)*(\d*)   // 可选的空白符、冒号或逗号，后接可选的一个数字
```

假设我们对数字之前的字符不感兴趣（可能是分隔符），则可写成：

```
(?:\s|:|,)*(\d*) // 可选的空白符、冒号或逗号，后接可选的一个数字
```

这样，正则表达式引擎就不必保存第一部分字符：(? 版本只有一个子模式。

正则表达式分组例子	
`\d*\s\w+`	无分组（子模式）
`(\d*)\s(\w+)`	两个分组
`(\d*)(\s(\w+))+`	两个分组（分组没有嵌套）
`(\s*\w*)+`	一个分组，但有一个或多个子模式；只有最后一个子模式保存为一个 `sub_match`
`<(.*?)>(.*?)</\1>`	三个分组；\1 表示"与分组 1 一样"

最后一个模式对于 XML 文件的解析很有用。它可以查找到标签和标签结束的标记。注意，对标签和标签结束间的子模式，我使用了非贪心匹配（懒惰匹配）.*?。假如我使用普通的匹配策略 .*，下面这个输入就会导致问题：

Always look on the bright side of life.

如果对第一个子模式采用贪心匹配策略，则会将第一个 < 与最后一个 > 配对。这样匹配是正确的，但不太可能是程序员所期望的。

有关正则表达式更为详尽的介绍，请参阅 [Friedl, 1997]。

9.4.3 迭代器

我们可以定义一个 `regex_iterator` 来遍历一个字符序列，在其中查找给定模式。例如，我们可以用一个 `sregex_iterator`（一个 `regex_iterator<string>`）来输出一个 `string` 中的所有由空白符分隔的单词：

```
void test()
{
    string input = "aa as; asd ++e^asdf asdfg";
    regex pat {R"(\s+(\w+))"};
    for (sregex_iterator p(input.begin(),input.end(),pat); p!=sregex_iterator{}; ++p)
        cout << (*p)[1] << '\n';
}
```

它会输出：

```
as
asd
asdfg
```

注意，我们漏掉了第一个单词 `aa`，因为它没有先导空格。如果我们将模式简化为 `R"((\w+))"`，则会得到：

```
aa
as
asd
e
asdf
asdfg
```

`regex_iterator` 是一种双向迭代器，因此我们不能直接遍历一个 `istream`（它只提供了输入迭代器）。我们也不能通过 `regex_iterator` 写数据，而且构造默认 `regex_iterator`（`regex_iterator{}`）是仅有的获得尾后迭代器的方法。

9.5 建议

[1] 使用 `std::string` 来获得字符序列；9.2 节；[CG: SL.str.1]。
[2] 优先选择 `string` 操作而不是 C 风格字符串函数；9.1 节。
[3] 使用 `string` 声明变量和成员，但不要将它作为基类；9.2 节。
[4] 返回 `string` 应采用传值方式（依赖移动语义）；9.2 节、9.2.1 节。
[5] 直接或间接使用 `substr()` 读取子字符串，使用 `replace()` 写入子字符串；9.2 节。

[6] 如需要，我们可以扩展或收缩一个 string；9.2 节。
[7] 当需要范围检查时，应使用 at() 而不是迭代器或 []；9.2 节。
[8] 当需要优化速度时，应使用迭代器或 [] 而不是 at()；9.2 节。
[9] string 输入不会溢出；9.2 节、10.3 节。
[10] 只有迫不得已时，才使用 c_str() 获得一个 string 的 C 风格字符串表示；9.2 节。
[11] 使用 stringstream 或通用的值提取函数（如 to<X>）将字符串转换为数值；10.8 节。
[12] 可用 basic_string 构造任意类型字符的字符串；9.2.1 节。
[13] 对字符串字面值使用后缀 s 来指明是标准库 string 类型；9.3 节；[CG: SL.str.12]。
[14] 如果函数需要读取以不同方式保存的字符序列，使用 string_view 作为其实参；9.3 节；[CG: SL.str.2]。
[15] 如果函数需要写入以不同方式保存的字符序列，使用 gsl::string_span 作为其实参；9.3 节；[CG: SL.str.2] [CG: SL.str.11]。
[16] 将 string_view 看作一种附带大小的指针，它并不拥有字符；9.3 节。
[17] 对字符串字面值使用后缀 sv 来指明是标准库 string_view 类型；9.3 节。
[18] 将 regex 用于正则表达式的大部分常规用途；9.4 节。
[19] 除非是最简单的模式，否则应使用原始字符串字面值来表示；9.4 节。
[20] 使用 regex_match() 匹配整个输入；9.4 节、9.4.2 节。
[21] 使用 regex_search() 在一个输入流中搜索模式；9.4.1 节。
[22] 可以调整正则表达式符号表示，来适应不同的标准；9.4.2 节。
[23] 默认的正则表达式符号表示是 ECMAScript 中所采用的表示法；9.4.2 节。
[24] 使用正则表达式要注意节制，它很容易变成一种只写语言；9.4.2 节。
[25] 注意，\i 符号允许你用之前的子模式来描述后面的一个子模式；9.4.2 节。
[26] 使用 ? 令模式的匹配采用"懒惰"策略；9.4.2 节。
[27] 用 regex_iterator 来遍历一个流，在其中查找给定模式；9.4.3 节。

第 10 章

A Tour of C++, Second Edition

输入输出

> 所见即所得。
> ——布莱恩·W. 柯林汉

- 引言
- 输出
- 输入
- I/O 状态
- 用户自定义类型的 I/O
- 格式化
- 文件流
- 字符串流
- C 风格 I/O
- 文件系统
- 建议

10.1 引言

I/O 流库提供了文本和数值的输入输出功能，这种输出是带缓冲的，可以是格式化的，也可以是未格式化的。

`ostream` 对象将有类型的对象转换为一个字符（字节）流。

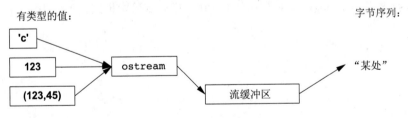

`istream` 对象将一个字符（字节）流转换为有类型的对象。

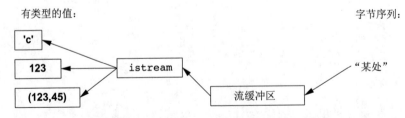

`ostream` 和 `istream` 上的操作将在 10.2 节和 10.3 节介绍。这些操作都是类型安全且类型敏感的，都能扩展以便处理用户自定义类型（参见 10.5 节）。

其他形式的用户交互，如图形化 I/O，是通过相应的库来进行处理的。这些库并不是 ISO 标准库的一部分，因此本书并未涉及。

标准库流可用于二进制 I/O，用于不同字符类型，用于不同区域设置，也可使用高级缓冲策略，但这些主题已经超出了本书的范围。

标准库流还可用于对 `std::string` 进行输入输出（参见 10.3 节）、对 string 缓冲区进行格式化输入输出（参见 10.8 节）以及进行文件 I/O（参见 10.10 节）。

所有 I/O 流类都有析构函数，用来释放拥有的所有资源（如缓冲区和文件句柄）。即，它们都是"资源获取即初始化"（RAII，参见 5.3 节）的例子。

10.2 输出

在 `<ostream>` 中，I/O 流库为所有内置类型都定义了输出操作。而且，为用户自定义类型定义输出操作也是很简单的（参见 10.5 节）。运算符 `<<`（"放入"）是输出运算符，作用于 ostream 类型的对象；cout 是标准输出流，cerr 是报告错误的标准流。默认情况下，写到 cout 的值被转换为一个字符序列。例如，为了输出十进制数 10，可编写函数如下：

```
void f()
{
    cout << 10;
}
```

此代码将字符 1 放到标准输出流中，接着又放入字符 0。

另一种等价的写法是：

```
void g()
{
    int x {10};
    cout << x;
}
```

不同类型值的输出可以用一种很直观的方式组合在一起：

```
void h(int i)
{
    cout << "the value of i is ";
    cout << i;
    cout << '\n';
}
```

调用 h(10) 会输出：

the value of i is 10

如果像上面这样输出多个相关的项，你肯定很快就厌倦了不断重复输出流的名字。幸运的是，输出表达式的结果是输出流的引用，因此可用来继续进行输出，例如：

```
void h2(int i)
{
    cout << "the value of i is " << i << '\n';
}
```

h2() 的输出结果与 h() 完全一样。

字符常量就是被单引号包围的一个字符。注意，输出一个字符的结果就是其字符形式，而不是其数值。例如：

```
void k()
{
    int b = 'b';        // 注意：char 隐式转换为 int
    char c = 'c';
    cout << 'a' << b << c;
}
```

字符 'b' 的整数值是 98（我所使用的 C++ 实现中的 ASCII 编码值），因此这个函数的输出结果为 a98c。

10.3 输入

在 `<istream>` 中，标准库提供了 `istream` 来实现输入。与 `ostream` 类似，`istream` 处理内置类型的字符串表示形式，并能轻松地扩展对用户自定义类型的支持。

运算符 `>>`（"从…获取"）实现输入功能；`cin` 是标准输入流。`>>` 右侧的运算对象决定了输入什么类型的值，以及输入的值保存在哪里。例如：

```
void f()
{
    int i;
    cin >> i;           // 读取一个 int 保存在 i 中

    double d;
    cin >> d;           // 读取一个双精度浮点数保存在 d 中
}
```

这段代码从标准输入读取一个数，如 1234，保存在整型变量 i 中。然后读取一个浮点数，如 12.34e5，保存在双精度浮点型变量 d 中。

类似于输出操作，输入操作也可以链接起来，所以上面的代码也可等价写成：

```
void f()
{
    int i;
    double d;
    cin >> i >> d;      // 读入到 i 和 d 中
}
```

两段代码执行的时候，都是在读到非数字字符时终止整型数的读取。默认情况下，`>>` 会跳过起始的空白符，因此一个完整输入序列可能是下面这样的：

```
1234
12.34e5
```

我们常常要读取一个字符序列，最简单的方法是读入一个 `string`。例如：

```
void hello()
{
    cout << "Please enter your name\n";
    string str;
    cin >> str;
    cout << "Hello, " << str << "!\n";
}
```

如果你键入 Eric，程序将回应：

Hello, Eric!

默认情况下，空白符，如空格或换行，会终止输入。因此，如果你键入 Eric Bloodaxe 冒充不幸的约克王，程序的回应仍会是：

Hello, Eric!

你可以用函数 getline() 来读取一整行（包括结束的换行符），例如：

```
void hello_line()
{
    cout << "Please enter your name\n";
    string str;
    getline(cin,str);
    cout << "Hello, " << str << "!\n";
}
```

运行这个程序，再输入 Eric Bloodaxe 就会得到想要的输出：

Hello, Eric Bloodaxe!

行尾的换行符被丢弃掉了，因此接下来从 cin 输入会从下一行开始。

使用格式化的 I/O 操作一般来说更不容易出错、更高效且比逐个处理字符的代码更简洁。特别是，istream 会注意内存管理和范围检查。我们可以使用 stringstream 来进行对内存的格式化输入输出（参见 10.8 节）。

标准库字符串有一个很好的性质——可以自动扩充空间来容纳你存入的内容。这样，你就无须预先计算所需的最大空间。因此，即使你键入几兆字节的分号，上述程序也能正确地执行，回应给你几页分号。

10.4　I/O 状态

每个 iostream 都有其状态，我们可以检查此状态来判断流操作是否成功。流状态最常见的应用是读取值序列：

```
vector<int> read_ints(istream& is)
{
    vector<int> res;
    for (int i; is>>i; )
        res.push_back(i);
    return res;
}
```

这段代码从 is 读取整型值，直至遇到非整型值的内容（通常是输入结束）。这段代码的关键是 is>>i 操作返回一个指向 is 的引用，如果流已准备好进行下一个操作，则检验 iostream 对象（如 is）的结果为 true。

一般来说，I/O 状态包含了读写所需的所有信息，例如格式化信息（参见 10.6 节）、错误状态（如，是否已到达输入结束？）以及使用了何种缓冲等。特别是，一个用户可以设置状态，来表示发生了错误（参见 10.5 节），也可清除状态来表示错误不严重。例如，想象一个新版的 read_ints()，它接受结束字符串：

```
vector<int> read_ints(istream& is, const string& terminator)
{
    vector<int> res;
    for (int i; is >> i; )
        res.push_back(i);

    if (is.eof())              // 很好：到达文件尾
        return res;

    if (is.fail()) {           // 读取 int 失败，它是结束符吗？
        is.clear();            // 重置状态为 good()
        is.unget();            // 将非数字字符退回流中
        string s;
        if (cin>>s && s==terminator)
            return res;
        cin.setstate(ios_base::failbit);    // 将 fail() 加入 cin 的状态
    }
    return res;
}

auto v = read_ints(cin,"stop");
```

10.5 用户自定义类型的 I/O

除了支持内置类型和标准库 `string` 的 I/O 之外，`iostream` 库还允许程序员为自己的类型定义 I/O 操作。例如，考虑一个简单的类型 `Entry`，我们用它来表示电话簿中的一项：

```
struct Entry {
    string name;
    int number;
};
```

我们可以定义一个简单的输出运算符，以类似初始化代码的形式 `{"name",number}` 来打印一个 `Entry`：

```
ostream& operator<<(ostream& os, const Entry& e)
{
    return os << "{\"" << e.name << "\", " << e.number << "}";
}
```

一个用户自定义的输出运算符接受它的输出流（的引用）为第一个实参，输出完毕后，返回此流的引用。

对应的输入运算符要复杂得多，因为它必须检查格式是否正确并处理错误：

```
istream& operator>>(istream& is, Entry& e)
    //读取 { "name", number } 对。注意，正确格式包含 { " "，和 }
{
    char c, c2;
    if (is>>c && c=='{' && is>>c2 && c2=='"') {    // 以一个 { " 开始
        string name;                               // string 的默认值是空字符串 ""
        while (is.get(c) && c!='"')                // " 之前的任何内容都是名字的一部分
            name+=c;

        if (is>>c && c==',') {
            int number = 0;
```

```
            if (is>>number>>c && c=='}') { // 读取数和一个 }
                e = {name,number};        // 读入的值赋予 Entry 对象
                return is;
            }
        }
    }
    is.setstate(ios_base::failbit);      // 将错误状态记录到流中
    return is;
}
```

输入操作返回它所操作的 `istream` 对象的引用, 可用来检测操作是否成功。例如, 当用作一个条件时, `is>>c` 表示 "我们从 `is` 读取一个 `char` 存入 `c` 的操作是否成功了?"

`is>>c` 默认跳过空白符, 而 `is.get(c)` 不会, 因此, 上面的 `Entry` 的输入运算符忽略 (跳过) 名字字符串外围的空白符, 但不会忽略其内部的空白符。例如:

```
{ "John Marwood Cleese", 123456          }
{"Michael Edward Palin", 987654}
```

可以用下面的代码从输入流读取这样的值对, 存入 `Entry` 对象中:

```
for (Entry ee; cin>>ee; )   // 从 cin 读取数据存入 ee
    cout << ee << '\n';     // 将 ee 的值写入 cout
```

则输出为:

```
{"John Marwood Cleese", 123456}
{"Michael Edward Palin", 987654}
```

请参考 9.4 节, 其中介绍了在字符流中识别模式的更系统的方法 (正则表达式匹配)。

10.6 格式化

`iostream` 库提供了很多操作来控制输入输出的格式。最简单的格式化控制方式就是所谓的操纵符 (manipulator), 它们定义在 `<ios>`、`<istream>`、`<ostream>` 和 `<iomanip>` (那些接受实参的操纵符) 中。例如, 我们可以以十进制 (默认格式)、八进制或十六进制格式来输出整数:

```
cout << 1234 << ',' << hex << 1234 << ',' << oct << 1234 << '\n';   // 打印 1234,4d2,2322
```

我们还可以显式设置浮点数的输出格式:

```
constexpr double d = 123.456;

cout << d << "; "                  // 用默认格式输出 d
     << scientific <<  d << "; "   // 用 1.123e2 风格输出 d
     << hexfloat <<  d << "; "     // 用十六进制输出 d
     << fixed << d << "; "         // 用 123.456 风格输出 d
     << defaultfloat << d << '\n'; // 用默认格式输出 d
```

这段代码会输出:

`123.456; 1.234560e+002; 0x1.edd2f2p+6; 123.456000; 123.456`

精度是一个整数, 在显示浮点数时用来确定数字位数:

- 一般格式 (general, `defaultfloat`) 会根据可用空间的大小选择能最好地显示给定

值的格式。精度指出最多显示多少位数字。
- 科学记数法（scientific）在小数点前显示一位数字，并显示一个指数。精度指出在小数点后最多显示多少位数字。
- 定点（fixed）格式显示整数部分、小数点和小数部分。精度指出在小数点后最多显示多少位数字。

浮点值在显示时会进行四舍五入而不是简单的截断，而 precision() 不会影响整数输出。例如：

```
cout.precision(8);
cout << 1234.56789 << ' ' << 1234.56789 << ' ' << 123456 << '\n';

cout.precision(4);
cout << 1234.56789 << ' ' << 1234.56789 << ' ' << 123456 << '\n';
cout << 1234.56789 << '\n';
```

输出结果为：

```
1234.5679 1234.5679 123456
1235 1235 123456
1235
```

这些操纵符都是"黏性的"，即，其设置在后续的浮点值输出中会一直有效。

10.7 文件流

在 `<fstream>` 中，标准库提供了从文件读取数据以及向文件写入数据的流：
- `ifstream` 用于从文件读取数据。
- `ofstream` 用于向文件写入数据。
- `fstream` 用于读写文件。

例如：

```
ofstream ofs {"target"};          // o 表示输出
if (!ofs)
    error("couldn't open 'target' for writing");
```

我们通常通过检查流的状态来检验文件流是否正确打开：

```
ifstream ifs {"source"};          // i 表示输入
if (!ifs)
    error("couldn't open 'source' for reading");
```

假定检验成功，`ofs` 就可以像普通 `ostream` 一样使用（就像 `cout`），`ifs` 就可以像普通 `istream` 一样使用（就像 `cin`）。

文件定位和更细致的控制文件打开的方式都是可以做到的，但已超出了本书的范围。
文件名的组成和文件系统操作的相关内容请参见 10.10 节。

10.8 字符串流

在 `<sstream>` 中，标准库提供了从 string 读取数据以及向 string 写入数据的流：
- `istringstream` 用于从 string 读取数据。
- `ostringstream` 用于向 string 写入数据。
- `stringstream` 用于读写 string。

例如：
```
void test()
{
    ostringstream oss;

    oss << "{temperature," << scientific << 123.4567890 << "}";
    cout << oss.str() << '\n';
}
```

`istringstream` 中的内容可以通过调用 `str()` 成员来获取。`ostringstream` 一个最常见的用途是先通过它对输出内容进行格式化，然后再将得到的字符串输出到 GUI。类似地，对于从 GUI 接收到字符串，可以将其放入 `istringstream` 中，然后通过它进行格式化输入（参见 10.3 节）。

`stringstream` 既可用于读，也可用于写。例如，我们可以定义一个操作，在两种都具有 `string` 表示的类型间进行转换：

```
template<typename Target =string, typename Source =string>
Target to(Source arg)              // 将 Source 转换为 Target
{
    stringstream interpreter;
    Target result;

    if (!(interpreter << arg)          // 将 arg 写入流
        || !(interpreter >> result)    // 从流读取结果
        || !(interpreter >> std::ws).eof())  // 流中还有剩余内容吗？
            throw runtime_error{"to<>() failed"};

    return result;
}
```

只有当函数模板实参无法推断出来，或是没有默认值时，我们才需要显式指定它（参见 7.2.4 节），因此可以编写下面的代码：

```
auto x1 = to<string,double>(1.2);  // 完全显式的（但也是啰嗦的）
auto x2 = to<string>(1.2);         // Source 被推断为 double
auto x3 = to<>(1.2);               // Target 的默认值为 string; Source 被推断为 double
auto x4 = to(1.2);                 // <> 是冗余的；
                                   // Target 的默认值为 string; Source 被推断为 double
```

如果所有的函数模板实参都使用默认值，则 `<>` 可以省略。

我认为这是一个很好的例子，展示了通过组合语言特性和标准库设施来实现代码的通用性和易用性。

10.9 C 风格 I/O

C++ 标准库还支持 C 标准库 I/O，包括 `printf()` 和 `scanf()`。这些库设施的很多使用从类型和安全性的角度来看是不安全的，因此不建议使用它们。特别是，进行安全、便捷的输入是很困难的。C 风格 I/O 不支持用户自定义类型。如果你不使用 C 风格 I/O 而且关心 I/O 性能，可以调用

```
ios_base::sync_with_stdio(false);      // 避免严重的额外开销
```

不进行这个调用，`iostream` 会因为与 C 风格 I/O 保持兼容而明显变慢。

10.10 文件系统

大多数系统都有文件系统（file system）的概念，它提供对保存为文件（file）的永久信息的访问机制。不幸的是，文件系统的属性和操纵文件系统的方式在不同系统中差异巨大。为了解决这个问题，`<filesystem>` 中的文件系统库为大多数文件系统中的大多数设施提供了一个一致的接口。使用 `<filesystem>`，我们可以以可移植的方式

- 表达文件系统路径以及在文件系统中导航
- 检查文件类型及其关联的权限

文件系统库可以处理万国码（unicode），但具体方法已经超出了本书范围。推荐感兴趣的读者进一步阅读 C++ 参考手册 [Cppreference] 和 Boost 文件系统文档 [Boost] 获取更细节的内容。

下面考虑一个例子：

```
path f = "dir/hypothetical.cpp";    // 命名一个文件

assert(exists(f));        // f 必须存在

if (is_regular_file(f))   // f 是一个普通文件吗？
    cout << f << " is a file; its size is " << file_size(f) << '\n';
```

注意，操纵文件系统的程序通常是在一台计算机上与其他程序一起运行的。因此，文件系统的内容在两个命令之间可能发生改变。例如，即使我们首先小心地断言 `f` 必须存在，但在下一行询问 `f` 是否是一个普通文件时，它完全可能已经不存在了。

`path` 是一个相当复杂的类，它能够处理本地字符集和很多操作系统的规范。特别是，它可以处理由 `main()` 呈现的来自命令行的文件名，例如：

```
int main(int argc, char* argv[])
{
    if (argc < 2) {
        cerr << "arguments expected\n";
        return 1;
    }

    path p {argv[1]};    // 从命令行创建一个 path

    cout << p << " " << exists(p) << '\n';    // 注意：path 可以像 string 一样打印
    // ...
}
```

`path` 的有效性直到使用时才会检查。即使这样，其有效性也依赖于程序所运行的系统的规范。

一个 `path` 自然可用来打开一个文件：

```
void use(path p)
{
    ofstream f {p};
    if (!f) error("bad file name: ", p);
    f << "Hello, file!";
}
```

除了 `path`，`<filesystem>` 还提供了遍历目录和查询文件属性的类型。

文件系统类型（部分）	
path	目录路径
filesystem_error	文件系统异常
directory_entry	目录项
directory_iterator	用于遍历一个目录
recursive_directory_iterator	用于遍历一个目录及其子目录

考虑一个简单但并非完全不真实的例子：

```
void print_directory(path p)
try
{
    if (is_directory(p)) {
        cout << p << ":\n";
        for (const directory_entry& x : directory_iterator{p})
            cout << "    " << x.path() << '\n';
    }
}
catch (const filesystem_error& ex) {
    cerr << ex.what() << '\n';
}
```

字符串可以隐式转换为 `path`，因此我们可以像下面这样使用 `print_directory()`：

```
void use()
{
    print_directory(".");   // 当前目录
    print_directory("..");  // 父目录
    print_directory("/");   // Unix 根目录
    print_directory("c:");  // Windows 卷 C

    for (string s; cin>>s; )
        print_directory(s);
}
```

假如我还想列出子目录，我就会使用 `recursive directory_iterator{p}`。假如我想按字典序打印目录项，我就会将那些 `path` 拷贝到一个 `vector` 中，并在打印前排序。

类 `path` 提供了很多常见和有用的操作。

路径操作（部分）p 和 p2 都是 path	
value_type	用于文件系统本地编码的字符类型：在 POSIX 中是 char，在 Windows 中是 wchar_t
string_type	std::basic_string<value_type>
const_iterator	一个 const 双向迭代器，value_type 为 path
Iterator	const_iterator 的别名
p=p2	将 p2 赋予 p
p/=p2	用文件名分隔符（默认是 /）将 p 和 p2 连接起来
p+=p2	将 p 和 p2 连接起来（不用分隔符）
p.native()	p 的本地格式
p.string()	p 的本地格式的字符串表示

路径操作（部分）p 和 p2 都是 path	
p.generic_string()	p 的一般格式的字符串表示
p.filename()	p 的文件名部分
p.stem()	p 的主干部分
p.extension()	p 的文件扩展名部分
p.begin()	p 的元素序列的开始
p.end()	p 的元素序列的结束
p==p2, p!=p2	p 和 p2 的相等、不相等判定
p<p2, p<=p2, p>p2, p>=p2	字典序比较
is>>p, os<<p	p 上的流 I/O
u8path(s)	从一个 UTF-8 编码的源 s 构造路径

例如：

```
void test(path p)
{
    if (is_directory(p)) {
        cout << p << ":\n";
        for (const directory_entry& x : directory_iterator(p)) {
            const path& f = x;    // 指向目录条目的路径部分
            if (f.extension() == ".exe")
                cout << f.stem() << " is a Windows executable\n";
            else {
                string n = f.extension().string();
                if (n == ".cpp" || n == ".C" || n == ".cxx")
                    cout << f.stem() << " is a C++ source file\n";
            }
        }
    }
}
```

我们可将 path 作为字符串使用（如 f.extension()），也可从 path 中提取不同类型的字符串（如 f.extension().string()）。

注意，命名规范、自然语言和字符串编码都很复杂。文件系统库抽象在这些方面提供了可移植性和极大的简化。

文件系统操作（部分）	
p、p1 和 p2 是 path；e 是一个 error_code；b 是一个布尔值，指示成功或失败	
exists(p)	p 指向一个存在的文件系统对象吗？
copy(p1,p2)	从 p1 向 p2 拷贝文件或目录；通过异常报告错误
copy(p1,p2,e)	拷贝文件或目录；通过错误码报告错误
b=copy_file(p1,p2)	从 p1 向 p2 拷贝文件内容；通过异常报告错误
b=create_directory(p)	创建一个名为 p 的新目录；路径 p 上的所有中间目录都必须存在
b=create_directories(p)	创建一个名为 p 的新目录；创建路径 p 上的所有中间目录
p=current_path()	将当前工作目录赋予 p
current_path(p)	令 p 成为当前工作目录
s=file_size(p)	s 为 p 中字节数
b=remove(p)	如果 p 是一个文件或一个空目录，删除它

很多操作都有接受额外实参（例如操作系统权限）的重载版本。这方面内容已经远远超出了本书范围，如果你需要使用这些操作，可查阅相关资料。

类似 `copy()`，所有的操作都有两个版本：
- 基本版本列在表中，如 `exists(p)`。如果操作失败，这个版本的函数会抛出 `filesystem_error`。
- 带额外 `error_code` 实参的版本，如 `exists(p,e)`。使用这个版本时，通过检查 e 来判断操作是否成功。

当正常情况下预计操作会频繁失败时，我们使用错误码，而当错误是例外情况时，使用抛出异常的操作。

通常，使用查询函数是检查文件属性的最简单也是最直接的方法。`<filesystem>` 库了解一些类型的文件，而将其余文件归类为"其他"：

文件类型	
f 是一个 path 或一个 file_status	
`is_block_file(f)`	f 是一个块设备吗？
`is_character_file(f)`	f 是一个字符设备吗？
`is_directory(f)`	f 是一个目录吗？
`is_empty(f)`	f 是一个空文件或空目录吗？
`is_fifo(f)`	f 是一个命名管道吗？
`is_other(f)`	f 是其他类型的文件吗？
`is_regular_file(f)`	f 是一个正则（普通）文件吗？
`is_socket(f)`	f 是一个命名的 IPC 套接字吗？
`is_symlink(f)`	f 是一个符号链接吗？
`status_known(f)`	f 的文件状态已知吗？

10.11 建议

[1] `iostream` 是类型安全、类型敏感且易扩展的；10.1 节。
[2] 仅当迫不得已时才使用字符级别的输入；10.3 节；[CG: SL.io.1]。
[3] 当读取数据时，总是要考虑不规范的输入；10.3 节；[CG: SL.io.2]。
[4] 避免使用 `endl`（如果你不知道 `endl` 是什么，你什么也没错过）；[CG: SL.io.50]。
[5] 如果用户自定义类型的值存在有意义的文本表示形式，我们可以为它定义 `<<` 和 `>>` 操作；10.1 节、10.2 节和 10.3 节。
[6] `cout` 用于标准输出，`cerr` 用于报告错误；10.1 节。
[7] 标准库提供了用于普通字符和宽字符的 `iostream`，而且你可以为任何字符类型定义 `iostream`；10.1 节。
[8] 标准库支持二进制 I/O；10.1 节。
[9] 标准库提供了用于标准 I/O 流、文件和 `string` 的标准 `iostream`；10.2 节、10.3 节、10.7 节和 10.8 节。
[10] 将 `<<` 操作链接起来可以简化输出语句；10.2 节。
[11] 将 `>>` 操作链接起来可以简化输入语句；10.3 节。
[12] 不断读取输入存入 `string` 中不会导致溢出；10.3 节。

[13] 默认情况下 >> 会跳过起始空白符；10.3 节。
[14] 使用流状态 fail 处理可恢复的 I/O 错误；10.4 节。
[15] 你可以为自己的类型定义 << 和 >> 运算符；10.5 节。
[16] 你无须修改 istream 和 ostream 来添加新的 << 和 >> 运算符；10.5 节。
[17] 使用操纵符控制格式；10.6 节。
[18] precision() 说明对后续浮点输出操作一直有效；10.6 节。
[19] 浮点格式说明（如 scientific）对后续浮点输出操作一直有效；10.6 节。
[20] 当使用标准操纵符时使用 #include <ios>；10.6 节。
[21] 当使用接受实参的标准操纵符时使用 #include <iomanip>；10.6 节。
[22] 不要试图拷贝一个文件流。
[23] 在使用一个文件流之前，记得检查它是否附于某个文件上；10.7 节。
[24] 若在内存中进行 I/O 格式化，使用 stringstream；10.8 节。
[25] 对任意两种类型，只要它们都有字符串表示形式，你就可以为它们定义类型转换操作；10.8 节。
[26] C 风格 I/O 不是类型安全的；10.9 节。
[27] 除非你使用 printf 函数家族，否则应调用 ios_base::sync_with_stdio(false)；10.9 节；[CG: SL.io.10]。
[28] 优先选择 <filesystem> 来直接使用特定的操作系统接口；10.10 节。

第 11 章

A Tour of C++, Second Edition

容　　器

> 它新颖、独一无二、简单，它必须成功！
>
> ——H. 尼尔森

- 引言
- vector
  元素；范围检查
- list
- map
- unordered_map
- 容器概述
- 建议

11.1　引言

大多数计算任务都会涉及创建值的集合然后对这些集合进行操作。一个简单的例子是读取字符存入 string 中，然后打印这个 string。如果一个类的主要目的是保存对象，那么我们通常称之为容器（container）。对给定的任务提供合适的容器及其上有用的基本操作，是构建任何程序的重要步骤。

下面通过一个简单示例程序来介绍标准库容器，它保存名字和电话号码。这就是那种对不同背景的人都显得"简单而明显"的程序。我们用 10.5 节中的 Entry 类来保存一个电话簿表项。在本例中，我们特意忽略很多现实世界中的复杂因素，例如，很多电话号码并不能用一个 32 位 int 来简单表示。

11.2　vector

最有用的标准库容器当属 vector。一个 vector 就是一个给定类型元素的序列，元素在内存中是连续存储的。一个典型的 vector 实现（参见 4.2.2 节和 5.2 节）会包含一个句柄，它保存指向首元素的指针，还会包含一个指向尾后元素的指针以及一个指向尾后空间的指针（参见 12.1 节）（或者是等价的一个指针外加一个偏移量）。

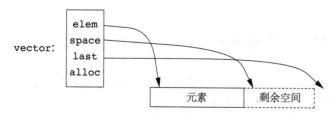

除了这些成员之外，vector 还会包含一个分配器（在本例中是 alloc），vector 通过它为自己的元素获取内存空间。默认的分配器使用 new 和 delete 获取和释放内存（参见

13.6 节)。

我们可以用一组值来初始化 vector，当然，值的类型应是 vector 的元素类型：

```
vector<Entry> phone_book = {
    {"David Hume",123456},
    {"Karl Popper",234567},
    {"Bertrand Arthur William Russell",345678}
};
```

我们可以通过下标运算符访问元素。因此，假定已为 Entry 定义了 <<，则可编写如下代码：

```
void print_book(const vector<Entry>& book)
{
    for (int i = 0; i!=book.size(); ++i)
        cout << book[i] << '\n';
}
```

照例，下标从 0 开始，因此 book[0] 保存的是 David Hume 的表项。vector 的成员函数 size() 返回元素的数目。

一个 vector 的元素构成了一个范围，因此可以对其使用范围 for 循环（参见 1.7 节）：

```
void print_book(const vector<Entry>& book)
{
    for (const auto& x : book)     // 关于 "auto"，参见 1.4 节
        cout << x << '\n';
}
```

当定义一个 vector 时，给定它一个初始大小（初始的元素数目）：

```
vector<int> v1 = {1, 2, 3, 4};     // 大小为 4
vector<string> v2;                  // 大小为 0
vector<Shape*> v3(23);              // 大小为 23；元素初值：nullptr
vector<double> v4(32,9.9);          // 大小为 32；元素初值：9.9
```

我们可以在一对儿圆括号中显式地给出 vector 大小，如 (23)。默认情况下，元素被初始化为其类型的默认值（例如，指针初始化为 nullptr，整数初始化为 0）。如果你不想要默认值，你可以通过构造函数的第二个实参来指定一个值（例如，将 v4 的 32 个元素初始化为 9.9）。

vector 的初始大小随着程序的执行可以被改变。vector 最常用的一个操作就是 push_back()，它向 vector 末尾追加一个新元素，从而将 vector 的规模增大 1。例如，假定我们已为 Entry 定义了 >>，则可编写如下代码：

```
void input()
{
    for (Entry e; cin>>e; )
        phone_book.push_back(e);
}
```

这段程序从标准输入读取 Entry，保存到 phone_book 中，直至遇到输入结束标识（如文件尾）或是输入操作遇到一个格式错误。

标准库 vector 的实现方式使得不断调用 push_back() 来扩张 vector 会很高效。为了说明如何做到这一点，考虑一个精心设计的简单 Vector 类（参见第 4 章和第 6 章），

它使用了上图所示的存储方式：

```
template<typename T>
class Vector {
    T* elem;            // 指向首元素的指针
    T* space;           // 指向第一个未用（也未初始化）位置的指针
    T* last;            // 指向最后一个存储位置的指针
public:
    // ...
    int size();                         // 元素数目（space-elem）
    int capacity();                     // Vector 的空间大小 (last-elem)
    // ...
    void reserve(int newsz);            // 将空间增大到 newsz
    // ...
    void push_back(const T& t);         // 将 t 拷贝到 Vector
    void push_back(T&& t);              // 将 t 移动到 Vector
};
```

标准库 `vector` 有 `capacity()`、`reserve()` 和 `push_back()` 等几个成员。`reserve()` 既被 `vector` 的用户使用，也会被 `vector` 的其他成员使用，它扩展空间来容纳更多元素。在此过程中，可能需要分配新的内存空间，并将现有元素拷贝到新空间中。

有了 `capacity()` 和 `reserve()`，实现 `push_back()` 就很简单了：

```
template<typename T>
void Vector<T>::push_back(const T& t)
{
    if (capacity()<size()+1)                // 确保有空间能容纳 t
        reserve(size()==0?8:2*size());      // 将空间扩张一倍
    new(space) T{t};                        // 将 *space 初始化为 t
    ++space;
}
```

这样，分配空间和迁移元素的频率就很低了。我曾习惯使用 `reserve()` 来试图提高性能，但事实证明这是浪费精力：`vector` 所使用的启发式策略平均来看是优于我的估计的，因此我现在只有在使用元素指针时才用 `reserve()` 来避免迁移元素。

在赋值和初始化时，`vector` 可以被拷贝。例如：

`vector<Entry> book2 = phone_book;`

如 5.2 节所述，`vector` 的拷贝和移动是通过构造函数和赋值运算符实现的。`vector` 的赋值过程中会拷贝其中的元素。因此，在 book2 初始化完成后，它和 phone_book 各自保存电话簿每个 `Entry` 的一份拷贝。当一个 `vector` 包含很多元素时，这样一个看起来无害的赋值或初始化操作可能非常耗时。当拷贝并非必要时，应该使用引用或指针（参见 1.7 节）或是移动操作（参见 5.2.2 节）。

标准库 `vector` 很灵活、很高效。你应将它作为默认容器，即，除非你有充分的理由使用其他容器，否则应使用 `vector`。如果你的理由是"效率"，请进行性能测试——我们关于容器使用性能的直觉通常是很不可靠的。

11.2.1 元素

类似所有标准库容器，`vector` 是某种类型为 T 的元素的容器，即 `vector<T>`。几乎任何类型都可以作为元素类型：内置数值类型（如 `char`、`int` 和 `double`）、用户自定义类型（如 `string`、`Entry`、`list<int>` 和 `Matrix<double, 2>`）以及指针类型（如 `const char *`、`Shape *` 和 `double *`）。当你插入一个新元素时，它的值被拷贝到容器中。例如，当你将一个整型值 7 存入容器，结果元素确实就是一个值为 7 的整型对象，而不是指向某个整型对象 7 的引用或指针。这样的策略促成了精巧、紧凑、访问快速的容器。对于在意内存大小和运行时性能的人，这是非常关键的。

如果你有一个类层次（参见 4.5 节），它可依赖 `virtual` 函数获得多态性，就不应在容器中直接保存对象，而应保存对象的指针（或智能指针，参见 13.2.1 节）。例如：

```
vector<Shape> vs;                    // 不要这样——空间不足以容纳一个 Circle 或 Smiley
vector<Shape*> vps;                  // 好一些，但参见 4.5.3 节
vector<unique_ptr<Shape>> vups;      // 正确
```

11.2.2 范围检查

标准库 `vector` 并不进行范围检查。例如：

```
void silly(vector<Entry>& book)
{
    int i = book[book.size()].number;    // book.size() 越界
    // ...
}
```

这个初始化操作有可能将某个随机值存入 `i` 中，而不是产生一个错误。这并不是我们所需要的，而这种越界错误又是常见的问题。因此，我通常使用 `vector` 的一个简单改进版本，它增加了范围检查：

```
template<typename T>
class Vec : public std::vector<T> {
public:
    using vector<T>::vector;             // 使用 vector 的构造函数（但名字是 Vec）

    T& operator[](int i)
        { return vector<T>::at(i); }     // 范围检查

    const T& operator[](int i) const
        { return vector<T>::at(i); }     // 范围检查常量版本，参见 4.2.1 节
};
```

`Vec` 继承了 `vector` 除下标运算符之外的所有内容，它重定义了下标运算符来进行范围检查。`vector` 的 `at()` 操作也完成下标操作，但它会在参数越界时抛出一个类型为 `out_of_range` 的异常（参见 3.5.1 节）。

对于 `Vec`，越界访问会抛出一个用户可捕获的异常，例如：

```
void checked(Vec<Entry>& book)
{
    try {
        book[book.size()] = {"Joe",999999};    // 会抛出一个异常
        // ...
    }
    catch (out_of_range&) {
        cerr << "range error\n";
    }
}
```

这段程序会抛出一个异常，然后将其捕获（参见 3.5.1 节）。如果用户不捕获异常，程序

会以一种明确定义的方式退出，而不是继续执行或是以一种未定义的方式失败。一种尽量减小未捕获异常带来的问题的方法是使用以 try 块作为 main() 函数的函数体。例如：

```
int main()
try {
    // 你的代码
}
catch (out_of_range&) {
    cerr << "range error\n";
}
catch (...) {
    cerr << "unknown exception thrown\n";
}
```

这段代码提供了默认的异常处理程序，这样，当我们未能成功捕获某个异常时，就会在标准错误流 cerr 上打印一条错误信息（参见 10.2 节）。

为什么 C++ 标准不保证类型检查呢？因为很多性能关键的应用都使用了 vector，而检查所有下标操作会导致 10% 左右的额外开销。显然，代价可能会随着硬件、优化器以及应用对下标操作的使用情况而显著变化。但是，经验显示这种额外开销可能会导致人们优先选择更不安全的内置数组，甚至仅仅是担心这种额外开销就会导致不再使用它。至少 vector 很容易在调试的时候进行范围检查，我们也能在不做检查的默认版本上构造进行检查的版本。某些 C++ 实现对 vector 提供了带范围检查的版本（例如，作为编译器选项），省去了你定义 Vec（或等价的东西）的烦恼。

范围 for 能避免范围错误且没有额外开销，因为它是利用迭代器访问范围 [begin():end())。只要迭代器参数是合法的，标准库算法也能同样避免范围错误。

如果你在代码中直接使用 vector::at()，就不再需要我的 Vec 变通方法了。而且，一些标准库本身就具有带范围检查的 vector 实现，可以提供比 Vec 更彻底的检查。

11.3 list

标准库提供了一个名为 list 的双向链表：

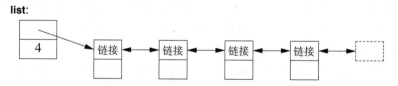

如果希望在一个序列中添加、删除元素而无须移动其他元素，则应使用 list。对电话簿应用而言，插入和删除操作可能很频繁，因此 list 可能适合保存电话簿。例如：

```
list<Entry> phone_book = {
    {"David Hume",123456},
    {"Karl Popper",234567},
    {"Bertrand Arthur William Russell",345678}
};
```

当我们使用一个链表时，通常并不是想要像使用向量那样使用它，即，不会用下标操作访问链表元素，而是想进行"在链表中搜索具有给定值的元素"这类操作。为了完成这样的操作，我们可以利用"list 是序列"这样的事实（如第 12 章所述）：

```
int get_number(const string& s)
{
    for (const auto& x : phone_book)
        if (x.name==s)
            return x.number;
    return 0;   // 用 0 表示"未找到所需值"
}
```

这段代码从链表头开始搜索 s，直至找到 s 或到达 phone_book 的末尾。

我们有时需要在 list 中定位一个元素。例如，我们可能想删除这个元素或是在这个元素之前插入一个新元素。为此，我们需要使用迭代器（iterator）：一个 list 迭代器指向 list 中的一个元素，可用来遍历（iterate through）list（因此得名）。每个标准库容器都提供 begin() 和 end() 函数，分别返回一个指向首元素的迭代器和一个指向尾后位置的迭代器（参见第 12 章）。我们可以改写函数 get_number()，显式使用迭代器遍历 list，这个版本显然不那么优雅：

```
int get_number(const string& s)
{
    for (auto p = phone_book.begin(); p!=phone_book.end(); ++p)
        if (p->name==s)
            return p->number;
    return 0;   // 用 0 表示"未找到所需值"
}
```

范围 for 版本更简练、更不容易出错，但实际上，迭代器版本差不多就是编译器最终实现范围 for 的方式。给定一个迭代器 p，*p 表示它所指向的元素，++p 令 p 指向下一个元素，而当 p 指向一个类，该类有一个成员 m 时，p->m 等价于 (*p).m。

向一个 list 中添加元素以及从一个 list 中删除元素都很简单：

```
void f(const Entry& ee, list<Entry>::iterator p, list<Entry>::iterator q)
{
    phone_book.insert(p,ee);    // 将 ee 添加到 p 指向的元素之前
    phone_book.erase(q);        // 删除 q 指向的元素
}
```

对于一个 list，insert(p,elem) 将一个新元素插入到 p 指向的元素之前，新元素的值是 elem 的一份拷贝。p 可以是指向 list 尾后位置的迭代器。相反，erase(p) 从 list 中删除 p 指向的元素并销毁它。

上面这些 list 的例子都可以写成等价的使用 vector 的版本，而且令人惊讶（除非你了解机器的体系结构）的是，当数据量较小时，vector 版本的性能会优于 list 版本。当我们想要的不过是一个元素序列时，我们可以在 vector 和 list 之间选择。除非你有充分的理由选择 list，否则就应该使用 vector。vector 无论是遍历（如 find() 和 count()）性能还是排序和搜索（如 sort() 和 equal_range()，参见 12.6 节和 13.4.3 节）性能都优于 list。

标准库还提供了一种名为 forward_list 的单向链表：

forward_list:

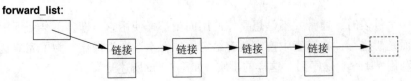

forward_list 与 list 的不同之处在于前者只允许向前遍历。其真正的目的是节省空间。在每个链接中无须保存指向前驱结点的指针，一个空 forward_list 只有一个指针大小。forward_list 甚至不保存其元素数目。如果你需要元素数目，可以自行计数。如果你不能承受计数操作的开销，那么可能就不应使用 forward_list 了。

11.4 map

编写程序，在一个（名字，数值）对的列表中查找给定名字是一项很烦人的工作。而且，除非列表很短，顺序搜索是非常低效的。标准库提供了一个名为 map 的平衡二叉搜索树（红黑树）。

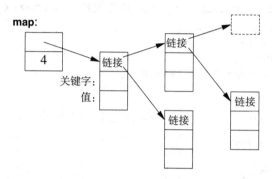

map 也被称为关联数组或字典，用平衡二叉树实现。

标准库 map 是值对的容器，经过特殊优化来提高搜索性能。我们可以像初始化 vector 和 list 那样初始化 map（参见 11.2 和 11.3 节）：

```
map<string,int> phone_book {
    {"David Hume",123456},
    {"Karl Popper",234567},
    {"Bertrand Arthur William Russell",345678}
};
```

map 也支持下标操作，给定的下标值应该是 map 的第一个类型（称为关键字（key）），得到的结果是与关键字关联的值（应该是 map 的第二个类型，称为值或映射类型）。例如：

```
int get_number(const string& s)
{
    return phone_book[s];
}
```

换句话说，对 map 进行下标操作本质上是进行一次搜索。如果未找到 key，则向 map 插入一个新元素，它具有给定的 key，关联的值为 value 类型的默认值。在本例中，整数类型的默认值是 0，恰好是我用来表示无效电话号码的值。

如果希望避免将一个无效电话号码添加到电话簿中，就应该使用 find() 和 insert() 来代替 []。

11.5 unordered_map

搜索 map 的时间代价是 O(log(n))，n 是 map 中的元素数目。通常情况下，这样的性能非常好。例如，考虑一个包含一百万个元素的 map，我们只需执行 20 次比较和间接寻址操作即可找到元素。不过，在很多情况下，我们还可以做得更好，那就是使用哈希查找，而不是使用基于某种序函数的比较操作（如 <）。标准库哈希容器被称为"无序"容器，因为它们不需要一个序函数：

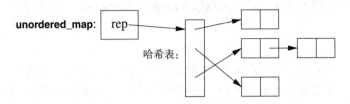

例如，我们可以使用 <unordered_map> 中定义的 unordered_map 来表示电话簿：

```
unordered_map<string,int> phone_book {
    {"David Hume",123456},
    {"Karl Popper",234567},
    {"Bertrand Arthur William Russell",345678}
};
```

类似于 map，我们也可以对 unordered_map 使用下标操作：

```
int get_number(const string& s)
{
    return phone_book[s];
}
```

标准库为 string 以及其他内置类型和标准库类型提供了默认的哈希函数。如必要，例如需要用无序容器保存自定义类型对象时，你可以定义自己的哈希函数（参见 5.4.6 节）。哈希函数通常以函数对象（参见 6.3.2 节）的形式提供。例如：

```
struct Record {
    string name;
    int product_code;
    // ...
};

struct Rhash {        // 为 Record 定义的哈希函数
    size_t operator()(const Record& r) const
    {
        return hash<string>()(r.name) ^ hash<int>()(r.product_code);
    }
};

unordered_set<Record,Rhash> my_set; // Record 的集合用 Rhash 进行搜索
```

设计一个好的哈希函数是一门艺术，有时需要所处理的数据的相关知识。用异或运算（^）组合已有哈希函数通常是一种很有效的构造新哈希函数的方式。

通过将 hash 操作定义为标准库的特例化版本，我们可以避免显式传递 hash 操作：

```
namespace std { // 为 Record 创建一个哈希函数

    template<> struct hash<Record> {
        using argument_type = Record;
        using result_type = std::size_t;
```

```
            size_t operator()(const Record& r) const
            {
                return hash<string>()(r.name) ^ hash<int>()(r.product_code);
            }
        };
    }
```

注意 map 和 unordered_map 的不同之处:
- map 要求一个序函数（默认为 <）并生成一个有序序列。
- unordered_map 要求一个哈希函数且不维护其元素的序。

给定一个好的哈希函数，对于大容器 unordered_map 要远快于 map。但是，如果使用了一个糟糕的哈希函数，unordered_map 的最坏情况性能要远差于 map。

11.6 容器概述

标准库提供了一些最通用也最有用的容器类型，使得程序员能够根据应用需求选择最适合的容器。

标准库容器概述	
vector<T>	可变大小向量（11.2 节）
list<T>	双向链表（11.3 节）
forward_list<T>	单向链表
deque<T>	双端队列
set<T>	集合（只有关键字而没有值的 map）
multiset<T>	允许重复值的集合
map<K,V>	关联数组（11.4 节）
multimap<K,V>	允许重复关键字的 map
unordered_map<K,V>	采用哈希搜索的 map（11.5 节）
unordered_multimap<K,V>	采用哈希搜索的 multimap
unordered_set<T>	采用哈希搜索的 set
unordered_multiset<T>	采用哈希搜索的 multiset

无序容器针对关键字（通常是一个字符串）搜索进行了优化，这是通过使用哈希表来实现的。

容器都定义在名字空间 std 中，通过 <vector>、<list>、<map> 等头文件提供（参见 8.3 节）。此外，标准库还提供了容器适配器 queue<T>、stack<T> 和 priority_queue<T>。如果你需要使用这些特性，请查阅相关资料。标准库还提供了一些更特殊化的类容器的类型，如定长数组 array<T,N>（参见 13.4.1 节）和 bitset<N>（参见 13.4.2 节）。

从符号表示角度，不同标准库容器及其基本操作的设计是相似的。而且，同名操作对不同容器的含义是相同的。只要有意义且能高效实现，基本操作就会应用于每种容器:

标准库容器操作（部分）	
value_type	元素类型
p=c.begin()	p 指向 c 的首元素；cbegin() 返回指向 const 的迭代器
p=c.end()	p 指向 c 的尾后位置；cend() 返回指向 const 的迭代器
k=c.size()	k 为 c 中元素的数目
c.empty()	c 为空吗？

标准库容器操作（部分）	
k=c.capacity()	k 为 c 能容纳的元素数目（不分配新空间的前提下）
c.reserve(k)	令容量变为 k
c.resize(k)	令元素数目变为 k；如需要，添加值为 value_type{} 的元素
c[k]	c 的第 k 个元素；无范围检查
c.at(k)	c 的第 k 个元素；如果越界，抛出 out_of_range
c.push_back(x)	将 x 添加到 c 的末尾；将 c 的大小增大 1
c.emplace_back(a)	将 value_type{a} 添加到 c 的末尾；将 c 的大小增大 1
q=c.insert(p,x)	将 x 添加到 c 中 p 之前
q=c.erase(p)	从 c 中删除 p 处的元素
=	赋值
==, !=	c 的所有元素的相等性判定
<, <=, >, >=	字典序

这种符号表示和语义上的一致性使得程序员可以设计出与标准库容器在使用方式上非常相似的新的容器类型，范围检查向量 Vector（参见 3.5.2 节和第 4 章）就是一个例子。容器接口的一致性还使得我们可以设计与容器类型个体无关的算法。但是，凡事都有两面性，有优点就会有缺点。例如，下标操作和遍历 vector 的操作很高效也很简单。但另一方面，当我们在 vector 中插入或删除元素时，就需要移动元素，效率不佳，而 list 则恰好具有相反的特性。请注意，当序列较短，元素大小较小时，vector 通常比 list 更为高效（即便是 insert() 和 erase() 操作也是如此）。我推荐将标准库 vector 作为存储元素序列的默认类型：你除非有充分的理由，否则不要选择其他容器。

考虑单向链表 forward_list，这是一种为空序列特别优化过的容器（参见 11.3 节）。一个空 forward_list 只占用一个字，而一个空 vector 要占用三个字。空序列以及只有一两个元素的序列是极为常见和有用的。

放置操作，如 emplace_back()，接受的参数是元素构造函数所需的，它在容器中新分配的空间上构造对象，而不是将一个对象拷贝到容器中。例如，对 vector <pair<int,string>>，我们可编写如下代码：

```
v.push_back(pair{1,"copy or move"));    // 创建一个 pair 并将其移动到 v 中
v.emplace_back(1,"build in place");      // 在 v 中直接构造一个 pair
```

11.7 建议

[1] 一个标准库容器定义了一个序列；11.2 节。

[2] 标准库容器是资源管理器；11.2 节、11.3 节、11.4 节和 11.5 节。

[3] 将 vector 作为你的默认容器；11.2 节和 11.6 节；[CG: SL.con.2]。

[4] 对于简单的容器遍历，使用范围 for 循环或一对首/尾迭代器；11.2 节和 11.3 节。

[5] 使用 reverse() 避免指向元素的指针或迭代器失效；11.2 节。

[6] 在未经过测试的情况下，不要假定使用 reverse() 会带来性能收益；11.2 节。

[7] 使用容器及其 push_back() 和 resize() 操作，而不是使用数组和 realloc() 操作；11.2 节。

[8] 调整 vector 大小后，不要再使用旧迭代器；11.2 节。

[9] 不要假定 [ ] 有范围检查功能；11.2 节。

[10] 如果你需要确保进行范围检查，应使用 `at()` 操作；11.2 节；[CG: SL.con.3]。
[11] 使用范围 `for` 和标准库算法避免越界错误且不必付出代价；11.2.2 节。
[12] 向容器插入元素时，元素是被拷贝进容器的；11.2.1 节。
[13] 如要保持元素的多态行为，在容器中保存指针而非对象；11.2.1 节。
[14] 在 `vector` 上执行插入操作，如 `insert()` 和 `push_back()`，通常会异常高效；11.3 节。
[15] 对通常为空的序列，使用 `forward_list`；11.6 节。
[16] 当事关性能，不要相信你的直觉，应进行性能测试；11.2 节。
[17] `map` 通常用红黑树实现；11.4 节。
[18] `unordered_map` 是哈希表；11.5 节。
[19] 传递容器参数时，应传递引用，返回容器时，应返回值；11.2 节。
[20] 初始化一个容器时，采用 `()` 初始化值语法指定容器大小，使用 `{}` 初始化值语法给出元素列表；4.2.3 节和 11.2 节。
[21] 优先选择紧凑的、连续存储的数据结构；11.3 节。
[22] 遍历 `list` 的代价相对较高；11.3 节。
[23] 如果需要在大量数据中进行搜索操作，选择无序容器；11.5 节。
[24] 如果需要按顺序遍历容器中的元素，选择有序关联容器（如 `map` 和 `set`）；11.4 节。
[25] 若元素类型没有自然的顺序（如，没有合理的 `<` 运算符），选择无序容器；11.4 节。
[26] 通过实验来检查你设计的哈希函数是否令人满意；11.5 节。
[27] 使用异或运算组合（`^`）用于元素的标准哈希函数，这样设计出的哈希函数通常有较好的效果；11.5 节。
[28] 了解标准库容器，优先选择这些容器而不是自己实现的数据结构；11.6 节。

第 12 章

A Tour of C++, Second Edition

算 法

> 若无必要，勿增实体。
> ——威廉·奥卡姆

- 引言
- 使用迭代器
- 迭代器类型
- 流迭代器
- 谓词
- 算法概述
- 概念（C++20）
- 容器算法
- 并行算法
- 建议

12.1 引言

一个孤零零的数据结构，如一个链表或是一个向量，是没太大用处的。为了使用一个数据结构，我们还需要一些能对其进行基本访问的操作，如添加和删除元素的操作（就像为 list 和 vector 提供的那些操作）。而且，我们很少仅将对象保存在容器中了事，而是需要对它们进行排序、打印、抽取子集、删除元素、搜索对象等更复杂的操作。因此，标准库除了提供最常用的容器类型之外，还为这些容器提供了最常用的算法。例如，我们可以简单而高效地排序一个 Entry 的 vector，或是将所有不重复的 vector 元素拷贝到一个 list 中：

```
void f(vector<Entry>& vec, list<Entry>& lst)
{
    sort(vec.begin(),vec.end());                          // 用 < 确定元素的序
    unique_copy(vec.begin(),vec.end(),lst.begin());       // 不拷贝相邻的重复元素
}
```

这段代码能正确执行有一个前提：Entry 必须定义了小于运算符（<）和相等判定运算符（==）。例如：

```
bool operator<(const Entry& x, const Entry& y)   // 小于运算符
{
    return x.name<y.name;       // Entry 对象的序由它们的名字确定
}
```

标准库算法都描述为元素的（半开）序列上的操作。一个序列（sequence）由一对迭代器表示，它们分别指向首元素和尾后位置。

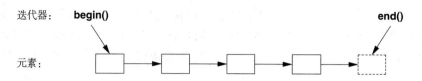

在本例中，迭代器对 vec.begin() 和 vec.end() 定义了一个序列（恰好就是 vector 中的所有元素），sort() 对此序列进行排序操作。为了写（输出）数据，你只需指明要写的第一个元素。如果写多个元素，则写入内容会覆盖起始元素之后的那些元素。因此，为了避免写入错误，lst 中已有元素至少应与 vec 中的不重复元素一样多。

如果我们希望将不重复元素存入一个新容器中，而不是覆盖一个容器中的旧元素，则可以这样编写程序：

```
list<Entry> f(vector<Entry>& vec)
{
    list<Entry> res;
    sort(vec.begin(),vec.end());
    unique_copy(vec.begin(),vec.end(),back_inserter(res));    // 追加到 res
    return res;
}
```

调用 back_inserter(res) 为 res 创建了一个迭代器，这种迭代器能将元素追加到容器末尾，在追加过程中可扩展容器空间来容纳新元素。这就使我们不必再预先分配一个足够容纳输出元素的空间，然后将它填满。这样，标准库容器加 back_inserter() 的方案就令我们不必再使用容易出错的 C 风格显式内存管理（使用 realloc()）。标准库 list 具有移动构造函数（参见 5.2.2 节），这使得以传值方式返回 res 也很高效（即使 list 中有数千个元素）。

如果你觉得 sort(vec.begin(),vec.end()) 这种使用迭代器对的代码太冗长，可以定义容器版本的算法，代码就能简化为 sort(vec)（参见 12.8 节）。

12.2 使用迭代器

对于一个容器，可获得一些指向有用元素的迭代器：begin() 和 end() 就是最好的例子。此外，很多算法也都返回迭代器。例如，标准库算法 find 在一个序列中查找一个值，返回指向找到元素的迭代器：

```
bool has_c(const string& s, char c)    // s 包含字符 c 吗？
{
    auto p = find(s.begin(),s.end(),c);
    if (p!=s.end())
        return true;
    else
        return false;
}
```

类似于很多标准库搜索算法，find 返回 end() 来指示"未找到"。Has_c() 还有一个更短的等价版本：

```
bool has_c(const string& s, char c)    // s 包含字符 c 吗？
{
    return find(s.begin(),s.end(),c)!=s.end();
}
```

一个更有意思的练习是在字符串中查找一个字符出现的所有位置。我们可以返回一个 `string` 迭代器的 `vector`，其中保存出现位置的集合。返回一个 `vector` 是很高效的，因为 `vector` 提供了移动语义（参见 5.2.1 节）。假定希望修改找到的位置，就应传递一个非 `const` 字符串：

```
vector<string::iterator> find_all(string& s, char c)    // 在 s 中查找 c 出现的所有位置
{
    vector<string::iterator> res;
    for (auto p = s.begin(); p!=s.end(); ++p)
        if (*p==c)
            res.push_back(p);
    return res;
}
```

这段代码用一个常规的循环遍历字符串，每个循环步使用 ++ 运算符将迭代器 p 向前移动一个元素，并使用解引用运算符 * 查看元素值。我们可以这样来测试 `find_all()`：

```
void test()
{
    string m {"Mary had a little lamb"};
    for (auto p : find_all(m,'a'))
        if (*p!='a')
            cerr << "a bug!\n";
}
```

`find_all()` 调用可以图示如下。

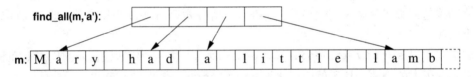

迭代器和标准库算法在所有标准库容器上的工作方式都是相同的（前提是它们适用于这种容器）。因此，我们可以泛化 `find_all()`：

```
template<typename C, typename V>
vector<typename C::iterator> find_all(C& c, V v)    // 在容器 c 中查找 v 出现的所有位置
{
    vector<typename C::iterator> res;
    for (auto p = c.begin(); p!=c.end(); ++p)
        if (*p==v)
            res.push_back(p);
    return res;
}
```

这里 `typename` 是必要的，它通知编译器：C 的 `iterator` 是一个类型，而非某种类型的值，比如说整数 7。可以通过为 Iterator 引入一个类型别名（参见 6.4.2 节）来隐藏这些实现细节：

```
template<typename T>
using Iterator = typename T::iterator;    // T 的迭代器

template<typename C, typename V>
vector<Iterator<C>> find_all(C& c, V v)    // 在 c 中查找 v 出现的所有位置
```

```
{
    vector<Iterator<C>> res;
    for (auto p = c.begin(); p!=c.end(); ++p)
        if (*p==v)
            res.push_back(p);
    return res;
}
```

现在就可以编写下面这样的代码来完成一些搜索任务：

```
void test()
{
    string m {"Mary had a little lamb"};
    for (auto p : find_all(m,'a'))           // p是一个 string::iterator
        if (*p!='a')
            cerr << "string bug!\n";

    list<double> ld {1.1, 2.2, 3.3, 1.1};
    for (auto p : find_all(ld,1.1))          // p是一个 list<double>::iterator
        if (*p!=1.1)
            cerr << "list bug!\n";

    vector<string> vs { "red", "blue", "green", "green", "orange", "green" };
    for (auto p : find_all(vs,"red"))        // p是一个 vector<string>::iterator
        if (*p!="red")
            cerr << "vector bug!\n";
    for (auto p : find_all(vs,"green"))
        *p = "vert";
}
```

迭代器的重要作用是分离算法和容器（数据结构）。算法通过迭代器来处理数据，但它对存储元素的容器一无所知。反之亦然，容器也对处理其元素的算法一无所知，它所做的全部事情就是按需求提供迭代器（如 `begin()` 和 `end()`）。这种数据存储和算法分离的模型催生出非常通用和灵活的软件。

12.3 迭代器类型

迭代器本质上是什么？当然，任何一种特定的迭代器都是某种类型的对象。不过，迭代器的类型非常多，因为每个迭代器都是与某个特定容器类型相关联的，它需要保存一些必要信息，以便对容器完成某些任务。因此，有多少种容器就有多少种迭代器，有多少种特殊要求就有多少种迭代器。例如，一个 `vector` 迭代器可能就是一个普通指针，因为指针是一种引用 `vector` 中元素的非常合理的方式：

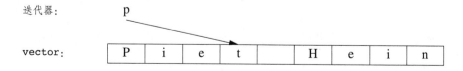

或者，一个 `vector` 迭代器也可以实现为一个指向 `vector`（存储空间起始地址）的指针再加上一个索引：

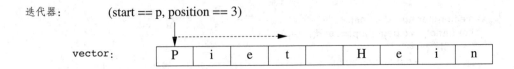

采用这种迭代器就能进行范围检查。

一个 list 迭代器必须是某种比指向元素的简单指针更复杂的东西，因为一个 list 元素通常不知道它的下一个元素在哪里。因此，一个 list 迭代器可能是指向一个链接的指针：

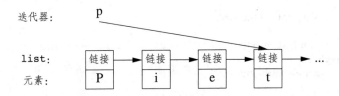

所有的迭代器类型的语义及其操作的命名都是相似的。例如，对任何迭代器使用 ++ 运算符都会得到一个指向下一个元素的迭代器。类似地，使用 * 运算符会得到迭代器所指向的元素。实际上，任何符合这些简单规则的对象都是一个迭代器——迭代器（iterator）是一个概念（参见 7.2 节、12.7 节）。而且，用户很少需要知道一个特定迭代器的类型，迭代器都"知道"自己的迭代器的类型是什么，而且都能通过规范的名字 iterator 和 const_iterator 来正确声明自己的迭代器类型。例如，list<Entry>::iterator 是 list<Entry> 的迭代器类型，我们很少需要操心"这些类型是如何定义的？"等细节。

12.4 流迭代器

迭代器是处理容器中元素序列的一个很有用的通用概念。但是，容器并非容纳元素序列的唯一场所。例如，一个输入流产生一个值的序列，我们还可以将一个值的序列写入一个输出流。因此，将迭代器的概念应用到输入输出是很有用的。

为了创建一个 ostream_iterator，我们需要指出使用哪个流，以及输出的对象类型。例如：

ostream_iterator<string> oo {cout};   //将字符串写入 cout

这样，向 *oo 赋值就会将值打印到 cout。例如：

```
int main()
{
    *oo = "Hello, ";    //等价于 cout<<"Hello,"
    ++oo;
    *oo = "world!\n";   //等价于 cout<<"world!\n"
}
```

我们得到了一种向标准输出写入规范消息的新方法。其中 ++oo 是模仿通过一个指针向数组中写入值。

类似地，istream_iterator 允许我们将一个输入流当作一个只读容器来处理。同样，我们需要指明从哪个流读取数据以及数据类型是什么：

istream_iterator<string> ii {cin};

我们需要用一对输入迭代器表示一个序列，因此必须提供一个表示输入结束的 `istream_iterator`。默认的 `istream_iterator` 就起到这个作用：

```
istream_iterator<string> eos {};
```

我们通常不直接使用 `istream_iterator` 和 `ostream_iterator`，而是将它们作为参数传递给算法。例如，我们可以写出一个简单的程序，它从一个文件读取数据，排序读入的单词，去除重复单词，最后将结果写入另一个文件中：

```
int main()
{
    string from, to;
    cin >> from >> to;                              // 获取源文件和目标文件名

    ifstream is {from};                             // 对应文件"from"的输入流
    istream_iterator<string> ii {is};               // 输入流的迭代器
    istream_iterator<string> eos {};                // 输入哨兵

    ofstream os {to};                               // 对应文件"to"的输出流
    ostream_iterator<string> oo {os,"\n"};          // 输出流的迭代器

    vector<string> b {ii,eos};                      // b 是一个 vector，用输入初始化
    sort(b.begin(),b.end());                        // 排序缓冲区中单词

    unique_copy(b.begin(),b.end(),oo);              // 将不重复的单词拷贝到输出

    return !is.eof() || !os;                        // 返回错误状态（参见1.2.1节和10.4节）
}
```

一个 `ifstream` 就是一个可以绑定到文件的 `istream`，一个 `ofstream` 就是一个可以绑定到文件的 `ostream`（参见 10.7 节）。`ostream_iterator` 构造函数的第二个参数指出输出的间隔符。

实际上，这个程序本不必这么长。它读取字符串存入一个 `vector` 中，然后对它们执行 `sort()`，最终将不重复的单词写入输出。一个更简洁的方案是根本不保存重复单词。我们可以将 `string` 保存在一个 `set` 中，而 `set` 不会保存重复值，而且能维护值的顺序（参见 11.4 节）。这样，我们就可以将使用 `vector` 的两行代码改为使用 `set` 的一行代码，而且也不必再使用 `unique_copy()`，只使用更简单的 `copy()` 就可以了：

```
set<string> b {ii,eos};                             // 从输入收集字符串
copy(b.begin(),b.end(),oo);                         // 将缓冲区中的单词拷贝到输出
```

`ii`、`eos` 和 `oo` 都只使用了一次，因此可以继续减小程序的规模：

```
int main()
{
    string from, to;
    cin >> from >> to;                              // 获取源文件和目标文件名

    ifstream is {from};                             // 对应文件"from"的输入流
    ofstream os {to};                               // 对应文件"to"的输出流

    set<string> b {istream_iterator<string>{is},istream_iterator<string>{}};    // 读取输入
    copy(b.begin(),b.end(),ostream_iterator<string>{os,"\n"});                  // 拷贝到输出
```

```
        return !is.eof() || !os;        // 返回错误状态（参见 1.2.1 节和 10.4 节）
}
```

至于最终的简化版本是否提高了可读性，就完全是个人偏好和体验的问题了。

12.5 谓词

在前面的例子中，算法都是对序列中每个元素简单地进行"内置"操作。但我们常常需要将操作也作为算法的参数。例如，`find` 算法（参见 12.2 节和 12.6 节）提供了一种方便地查找给定值的方法。对于查找满足特定要求的元素这一问题，有一种更为通用的方法，称为谓词（predicate）。例如，我们可能需要在一个 `map` 中搜索第一个大于 42 的值。我们在访问一个 `map` 的元素时，访问的其实是一个(关键字，值)对的序列。因此，我们可以搜索一个 `map<string,int>`，其实是访问一个 `pair<const string,int>` 序列，在其中寻找 `int` 部分大于 42 的元素：

```cpp
void f(map<string,int>& m)
{
    auto p = find_if(m.begin(),m.end(),Greater_than{42});
    // ...
}
```

此处，`Greater_than` 是一个函数对象（参见 6.3.2 节），保存了要比较的值（42）：

```cpp
struct Greater_than {
    int val;
    Greater_than(int v) : val{v} { }
    bool operator()(const pair<string,int>& r) const { return r.second>val; }
};
```

我们也可以使用 lambda 表达式（参见 6.3.2 节）：

```cpp
auto p = find_if(m.begin(), m.end(), [](const pair<string,int>& r) { return r.second>42; });
```

谓词不能改变它所应用的元素。

12.6 算法概述

算法的一个更一般性的定义是"一个有限规则集合，给出了一个操作序列，用来求解一组特定问题 [且] 具有五个重要特性：有限性……确定性……输入……输出……有效性" [Knuth, 1968, 1.1 节]。在 C++ 标准库的语境中，算法就是一个对元素序列进行操作的函数模板。

标准库提供了很多算法，它们都定义在名字空间 `std` 中，通过头文件 `<algorithm>` 提供。这些标准库算法都以序列作为输入。一个从 b 到 e 的半开序列表示为 `[b:e)`。下面是一些算法的简介。

挑选的标准库算法	
f=for_each(b,e,f)	对 [b:e) 中的每个元素 x 执行 f(x)
p=find(b,e,x)	p 是 [b:e) 中第一个满足 *p==x 的
p=find_if(b,e,f)	p 是 [b:e) 中第一个满足 f(*p) 的
n=count(b,e,x)	n 是 [b:e) 中满足 *q==x 的元素 *q 的数目

挑选的标准库算法	
n=count_if(b,e,f)	n 是 [b:e] 中满足 f(*q) 的元素 *q 的数目
replace(b,e,v,v2)	将 [b:e] 中满足 *q==v 的元素 *q 替换为 v2
replace_if(b,e,f,v2)	将 [b:e] 中满足 f(*q) 的元素 *q 替换为 v2
p=copy(b,e,out)	将 [b:e] 拷贝到 [out:p]
p=copy_if(b,e,out,f)	将 [b:e] 中满足 f(*q) 的元素 *q 拷贝到 [out:p]
p=move(b,e,out)	将 [b:e] 移动到 [out:p]
p=unique_copy(b,e,out)	将 [b:e] 拷贝到 [out:p]，不拷贝连续的重复元素
sort(b,e)	排序 [b:e] 中的元素，用 < 作为排序标准
sort(b,e,f)	排序 [b:e] 中的元素，用谓词 f 作为排序标准
(p1,p2)=equal_range(b,e,v)	[p1:p2] 是已排序序列 [b:e] 的子序列，其中元素的值都等于 v，本质上等价于二分搜索 v
p=merge(b,e,b2,e2,out)	将两个序列 [b:e] 和 [b2:e2] 合并，结果保存到 [out:p] 中
p=merge(b,e,b2,e2,out,f)	将两个序列 [b:e] 和 [b2:e2] 合并，结果保存到 [out:p] 中，用 f 进行比较

这些算法，以及其他很多算法（如，14.3 节中介绍的算法）都可以用于容器、string 和内置数组。

一些算法，如 replace() 和 sort()，会修改元素的值，但没有算法会在容器中添加或删除元素。原因在于序列中并不包含保存序列元素的底层容器的信息。如果你需要添加元素，就要使用知悉容器信息的特性（如 back_inserter，参见 12.1 节），或是直接访问容器本身（如 push_back() 或 erase()，参见 11.2 节）。

将 lambda 作为运算对象传递是很常见的，例如：

```
vector<int> v = {0,1,2,3,4,5};
for_each(v.begin(),v.end(),[](int& x){ x=x*x; });    // v=={0,1,4,9,16,25}
```

与一般的手工编写的循环版本相比，标准库算法在设计、规范和实现上更为精心，因此应该学习了解标准库算法，使用它们编写程序，而不是用裸语言编程。

12.7 概念（C++20）

标准库算法终于要用概念（参见第 7 章）来说明了。这方面的最初工作可在范围技术规范 [RangesTS] 中找到。现在，在网上已经能找到这类 C++ 实现。其中，概念定义在 <experimental/ranges> 中，但有希望在 C++20 中添加到名字空间 std 中。

Range 是 C++98 中序列的推广，后者由 begin()/end() 对定义。Range 是一个概念，它指出它接受的应该是一个元素序列，可以有几种定义方式：

- 一对迭代器 {begin,end}。
- 一个 {begin,n} 对，其中 begin 是一个迭代器，n 为元素数目。
- 一个 {begin,pred} 对，其中 begin 是一个迭代器，pred 是一个谓词。若 pred(p) 对于迭代器 p 为 true，表明到达了序列尾。这令我们可以表达无限序列和动态生成的序列。

Range 概念令我们可以使用 sort(v) 而不是 sort(v.begin(),v.end())，后者是自 1994 年以来我们使用 STL 不得不采用的语法。例如：

```
template<BoundedRange R>
    requires Sortable<R>
```

```
void sort(R& r)
{
    return sort(begin(r),end(r));
}
```

用于 Sortable 的默认关系运算为 less。

除了 Range，范围技术规范还提供了很多有用的概念。这些概念定义在 <experimental/ranges/concepts> 中。更准确的定义请参考 [RangesTS]。

核心语言概念	
Same<T,U>	T 是与 U 一样的类型
DerivedFrom<T,U>	T 派生自 U
ConvertibleTo<T,U>	一个 T 类型对象可以转换为一个 U 类型对象
CommonReference<T,U>	T 和 U 具有共同的引用类型
Common<T,U>	T 和 U 具有共同的类型
Integral<T>	T 是一个整数类型
SignedIntegral<T>	T 是一个带符号整数类型
UnsignedIntegral<T>	T 是一个无符号整数类型
Assignable<T,U>	一个 U 类型对象可赋值给一个 T 类型对象
SwappableWith<T,U>	一个 T 类型对象可以与一个 U 类型对象交换
Swappable<T>	SwappableWith<T,T>

Common 很重要，可用来指出算法应该能用于各种相关类型同时仍保持在数学上有意义。Common<T,U> 是这样一种类型 C，我们可用它来比较 T 和 U 类型的对象——先将它们都转换为 C。例如，我们想要比较一个 std::string 和一个 C 风格字符串（char*），或是比较一个 int 和一个 double，但不想比较一个 std::string 和一个 int。为了确保这一点，我们可以恰当地特例化 common_type_t（它用在 Common 的定义中）：

```
using common_type_t<std::string,char*> = std::string;
using common_type_t<double,int> = double;
```

Common 的定义有一点儿微妙，但它解决了一个困难的基础问题。幸运的是，我们无须定义 common_type_t 的特例化版本，除非我们希望使用标准库（尚）未适当支持的混合类型上的计算。大多数可比较不同类型的值的概念和算法，在其定义中都使用了 Common 或 CommonReference。

和比较相关的概念都深受 [Stepanov,2009] 一书的影响。

比较概念	
Boolean<T>	一个 T 类型对象可用作布尔对象
WeaklyEqualityComparableWith<T,U>	可用 == 和 != 比较 T 和 U 类型的对象
WeaklyEqualityComparable<T>	WeaklyEqualityComparableWith<T,T>
EqualityComparableWith<T,U>	可用 == 比较 T 和 U 类型的对象
EqualityComparable<T>	EqualityComparableWith<T,T>
StrictTotallyOrderedWith<T,U>	可用 <、<=、> 和 >= 比较 T 和 U 类型的对象，得到一个全序
StrictTotallyOrdered<T>	StrictTotallyOrderedWith<T,T>

WeaklyEqualityComparableWith 和 WeaklyEqualityComparable 的使用都表明（到目前为止）错过了重载的机会。

对象概念	
Destructible<T>	T 类型的对象可以销毁，用一元运算符 & 可获取其地址
Constructible<T,Args>	可从 Args 类型的实参列表构造 T 类型的对象
DefaultConstructible<T>	可默认构造 T 类型对象
MoveConstructible<T>	可移动构造 T 类型对象
CopyConstructible<T>	可拷贝构造及移动构造 T 类型对象
Movable<T>	MoveConstructable<T>、Assignable<T&,T> 且 Swapable<T>
Copyable<T>	CopyConstructable <T>、Movable<T> 且 Assignable<T, const T&>
Semiregular<T>	Copyable <T> 且 DefaultConstructable<T>
Regular<T>	SemiRegular<T> 且 EqualityComparable<T>

`Regular` 是一种理想类型。一个 `Regular` 类型大致就像一个 `int`，而且大大简化了我们所理解的类型的使用（参见 7.2 节）。类是缺少默认 `==` 的，这意味着大多数类初始时是 `SemiRegular` 的，即使大多数能够也应该是 `Regular`。

可调用概念	
Invocable<F,Args>	一个 F 类型对象可用 Args 类型的实参列表调用
InvocableRegular<F,Args>	Invocable<F,Args> 且保持相等性
Predicate<F,Args>	一个 F 类型对象可用 Args 类型的实参列表调用，返回一个 bool 值
Relation<F,T,U>	Predicate<F,T,U>
StrictWeakOrder<F,T,U>	一个 Relation<F,T,U>，提供严格弱序化

对于一个函数 `f()`，如果 `x==y` 意味着 `f(x)==f(y)`，则称它具有保持相等性（equality preserving）。

严格弱序化是标准库对 `<` 这样的比较操作通常所做的假设，如果你觉得需要了解更多，请查阅相关资料。

`Relation` 和 `StrictWeakOrder` 只是在语义上有所不同。我们（当前）不能用代码表达这种差异，因此使用这两个不同的名字只是表达我们的意图。

迭代器概念	
Iterator<I>	I 类型的对象可以递增（++）和解引用（*）
Sentinel<S,I>	对于 Iterator 类型，一个 S 类型的对象是其哨兵。即，S 是 I 的值类型的一个谓词
SizedSentinel<S,I>	S 是一个哨兵，其中运算符 - 可应用于 I
InputIterator<I>	一个 I 类型的对象是一个输入迭代器；* 只可用于读取
OutputIterator<I>	一个 I 类型的对象是一个输出迭代器；* 只可用于写入
ForwardIterator<I>	一个 I 类型的对象是一个前向迭代器，支持多遍扫描
BidirectionalIterator<I>	一个 I 类型的对象是一个 ForwardIterator，支持 --
RandomAccessIterator<I>	一个 I 类型的对象是一个 BidirectionalIterator，支持 +、-、+=、-= 和 [ ]
Permutable<I>	一个 I 类型的对象是一个 ForwardIterator，其中 I 允许我们移动和交换元素
Mergeable<I1,I2,R,O>	I1 和 I2 定义的有序列可用 Relation<R> 合并为 O
Sortable<I>	可用 less 排序 I 定义的序列
Sortable<I,R>	可用 Relation<R> 排序 I 定义的序列

不同类别的迭代器用于为给定算法选择最佳算法，参见 7.2.2 节和 13.9.1 节。`InputIterator` 的例子参见 12.4 节。

哨兵的基本思想是我们可以从一个迭代器开始遍历一个范围，直到谓词对某个元素变为真。这样，一个迭代器 p 和一个哨兵 s 就定义了一个范围 [p:s(*p))。例如，我们可以用指针作为迭代器定义一个遍历 C 风格字符串用的哨兵的谓词：

[](const char* p) {return *p==0; }

`Mergeable` 和 `Sortable` 的概述相对于 [RangesTS] 中的描述进行了简化。

范围概念	
Range<R>	一个 R 类型的对象是一个范围，具有一个开始迭代器和一个哨兵
SizedRange<R>	一个 R 类型的对象是一个范围，能以常量时间代价获取自己的大小
View<R>	一个 R 类型的对象是一个范围，能以常量时间进行拷贝、移动和赋值操作
BoundedRange<R>	一个 R 类型的对象是一个范围，具有相同的迭代器和哨兵类型
InputRange<R>	一个 R 类型的对象是一个范围，其迭代器类型满足输入迭代器要求
OutputRange<R>	一个 R 类型的对象是一个范围，其迭代器类型满足输出迭代器要求
ForwardRange<R>	一个 R 类型的对象是一个范围，其迭代器类型满足前向迭代器要求
BidirectionalRange<R>	一个 R 类型的对象是一个范围，其迭代器类型满足双向迭代器要求
RandomAccessRange<R>	一个 R 类型的对象是一个范围，其迭代器类型满足随机访问迭代器要求

[RangesTS] 还有其他一些概念，但本节介绍的概念是一个很好的起点。

12.8 容器算法

如果我们等不及 Range 概念进入 C++ 标准，则可以自己定义简单的范围算法。例如，可以很容易为 `sort(v.begin(),v.end())` 提供一种简写形式，即 `sort(v)`：

```
namespace Estd {
    using namespace std;

    template<typename C>
    void sort(C& c)
    {
        sort(c.begin(),c.end());
    }

    template<typename C, typename Pred>
    void sort(C& c, Pred p)
    {
        sort(c.begin(),c.end(),p);
    }

    // ...
}
```

我将容器版本的 `sort()`（和其他容器版本的算法）放在它们自己的名字空间 Estd 中（"扩展的 std"），这样就可以避免与其他程序员使用名字空间 std 相互干扰且很容易用 Range 替代这个权宜之计。

12.9 并行算法

当我们对很多数据项做相同的任务时，假如不同数据项上的计算相互独立，就可以并行地对每个数据项执行任务：

- 并行执行（parallel execution）：在多个线程中执行任务（通常运行于多处理器核心上）。
- 向量化执行（vectorized execution）：在一个线程中采用向量化执行任务，也被称为 SIMD（"Single Instruction, Multiple Data"，单指令多数据流）。

标准库支持这两种并行方式，我们也可以明确表达希望串行执行。在 `<execution>` 中，我们可以找到：

- `seq`：串行执行。
- `par`：并行执行（如果可行的话）。
- `par_unseq`：并行执行且 / 或非顺序（向量化）执行（如果可行的话）。

考虑 `std::sort()`：

```
sort(v.begin(),v.end());                // 串行
sort(seq,v.begin(),v.end());            // 串行（与默认相同）
sort(par,v.begin(),v.end());            // 并行
sort(par_unseq,v.begin(),v.end());      // 并行且 / 或向量化
```

是否值得并行化且 / 或向量化依赖于算法、序列中元素的数量、硬件以及运行于硬件之上的程序对硬件的利用。因此，执行策略指示器（execution policy indicator）仅仅是提示。编译器和 / 或运行时调度器会决定使用多大程度的并行。所有这些都很重要，而且，没有性能测试就不要做出关于效率的论断，这一点也是非常重要的。

我们可以使用 `par` 和 `par_unseq` 要求大多数标准库算法，包括 12.6 节表中列出的所有算法（`equal_range` 除外），进行并行和向量化执行，就像对 `sort()` 所做的那样。为什么 `equal_range` 不行？因为到目前为止还没有人为其设计出好的并行算法。

12.10 建议

[1] 一个标准库算法对一个或多个序列进行操作；12.1 节。
[2] 一个输入序列是一个半开序列，由一对迭代器所定义；12.1 节。
[3] 当进行搜索时，算法通常返回输入序列的末尾位置来指出"未找到"；12.2 节。
[4] 对于所处理的序列，算法并不直接在其中添加或删除元素；12.2 节、12.6 节。
[5] 当编写循环代码时，思考它是否可以表达为一个通用算法；12.2 节。
[6] 使用谓词和其他函数对象可以使标准库算法具有更宽泛的语义；12.5 节、12.6 节。
[7] 谓词不能修改其参数；12.5 节。
[8] 了解学习标准库算法，使用标准库算法而不是自己设计的循环版本编写程序；12.6 节。
[9] 当迭代器对风格的代码变得烦琐时，引入容器版本的算法；12.8 节。

第 13 章
A Tour of C++, Second Edition

实用功能

> 你能在浪费时间中获得乐趣，就不是浪费时间。
>
> ——伯特兰·罗素

- 引言
- 资源管理
  unique_ptr 和 shared_ptr；move() 和 forward()
- 范围检查
  span
- 特殊容器
  array；bitset；pair 和 tuple
- 选择
  variant；optional；any
- 分配器
- 时间
- 函数适配器
  lambda 作为适配器；mem_fn()；function
- 类型函数
  iterator_traits；类型谓词；enable_if
- 建议

13.1 引言

并非所有的标准库组件都有个像"容器"和"I/O"这样响当当的名字，本章介绍几种不太显眼但是应用非常广泛的组件。这类组件（类和模板）经常被称为词汇表类型（vocabulary type），因为它们是用来描述我们的设计和程序的通用词汇表的一部分。这种库组件通常作为构建更强大的库基础设施（包括标准库其他组件）的基本构件。这些函数或类型不需要太复杂，也不必与很多其他函数或类型有太多牵连，它们本身就非常有用。

13.2 资源管理

所有重要的程序都包含一项关键任务：管理资源。所谓资源是指程序中符合先申请后释放（显式地或者隐式地）规律的东西，比如内存、锁、套接字、线程句柄和文件句柄等。对于长时间连续运行的程序来说，如果不能及时地释放掉资源（即造成了"泄漏"），就有可能大大降低程序的运行效率甚至造成程序崩溃。即使在短时间运行的程序中，资源泄漏也可能造成严重的后果，比如说由于系统资源短缺导致运行时间增长几个数量级。

标准库组件不会出现资源泄漏的问题，因为它们的设计依赖于支持资源管理的基本语言特性，使用成对的构造函数/析构函数来确保资源不会比其所属对象的生命周期更长。举一个例子，4.2.2 节介绍的 `Vector` 就是使用构造函数 / 析构函数对的机制管理元素的，而且所有的标准库容器的实现方式也都与之类似。更重要的，这种方法能与使用异常的错误处理机制正确交互。例如，标准库中的锁类就使用了这种技术：

```
mutex m; // 用于确保共享数据被正确地访问
// ...
void f()
{
    scoped_lock<mutex> lck {m}; // 申请资源
    // ... 操作共享数据 ...
}
```

`lck` 的构造函数首先申请它的 `mutex`，然后 `thread` 才开始处理（参见 15.5 节）。对应的析构函数负责释放掉资源。因此，在本例中，当控制线程离开 `f()` 时（通过 `return` 语句，或"直到函数末尾"，或抛出异常），`scoped_lock` 的析构函数负责释放掉 `mutex`。

这是"资源请求即初始化"技术（RAII，见 4.2.2 节）的一个典型应用。RAII 是 C++ 中常用的资源处理方法的基础。容器（如 `vector` 和 `map`、`string` 和 `iostream`）管理资源（如文件句柄和缓冲区）的方式都十分相似。

13.2.1 unique_ptr 和 shared_ptr

本书到目前为止的例子都是关心定义在作用域内的对象，它们可以在作用域结束的时候释放掉资源，但如果对象是在自由存储上分配的呢？在 `<memory>` 当中，标准库提供了两种"智能指针"来管理自由存储上的对象：

- `unique_ptr` 表示唯一所有权。
- `shared_ptr` 表示共享所有权。

这些"智能指针"最基本的作用是防止由于编程疏忽而造成内存泄漏。例如：

```
void f(int i, int j)        // 对比 X* 和 unique_ptr<X>
{
    X* p = new X;           // 申请一个新的 X
    unique_ptr<X> sp {new X};  // 申请一个新的 X，把它的指针赋给 unique_ptr
    // ...
    if (i<99) throw Z{};    // 有可能会抛出异常
    if (j<77) return;       // 有可能会"过早地"返回
    // ... 使用 p 和 sp ...
    delete p;               // 销毁 *p
}
```

在这段代码中，如果 `i<99` 或者 `j<77`，则我们"忘了"释放掉指针 `p`。另一方面，`unique_ptr` 确保不论以哪种方式（通过抛出异常，或者通过执行 `return` 语句，或者"直达函数末尾"）退出 `f()` 都会释放掉它的对象。其实换个角度考虑一下，如果干脆不使用指针也不使用 `new`，就能简单地解决这个问题：

```
void f(int i, int j)        // 使用局部变量
{
    X x;
    // ...
}
```

不幸的是，滥用 `new`（以及指针和引用）看起来正在成为一个日益严重的问题。

但是，当你确实需要指针的语义时，那么与内置指针相比，unique_ptr 是更好的选择，后者是一种非常轻量级的机制，消耗的时空代价并不比前者大。通过使用 unique_ptr，还可以把自由存储上申请的对象传递给函数或者从函数中传出来：

```
unique_ptr<X> make_X(int i)
    // 创建一个 X，然后立即把它赋给 unique_ptr
{
    // ... 检查 i 等操作 ...
    return unique_ptr<X>{new X{i}};
}
```

unique_ptr 是一个独立的对象（或数组）的句柄，就像 vector 是对象序列的句柄一样。这二者都以 RAII 的机制控制其他对象的生命周期，并且都依赖移动语义使得 return 语句简单高效。

shared_ptr 在很多方面都和 unique_ptr 非常相似，唯一的区别是 shared_ptr 的对象使用拷贝操作而非移动操作。某个对象的多个 shared_ptr 共享该对象的所有权，只有当最后一个 shared_ptr 被销毁时对象才被销毁。例如：

```
void f(shared_ptr<fstream>);
void g(shared_ptr<fstream>);

void user(const string& name, ios_base::openmode mode)
{
    shared_ptr<fstream> fp {new fstream(name,mode)};
    if (!*fp)                    // 检查文件是否正确打开
        throw No_file{};

    f(fp);
    g(fp);
    // ...
}
```

现在，fp 的构造函数打开的文件将会被最后一个销毁 fp 拷贝的函数（显式地或者隐式地）关闭。注意，f() 或者 g() 有可能生成一个任务，持有 fp 的一份拷贝，或是以其他某种方式保存一份生命周期比 user() 更长的拷贝。因此，shared_ptr 提供了一种垃圾回收方式，它不同于基于析构函数的内存对象的资源管理机制。它有额外代价，但代价也并不高，不过它的确使对象的生命周期难以预测了。我们的建议是：除非你确实需要共享指针的所有权，否则别轻易使用 shared_ptr。

在自由存储上创建一个对象，然后再将指向该对象的指针赋予智能指针，这有点儿烦琐。这也容易引发错误，例如忘记将指针传递给一个 unique_ptr，或是将指向非自由存储空间中对象的指针传递给一个 shared_ptr。为了避免这些问题，标准库（在 <memory> 中）提供了创建一个对象并返回恰当的智能指针的函数，make_shared() 和 make_unique()。例如：

```
struct S {
    int i;
    string s;
    double d;
    // ...
};
```

```
auto p1 = make_shared<S>(1,"Ankh Morpork",4.65);    // p1 是一个 shared_ptr<S>
auto p2 = make_unique<S>(2,"Oz",7.62);              // p2 是一个 unique_ptr<S>
```

现在，p2 是一个 unique_ptr<S>，指向一个在自由存储上分配空间的类型为 S 的对象，其值为 {2, "Oz"s, 7.62}。

与用 new 创建一个对象然后将其传递给一个 shared_ptr 的分离式处理相比，使用 make_shared() 不仅仅更为方便，它还明显更为高效，因为它不需要人为额外再分配一个使用计数，而这是实现 shared_ptr 这种机制所必需的。

通过使用 unique_ptr 和 shared_ptr，我们就能在很多程序中实现彻底的"无裸 new"策略（参见 4.2.2 节）。不过，这些"智能指针"在概念上讲仍然是指针，因此只能作为资源管理的第二选择——容器和其他可以在一个更高的概念层次上管理资源的类型作为第一选择更好。特别是，shared_ptr 本身没有提供任何可用以指明哪个拥有者可读/写共享对象的规则。因此，简单地消除资源管理问题，并不会解决数据竞争（参见 15.7 节）和其他形式的混淆。

那么什么情况下我们才应该选择"智能指针"（如 unique_ptr）而非带有特殊设计的操作的资源句柄（如 vector 和 thread）呢？显然，答案是"当我们需要使用指针的语义时"。

- 当共享某个对象时，我们需要指向共享对象的指针（或引用），此时选择 shared_ptr 是显而易见的（除非明显有唯一拥有者）。
- 当在一个经典的面向对象的代码中引用一个多态对象时（参见 4.5 节），我们很难确切地知道对象到底是什么类型（甚至连对象的大小都不知道），因此我们需要一个指针（或一个引用），此时 unique_ptr 成为必然的选择。
- 共享的多态对象通常需要 shared_ptr。

当我们需要从函数返回一批对象时，不必使用指针，使用容器（资源句柄）能更简单高效地完成这一任务（参见 5.2.2 节）。

13.2.2 move() 和 forward()

移动和拷贝之间的选择大多数是隐式进行的（参见 3.6 节）。当一个对象将要被销毁（如被返回）时，编译器会优选移动操作，因为假定移动操作更简单更高效。但是，有时必须进行显式选择。例如，一个 unique_ptr 是对象的唯一拥有者。因此，它不能被拷贝：

```
void f1()
{
    auto p = make_unique<int>(2);
    auto q = p;          // 错误：我们不能拷贝一个 unique_ptr
    // ...
}
```

如果你在别处需要一个 unique_ptr，就必须移动它。例如：

```
void f1()
{
    auto p = make_unique<int>(2);
    auto q = move(p);    // 现在 p 保存 nullptr
    // ...
}
```

令人迷惑的是，std::move() 不移动任何东西，而是将其实参转换为一个右值引用，从而指出其实参不会再被使用、可以被移动（参见 5.2.2 节）。它应该被称为类似 `rvalue_ptr` 的东西才更为恰当。类似其他类型转换，它也易出错，我们最好避免使用它。在少数情况下它是必要的。考虑一个简单的交换操作：

```
template <typename T>
void swap(T& a, T& b)
{
    T tmp {move(a)};    // T 的构造函数看到了一个右值，因此移动它
    a = move(b);        // T 的赋值函数看到了一个右值，因此移动它
    b = move(tmp);      // T 的赋值函数看到了一个右值，因此移动它
}
```

我们不希望反复拷贝可能很大的对象，因此使用 `std::move()` 请求移动操作。

类似于其他类型转换，`std::move()` 很容易诱惑人使用它，但它也很危险。考虑下面例子：

```
string s1 = "Hello";
string s2 = "World";
vector<string> v;
v.push_back(s1);            // 使用一个 "const string&" 实参；push_back() 将进行拷贝
v.push_back(move(s2));      // 使用移动构造函数
```

在本例中，`s1` 被（`push_back()`）拷贝，而 `s2` 被移动。这有时（仅仅是有时）令 `s2` 的 `push_back()` 代价更低。问题在于移动后的对象被丢弃了，如果我们再使用 `s2`，就会导致错误：

```
cout << s1[2];      // 输出 "l"
cout << s2[2];      // 崩溃？
```

我觉得如果 `std::move()` 的这种用法被广泛使用，太容易出错了。因此，除非你能论证使用它可带来重大且必要的性能提升，否则不要使用它。随后的维护可能意外导致对移动后对象的未曾预料的使用。

移动后对象的状态一般而言是未指明的，但所有的标准库类型都将移动后对象置于可销毁、可被赋值的状态。不遵从这个约定是不明智的。对于一个容器（如 `vector` 或 `string`）而言，移动后状态将会是"空"。对于很多类型，默认值是一个好的空状态：有意义且易于构造。

参数转发是移动操作一个重要的应用场景（参见 7.4.2 节）。我们有时希望将一组参数传递给另一个参数而不会改变任何东西（来实现"完美转发"）：

```
template<typename T, typename... Args>
unique_ptr<T> make_unique(Args&&... args)
{
    return unique_ptr<T>{new T{std::forward<Args>(args)...}};    // 转发每个参数
}
```

标准库 `forward()` 与简单的 `std::move()` 的不同之处在于能正确地处理左值和右值的微妙之处（参见 5.2.2 节）。对于参数转发，应排他地使用 `std::forward()`，且对每个参数不要执行 `forward()` 两次——一旦你已经转发了一个对象，它就不再属于你了，不要再使用它。

13.3 范围检查：span

传统上，范围错误已经是 C 和 C++ 程序中严重错误的主要来源。使用容器（参见第 11 章）、算法（参见第 12 章）和范围 for 语句已经显著减少了这类问题，但我们还能做得更多。范围错误的一个主要来源是人们传递指针（裸指针或智能指针），然后依赖约定来获知其指向的元素数目。对资源句柄以外的代码的最佳建议是，假定指针最多指向一个对象 [CG: F.22]，但没有语言支持的话，这个建议难以控制。标准库 string_view（参见 9.3 节）对此有所帮助，但它是只读的，而且只适用于字符。大多数程序员还需要更多的语言支持。

C++ 核心准则 [Stroustrup,2015] 对此提供了一些指导方针并提供了一个小规模的指导性支持库 [GSL]，包括一个 span 类型，用来引用元素范围。这个 span 类型正在提交到 C++ 标准，但目前还只是你需要时可下载的非标准特性。

一个 string_view 基本上就是一个（指针，长度）对，用来表示一个元素序列。

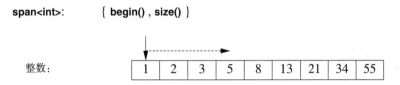

一个 span 提供了对一个连续元素序列的访问能力。元素可用很多方式存储，包括存储在 vector 和内置数组中。类似于指针，一个 span 不拥有它指向的字符。在这一点上，它很像 string_view（参见 9.3 节）和 STL 迭代器对（参见 12.3 节）。

考虑一个常见的接口风格：

```
void fpn(int* p, int n)
{
    for (int i = 0; i<n; ++i)
        p[i] = 0;
}
```

我们假定 p 指向 n 个整数。不幸的是，这个假定只是一个约定，因此我们不能用它来编写一个范围 for 循环，编译器也不能实现高效的范围检查。而且，我们的假定可能是错的：

```
void use(int x)
{
    int a[100];
    fpn(a,100);         // 正确
    fpn(a,1000);        // 糟糕，我的手指打滑了（fpn 中产生范围错误）
    fpn(a+10,100);      // fpn 中产生范围错误
    fpn(a,x);           // 可疑的，但看起来无辜
}
```

使用 span，我们可以做得更好：

```
void fs(span<int> p)
{
    for (int x : p)
        x = 0;
}
```

可以像下面这样使用 fs：

```
void use(int x)
{
    int a[100];
    fs(a);              // 隐式创建一个 span<int>{a,100}
    fs(a,1000);         // 错误：期待一个 span
    fs({a+10,100});     // 在 fs 中发生范围错误
    fs({a,x});          // 明显可疑
}
```

即，常见的情况是从数组直接创建一个 span，现在变得安全了（编译器计算元素数目），且在符号表示上也很简单。对于其他情况，出错的概率降低了，因为程序员必须显式构造一个范围。

在常见情况下，span 从一个函数传递到另一个函数，这比（指针，计数）的接口更简单，而且显然无须额外检查：

```
void f1(span<int> p);

void f2(span<int> p)
{
    // ...
    f1(p);
}
```

当用于下标时（如 r[i]），就会触发范围检查，如果发生范围错误，就会抛出一个 gsl::fail_fast。对于性能很关键的代码，可以禁止范围检查。当 span 进入 C++ 标准时，我们期望 std:span 会使用合约 [Garcia,2017] 来控制对范围错误的响应。

注意，循环只需进行一次范围检查。因此，对于常见的情况，即使用 span 的函数的主体是 span 之上的循环时，范围检查几乎是无额外代价的。

一个字符的 span 通过 gsl::string_span 直接得以支持。

13.4 特殊容器

标准库还提供几种不能完美契合 STL 框架（参见第 11 章、第 12 章）的容器，如内置数组、array 和 string。我有时候会将这些容器称为"拟容器"，但这么说有点儿不太公平：它们的确保存元素，所以就是容器，只不过它们各自都有一些约束或增加了一些额外特性因而在 STL 的语境中显得有些异类。因此我选择单独介绍这些容器，也简化了 STL 的介绍。

拟容器	
T[N]	内置数组：一个固定尺寸且连续分配的序列，包含 N 个 T 类型的元素；可隐式地转换成 T*
array<T,N>	一个固定尺寸且连续分配的序列，包含 N 个 T 类型的元素；与内置数组类似，但是解决了很多问题
bitset<N>	一个固定大小的位序列，包含 N 位
vector<bool>	一个位序列，紧密地存储在一个特例化的 vector 中
pair<T,U>	两个元素，类型分别是 T 和 U
tuple<T...>	一个序列，存放着任意类型的任意个元素
basic_string<C>	一个字符序列，字符的类型是 C，提供字符串操作
valarray<T>	一个数组，包含 T 类型的数值，提供数值操作

标准库为什么要提供这么多容器呢？因为它们能满足各种常见且各不相同（时常会有交叠）的需求。如果标准库没有提供这些容器，很多人就不得不自己设计并实现它们。例如：

- `pair` 和 `tuple` 是异构的，而其他所有容器都是同构的（所有元素的类型相同）。
- `array`、`vector` 和 `tuple` 的元素是连续分配的；而 `forward_list` 和 `map` 是链接的结构。
- `bitset` 和 `vector<bool>` 存放的是位，通过代理对象来访问；其他所有标准库容器可存放任意类型的元素，并且可以直接访问元素。
- `basic_string` 要求它的元素是某种类型的字符并且提供很多字符串操作，比如连接操作和区域敏感操作等。
- `valarray` 要求它的元素是数值并且提供数值操作。

所有这些容器都可看作为庞大的程序员群体的需求提供专门服务。没有任何单一容器能满足所有需求，因为有些需求本身就是矛盾的。例如，"可扩充性"和"确保分配在固定位置"是矛盾的；"添加元素时不移动元素"和"连续分配"也是矛盾的。

13.4.1 array

在 `<array>` 中定义的 `array` 表示一个尺寸固定的给定类型的元素的序列，其中元素数目在编译时指定。因此，`array` 的元素可以分配在栈中、对象内或静态存储空间。元素分配空间所在的作用域就是定义 `array` 的作用域。理解 `array` 的最好方式是将其看作内置数组的一种特殊变形：尺寸固定、不会隐式地意外地转换成指针类型且提供了一些便捷的函数。与内置数组相比，使用 `array` 也没有（时间或空间上的）额外开销。`array` 不遵循 STL 容器的"元素句柄"的模型，而是直接包含其元素。

我们可以用初始值列表初始化一个 `array`：

```
array<int,3> a1 = {1,2,3};
```

其中，初始值列表中的元素数目必须小于等于为 `array` 指定的元素数目。
元素数目是必须指定的：

```
array<int> ax = {1,2,3};        // 错误：没有指定元素数目
```

并且元素数目必须是一个常量表达式：

```
void f(int n)
{
    array<string,n> aa = {"John's", "Queens' "};   // 错误：元素数目不是常量表达式
    //
}
```

如果你希望元素数目可变，应该使用 `vector`。
我们也可以在必要的时候将 `array` 显式传递给一个需要指针的 C 风格函数。例如：

```
void f(int* p, int sz);         // C 风格的接口

void g()
{
    array<int,10> a;

    f(a,a.size());              // 错误：无类型转换
```

```
    f(&a[0],a.size());          // C 风格的用法
    f(a.data(),a.size());       // C 风格的用法

    auto p = find(a.begin(),a.end(),777);   // C++/STL 风格的用法
    // ...
}
```

既然 vector 灵活得多，我们为什么还要使用 array 呢？答案是 array 灵活性更低，但也因此更为简单。有时候，相比在自由存储中分配、通过 vector（一种句柄）间接访问、然后还要释放掉元素，对栈中分配的元素直接进行访问会有显著的性能优势。但另一方面，栈是一种有限的资源（尤其是在嵌入式系统中），一旦发生栈溢出，后果不堪设想。

另一个问题是：既然可以使用内置数组，我们为什么还要使用 array 呢？首先，array 知道自己的大小，因此容易使用标准库算法；其次，我们可以用 = 拷贝 array。但我倾向于 array 的最主要的原因是，它不会令人惊讶地、糟糕地转换成指针。考虑下面代码：

```
void h()
{
    Circle a1[10];
    array<Circle,10> a2;
    // ...
    Shape* p1 = a1;    // 正确：但灾难即将发生
    Shape* p2 = a2;    // 错误：array<Circle,10> 无法转换为 Shape*
    p1[3].draw();      // 灾难
}
```

注释中的"灾难"是假定 sizeof(Shape)<sizeof(Circle)，这样通过 Shape* 进行下标操作 Circle[] 会得到错误的偏移量。所有的标准库容器都克服了内置数组的这一缺陷。

13.4.2 bitset

系统的很多属性（例如输入数据流的状态）都可以表示为一组表示二元状态的标记，像好/坏、真/假、开/关等。C++ 通过整数上的位运算（参见 1.4 节）为这样一种小规模标记的概念提供了高效支持。类 bitset<N> 提供了 N 位序列 [0:N) 上的操作，从而泛化了这一概念，其中 N 在编译时就已知。对于无法放入一个 long long int 中的位集合，使用 bitset 比直接使用整数方便得多。即使对于较小的位集合，bitset 通常也进行了优化。如果你为每一位命名而不是对它们编号，则应该使用 set（参见 11.4 节）或者枚举（参见 2.5 节）。

我们可以用整数或者字符串来初始化 bitset：

```
bitset<9> bs1 {"110001111"};
bitset<9> bs2 {0b1'1000'1111};    // 使用数字分隔符的二进制字面值（参见 1.4 节）
```

常用位运算符（参见 1.4 节）以及左移和右移运算符（<< 和 >>）都能用在 bitset 上：

```
bitset<9> bs3 = ~bs1;         // 求补运算：bs3=="001110000"
bitset<9> bs4 = bs1&bs3;      // 所有的位都是 0
bitset<9> bs5 = bs1<<2;       // 左移：bs5 = "000111100"
```

其中，移位操作（此处是 <<）会"移进" 0。

函数 to_ullong() 和 to_string() 提供了与构造函数相反的操作。例如，我们可以输出一个 int 值的二进制表示：

```
void binary(int i)
{
    bitset<8*sizeof(int)> b = i;        // 假定一个字节占 8 位（参见 14.7 节）
    cout << b.to_string() << '\n';      // 输出 i 的所有位
}
```

这段代码将二进制表示的 1 和 0 从左至右地打印出来，最高位在最左边，则实参 123 的输出结果是：

00000000000000000000000001111011

不过仅就这个例子而言，更简单的做法是直接使用 `bitset` 的输出运算符：

```
void binary2(int i)
{
    bitset<8*sizeof(int)> b = i;        // 假定一个字节占 8 位（参见 14.7 节）
    cout << b << '\n';                  // 输出 i 的所有位
}
```

13.4.3 pair 和 tuple

通常，我们希望一些数据就是数据。换句话说，我们想要的仅仅是一组值，而非具有定义良好的语义且对其值规定了不变式的类对象（参见 3.5.2 节）。在这些情况下，定义一个简单的 `struct`，其具有恰当命名的成员，是一种理想方式。也可以让标准库帮我们定义。例如，标准库算法 `equal_range` 返回一个迭代器 `pair`，指出满足给定谓词的子序列：

```
template<typename Forward_iterator, typename T, typename Compare>
    pair<Forward_iterator,Forward_iterator>
    equal_range(Forward_iterator first, Forward_iterator last, const T& val, Compare cmp);
```

给定一个有序序列 `[first:last)`，`equal_range()` 返回一个 `pair`，表示匹配谓词 `cmp` 的子序列。我们可以用它在一个有序序列 `Records` 中进行搜索：

```
auto less = [](const Record& r1, const Record& r2) { return r1.name<r2.name;};   // 比较名字

void f(const vector<Record>& v)     // 假定 v 按 "name" 排好了序
{
    auto er = equal_range(v.begin(),v.end(),Record{"Reg"},less);

    for (auto p = er.first; p!=er.second; ++p)  // 打印所有相等的记录
        cout << *p;                             // 假定 Record 定义了 << 操作
}
```

`pair` 的第一个成员称为 `first`，第二个成员称为 `second`。这种命名方式不是特别有新意，而且初看可能有些奇怪，不过当我们想编写通用代码时，就能从这种一致的命名方式中受益。在名字 `first` 和 `second` 过于通用的地方，我们可以使用结构化绑定（参见 3.6.3 节）：

```
void f2(const vector<Record>& v)    // 假定 v 按 "name" 排好了序
{
    auto [first,last] = equal_range(v.begin(),v.end(),Record{"Reg"},less);

    for (auto p = first; p!=last; ++p)  // 打印所有相等的记录
        cout << *p;                     // 假定 Record 定义了 << 操作
}
```

标准库 `pair`（定义在 `<utility>` 中）广泛用于标准库中和其他地方。`pair` 提供了一

些运算符，如 =、== 和 <，不过前提是它的元素要支持这些运算。类型推断机制令我们可以轻松地创建一个 pair 而无须显式提及其类型。例如：

```
void f(vector<string>& v)
{
    pair p1 {v.begin(),2};              // 一种方法
    auto p2 = make_pair(v.begin(),2);   // 另一种方法
    // ...
}
```

p1 和 p2 都是 pair<vector<string>::iterator,int> 类型。

如果你用到的元素个数不止两个（或者不足两个），则可使用 tuple（定义在 <utility> 中）。一个 tuple 就是一个异构的元素序列，例如：

```
tuple<string,int,double> t1 {"Shark",123,3.14};         // 显式指明类型
auto t2 = make_tuple(string{"Herring"},10,1.23);        // 类型推断为 tuple<string,int,double>
tuple t3 {"Cod"s,20,9.99};                              // 类型推断为 <string,int,double>
```

旧式代码喜欢使用 make_tuple()，因为从构造函数的实参推断模板参数是 C++17 中的新特性。

通过一个函数模板 get 来访问 tuple 的成员：

```
string s = get<0>(t1);     // 获取第一个元素："Shark"
int x = get<1>(t1);        // 获取第二个元素：123
double d = get<2>(t1);     // 获取第三个元素 3.14
```

tuple 的元素从 0 开始编号，其索引必须是常量。

通过其索引访问一个 tuple 的成员的方法通常很丑陋，一定程度上还容易出错。幸运的是，如果一个 tuple 中某个元素的类型在 tuple 中是唯一的，则可通过其类型"命名"它：

```
auto s = get<string>(t1);   // 获取 string: "Shark"
auto x = get<int>(t1);      // 获取 int: 123
auto d = get<double>(t1);   // 获取 double: 3.14
```

我们还可以使用 get< > 来写入值：

```
get<string>(t1) = "Tuna";   // 写入 string
get<int>(t1) = 7;           // 写入 int
get<double>(t1) = 312;      // 写入 double
```

与 pair 类似，只要 tuple 的元素支持赋值操作和比较操作，我们就能对整个 tuple 赋值和比较。类似于 tuple 元素，pair 元素也可以用 get<>() 访问。

类似于 pair，结构化绑定（参见 3.6.3 节）也可用于 tuple。但是，当代码不需要通用性时，使用包含命名成员的简单结构类型通常会产生更易维护的代码。

13.5 选择

标准库提供了三种类型来表达选择：

- variant 用来表达一组指定选择中的一个（定义在 <variant> 中）。
- optional 用来表达一个指定类型的值或者没有值（定义在 <optional> 中）。
- any 用来表达一组不限数量的可选类型中的一个（定义在 <any> 中）。

这三种类型为用户提供的功能是相关的。但不幸的是，它们无法提供一个统一接口。

13.5.1 variant

相比于显式使用 union（参见 2.4 节），variant<A,B,C> 通常是一种更安全也更方便的替代。可能最简单的例子就是返回一个值或是一个错误码：

```
variant<string,int> compose_message(istream& s)
{
    string mess;
    // ... 从 s 读取数据，组成消息 ...
    if (no_problems)
        return mess;            // 返回一个 string
    else
        return error_number;    // 返回一个 int
}
```

当你用一个值为一个 variant 赋值或初始化时，它会记住值的类型。稍后，我们可以询问 variant 保存的是什么类型并提取值。例如：

```
auto m = compose_message(cin));

if (holds_alternative<string>(m)) {
    cout << m.get<string>();
}
else {
    int err = m.get<int>();
    // ... 处理错误 ...
}
```

这种风格对一些不喜欢异常（参见 3.5.3 节）的人很有吸引力，但它有一些更有意思的应用。例如，一个简单的编译器可能需要区分不同类型的语法树结点，它们具有不同的表示方式。

```
using Node = variant<Expression,Statement,Declaration,Type>;

void check(Node* p)
{
    if (holds_alternative<Expression>(*p)) {
        Expression& e = get<Expression>(*p);
        // ...
    }
    else if (holds_alternative<Statement>(*p)) {
        Statement& s = get<Statement>(*p);
        // ...
    }
    // ... 声明和类型 ...
}
```

这种通过检查可选项来决定恰当动作的模式很常见，但相对低效，因此值得在语言中提供直接支持来提高效率：

```
void check(Node* p)
{
    visit(overloaded {
        [](Expression& e) { /* ... */ },
        [](Statement& s) { /* ... */ },
        // ... 声明和类型 ...
    }, *p);
}
```

这基本上等价于一次虚函数调用，但可能更快。如同所有关于性能的声明，在性能关键的场景中，我们应该通过性能测量来验证"可能更快"。对大多数应用而言，它们的性能差异无关紧要。

不幸的是，overloaded 特性虽然重要但还不是 C++ 标准。它是"某种魔法"，从一组实参（通常是 lambda）构建出一个重载集：

```
template<class... Ts>
struct overloaded : Ts... {
    using Ts::operator()...;
};

template<class... Ts>
    overloaded(Ts...) -> overloaded<Ts...>;    // 推断指导
```

随后"访问者"visit 对 overload 应用 () 运算符，按照重载规则选择最适合的 lambda 进行调用。

推断指导（deduction guide）是一种解决微妙二义性的机制，主要用于基础库中类模板的构造函数。

如果尝试访问的 variant 保存的类型不是所期望的，就会抛出 bad_variant_access 异常。

13.5.2 optional

一个 optional<A> 可看作一种特殊的 variant（类似于一个 variant<A,nothing>），或看作一个指针 A* 要么指向某个对象要么为 nullptr 的思想的一种推广。

对于可能返回一个对象也可能什么都不返回的函数，optional 是很有用的：

```
optional<string> compose_message(istream& s)
{
    string mess;

    // ... 从 s 读取数据，组成消息 ...

    if (no_problems)
        return mess;
    return {};           // 空 optional
}
```

有了这个版本，我们就可以这样编写如下代码：

```
if (auto m = compose_message(cin))
    cout << *m;          // 注意解引用运算（*）
else {
    // ... 处理错误 ...
}
```

这种风格对一些不喜欢异常（参见 3.5.3 节）的人很有吸引力。注意对 * 的奇怪使用——optional 被当作指向对象的指针而非对象本身。

空 optional 对象 {} 等价于 nullptr。例如：

```
int cat(optional<int> a, optional<int> b)
{
```

```
        int res = 0;
        if (a) res+=*a;
        if (b) res+=*b;
        return res;
    }

    int x = cat(17,19);
    int y = cat(17,{});
    int z = cat({},{});
```

如果我们试图访问一个未保存值的 `optional`，结果是未定义的——不会有异常抛出。因此，`optional` 不保证类型安全。

13.5.3 any

一个 `any` 能保存任何类型，并且知道它保存的是什么类型（如果有的话）。它基本上是 `variant` 的无约束版本：

```
any compose_message(istream& s)
{
    string mess;

    // ... 从 s 读取数据，组成消息 ...

    if (no_problems)
        return mess;            // 返回一个 string
    else
        return error_number;    // 返回一个 int
}
```

当你用一个值对一个 `any` 进行赋值或初始化时，它会记住值的类型。稍后，我们可以询问 `any` 保存的是什么类型并提取值。例如：

```
auto m = compose_message(cin));
string& s = any_cast<string>(m);
cout << s;
```

如果我们尝试访问的 `any` 保存的类型不是所期望的，就会抛出 `bad_any_access` 异常。不依赖于异常的访问 `any` 的方法也是存在的。

13.6 分配器

标准库容器默认使用 `new` 分配空间。操作符 `new` 和 `delete` 提供了一种通用的自由存储空间（也被称为动态内存或堆），可以保存大小任意且生命周期可控的对象。这意味着时间和空间上的额外开销，而这种开销在很多特殊情况下是可以消除的。因此，标准库容器提供了在需要时安装具有特殊语义的分配器的机制。这一机制已被用来解决很多在意性能（如池分配器）、安全性（删除时清理内存的分配器）、每线程分配以及非一致内存架构（在特殊内存上分配，这种内存具有相匹配的指针类型）的应用。本书不会讨论这些重要但非常特殊的技术，这些技术通常也是高级技术。但是，我会介绍一个由现实世界问题激发的例子，它可用池分配器解决 [Zubkov,2017]。

一个重要的、长时间运行的系统使用一个事件队列（参见 15.6 节），其中每个事件是一个 `vector`，以 `shared_ptr` 传递。这样，一个事件的最后一个用户会隐式地删除它：

```
struct Event {
    vector<int> data = vector<int>(512);
};

list<shared_ptr<Event>> q;

void producer()
{
    for (int n = 0; n!=LOTS; ++n) {
        lock_guard lk {m};          // m 是一个 mutex（参见 15.5 节）
        q.push_back(make_shared<Event>());
        cv.notify_one();
    }
}
```

从逻辑角度看，这个版本工作得很好。它逻辑简单，因此代码健壮、可维护。不幸的是，这个版本会导致大量碎片。在 16 个生产者和 4 个消费者之间传递 100 000 个事件后，会消耗超过 6GB 的内存。

碎片问题的传统解决方案是用池分配器重写代码。池分配器是一种管理单一固定大小对象的分配器，每次要为很多对象分配空间，而非为单个对象分配。幸运的是，C++ 对此提供了直接支持。池分配器定义在 std 的 pmr（"多态内存资源"）子名字空间中：

```
pmr::synchronized_pool_resource pool;       // 创建一个池

struct Event {
    vector<int> data = vector<int>{512,&pool};      // 令 Event 使用池
};

list<shared_ptr<Event>> q {&pool};          // 令 q 使用池
void producer()
{
    for (int n = 0; n!=LOTS; ++n) {
        scoped_lock lk {m};         // m is a mutex (§15.5)
        q.push_back(allocate_shared<Event,pmr::polymorphic_allocator<Event>>{&pool});
        cv.notify_one();
    }
}
```

现在，在 16 个生产者和 4 个消费者之间传递 100 000 个事件之后，只会消耗少于 3MB 的内存。这有 2000 倍的性能提升！自然，真正使用的内存量（与碎片浪费的内存相对）并未改变。在消除碎片后，随着时间推移内存使用保持稳定，从而内存可以持续数月地运行。

从 C++ 的早期开始，类似这样的技术就已取得很好的应用效果，但一般而言需要重写代码来使用特殊容器。现在，标准库容器支持可选的分配器参数。容器默认使用 `new` 和 `delete`。

13.7 时间

在 `<chrono>` 中，标准库提供了处理时间的设施。例如，下面是基本的计时方法：

```
using namespace std::chrono;        // 在字空间 std::chrono 中，参见 3.4 节

auto t0 = high_resolution_clock::now();
```

```
do_work();
auto t1 = high_resolution_clock::now();
cout << duration_cast<milliseconds>(t1-t0).count() << "msec\n";
```

系统时钟返回一个 `time_point` 类型的值（时间点）。两个 `time_point` 相减的结果是一个 `duration`（时间段）。不同的时钟得到的时间单位各有不同（这里用到的时钟单位是 `nanoseconds`），所以最好将 `duration` 统一转换成一个公认的单位，这就是 `duration_cast` 所做的事情。

如果没有进行时间测量，就不要对代码做出有关"效率"的声明。猜测性能是最不可靠的。

为简化符号表示、尽量减少错误，`<chrono>` 提供了时间单位后缀（参见 5.4.4 节）。例如：

```
this_thread::sleep(10ms+33us);    // 等待 10 毫秒零 33 微秒
```

时间后缀定义在名字空间 `std::chrono_literals` 中。

C++20 标准中增加了 `<chrono>` 的一个优雅、高效的扩展，支持长时间间隔（如若干年、若干月）、日历和时区。这一扩展已有实现，广泛用于实际代码中 [Hinnant,2018] [Hinnant,2018b]。你可以这样编写代码：

```
auto spring_day = apr/7/2018;
cout << weekday(spring_day) << '\n';    // 星期六
```

它甚至能处理闰年。

13.8 函数适配器

当我们将函数作为参数传递，实参类型必须与在被调用函数的声明中表达的期望类型严格匹配。如果预期参数"几乎匹配期望"的话，我们有三种好的选择：

- 使用 lambda（参见 13.8.1 节）。
- 使用 `std::mem_fn()` 从一个成员函数创建一个函数对象（参见 13.8.2 节）。
- 定义函数接受一个 `std::function`（参见 13.8.3 节）。

还有很多其他方法，但这三种方法之一通常是最佳选择。

13.8.1 `lambda` 作为适配器

考虑经典的"绘制所有形状"的例子：

```
void draw_all(vector<Shape*>& v)
{
    for_each(v.begin(),v.end(),[](Shape* p) { p->draw(); });
}
```

类似于所有的标准库算法，`for_each()` 使用传统函数调用语法 `f(x)` 调用其实参，但 `Shape` 的 `draw()` 使用了常规的面向对象语法 `x->f()`。lambda 很容易实现这两种语法之间的协调。

13.8.2 `mem_fn()`

给定一个成员函数，函数适配器 `mem_fn(mf)` 生成一个函数对象，我们能像调用非成员函数那样调用它。例如：

```
void draw_all(vector<Shape*>& v)
{
    for_each(v.begin(),v.end(),mem_fn(&Shape::draw));
}
```

在 C++11 中引入 lambda 之前，mem_fn() 和等价机制曾是将面向对象调用风格映射到函数式调用风格的主要方法。

13.8.3 function

标准库 function 是一个类型，它能保存任何你能用调用运算符 () 调用的对象。即，一个 function 类型的对象是一个函数对象（参见 6.3.2 节）。例如：

```
int f1(double);
function<int(double)> fct1 {f1};        // 初始化为 f1

int f2(string);
function fct2 {f2};                      // fct2 的类型为 function<int(string)>

function fct3 = [](Shape* p) { p->draw(); };    // fct3 的类型为 function<void(Shape*)>
```

对于 fct2，我令 function 的类型从初始值推断出来：int(string)。

显然，对于回调函数、将操作作为参数传递、传递函数对象等问题，function 是很有用的。但与直接调用相比，它可能引入一些运行时额外开销，而且一个 function 是一个对象，因此不参与到重载中。如果你需要重载函数对象（包括 lambda），应考虑 overloaded（参见 13.5.1 节）。

13.9 类型函数

类型函数（type function）是编译时求值的函数，它接受一个类型作为实参或者返回一个类型作为结果。标准库提供了大量的类型函数来帮助库的实现者（以及普通程序员）在编写代码时充分利用语言、标准库以及普通代码的优点。

对于数字类型来说，<limits> 中的 numeric_limits 提供了很多有用的信息（参见 14.7 节）。例如：

constexpr float min = numeric_limits<float>::min();   // 最小的正浮点数

与之类似，我们可以使用内置的 sizeof 运算符（参见 1.4 节）获取对象的大小。例如：

constexpr int szi = sizeof(int);   // 一个 int 占用的字节数

这种函数是 C++ 编译时计算机制的一部分，它允许更紧的类型检查和更好的性能，这在其他情况下是很难达到的。使用这些特性通常被称为元编程（metaprogramming）或模板元编程（template metaprogramming）（当使用模板时）。在本节中，我只介绍标准库提供的两种设施：iterator_traits（13.9.1 节）和类型谓词（13.9.2 节）。概念（参见 7.2 节）令这类技术中的某些变得多余，并令其余很多变得简化，但概念还不是 C++ 标准，也不是很容易获取，因此本节介绍的技术还在广泛使用中。

13.9.1 iterator_traits

标准库 `sort()` 函数接受一对迭代器作为参数，假定它们定义了一个序列（参见第 12 章）。而且，这两个迭代器必须提供对序列的随机访问，也就是说，它们必须是随机访问迭代器（random-access iterator）。某些容器（比如 `forward_list`）无法提供满足要求的迭代器。特别是，`forward_list` 是一种单向链表，因此对它进行下标操作的代价非常昂贵，而且也没有合适的方法访问前一个元素。不过和大多数容器一样，`forward_list` 提供了前向迭代器（forward iterator），可供算法和 `for` 语句用来遍历序列（参见 6.2 节）。

我们可以用标准库提供的 `iterator_traits` 检查当前容器支持哪种迭代器，这样就能改进 12.8 节中的 `sort()` 函数，令它既支持 `vector` 又支持 `forward_list`。例如：

```
void test(vector<string>& v, forward_list<int>& lst)
{
    sort(v);        // 排序 vector
    sort(lst);      // 排序单向链表
}
```

令这段代码奏效的技术通常是很有用的。

首先，我们编写两个辅助函数，它们接受一个额外的参数以指示它们是用于随机访问迭代器还是前向迭代器。其中，接受随机访问迭代器的版本没什么特别之处：

```
template<typename Ran>
void sort_helper(Ran beg, Ran end, random_access_iterator_tag)   // 用于随机访问迭代器
{                                                                 // 我们能使用下标操作访问
    sort(beg,end);   // 进行排序                                    //   [beg:end] 内的元素
}
```

接受前向迭代器的版本简单地将列表拷贝到一个 `vector` 中、排序然后拷贝回来：

```
template<typename For>
void sort_helper(For beg, For end, forward_iterator_tag)   // 用于前向迭代器
{                                                           // 我们能遍历 [beg:end] 内的元素
    vector<Value_type<For>> v {beg,end};   // 用 [beg:end] 内的元素初始化一个 vector
    sort(v.begin(),v.end());                // 使用随机访问排序
    copy(v.begin(),v.end(),beg);            // 将元素拷贝回链表
}
```

`Value_type<For>` 是 `For` 的元素类型，也称为它的值类型（value type）。每个标准库迭代器都含有一个 `value_type` 成员，我们通过定义一个类型别名（参见 6.4.2 节）实现了 `Value_type<For>` 这种符号表示：

```
template<typename C>
    using Value_type = typename C::value_type;   // C 的值类型
```

因此，对于一个 `vector<X>`，`Value_type<X>` 为 `X`。

真正的"类型魔法"发生在选择辅助函数的过程中：

```
template<typename C>
void sort(C& c)
{
    using Iter = Iterator_type<C>;
    sort_helper(c.begin(),c.end(),Iterator_category<Iter>{});
}
```

在这里我们使用了两个类型函数：`Iterator_type<C>` 返回 C 的迭代器类型（即 `C::iterator`)，然后 `Iterator_category<Iter>{}` 构建了一个"标签"值以指示提供的是哪种迭代器：

- 如果 C 的迭代器支持随机访问，则得到的值为 `std::random_access_iterator_tag`。
- 如果 C 的迭代器支持前向访问，则得到的值为 `std::forward_iterator_tag`。

有了这个标签值，我们就能在编译时从两种排序算法中选择一种来使用。这种技术称为标签分发（tag dispatch），它是一种在标准库和其他地方经常用到的提高程序灵活性和性能的方法。

我们可以像下面这样定义 `Iterator_type`：

```
template<typename C>
    using Iterator_type = typename C::iterator;    // C 的迭代器类型
```

但是，为了将这一思想扩展到没有成员类型的类型，例如指针，标准库对标签分发的支持是以 `<iterator>` 中的一个类模板 `iterator_traits` 的形式提供的。它对指针的特例化版本看起来像下面这样：

```
template<class T>
struct iterator_traits<T*> {
    using difference_type = ptrdiff_t;
    using value_type = T;
    using pointer = T*;
    using reference = T&;
    using iterator_category = random_access_iterator_tag;
};
```

现在，我们可以这样编写代码：

```
template<typename Iter>
    using Iterator_category = typename std::iterator_traits<Iter>::iterator_category;    // 迭代器类别
```

现在，一个 `int*` 就可以用作一个随机访问迭代器了，而不用理会它没有成员类型；`Iterator_category<int*>` 的值为 `random_access_iterator_tag`。

引入概念（参见 7.2 节）后，很多萃取技术和基于萃取的技术都变得多余。考虑 `sort()` 例子的概念版本：

```
template<RandomAccessIterator Iter>
void sort(Iter p, Iter q);    // 用于 std::vector 和其他支持随机访问的类型

template<ForwardIterator Iter>
void sort(Iter p, Iter q)
    // 用于 std::list 和其他只支持前向遍历的类型
{
    vector<Value_type<Iter>> v {p,q};
    sort(v);                            // 使用随机访问排序
    copy(v.begin(),v.end(),p);
}

template<Range R>
void sort(R& r)
{
    sort(r.begin(),r.end());            // 使用恰当的排序
}
```

显然相较萃取技术有进步。

13.9.2 类型谓词

在 `<type_traits>` 中，标准库提供了一种简单的类型函数，称为类型谓词（type predicate），能回答关于类型的一些基本问题。例如：

```
bool b1 = Is_arithmetic<int>();      // 是的，int 是一种算术类型
bool b2 = Is_arithmetic<string>();   // 不是，std::string 不是一种算术类型
```

其他例子包括 `is_class`、`is_pod`、`is_literal_type`、`has_virtual_destructor` 和 `is_base_of`。我们在编写模板时这些谓词非常有用，例如：

```
template<typename Scalar>
class complex {
    Scalar re, im;
public:
    static_assert(Is_arithmetic<Scalar>(), "Sorry, I only support complex of arithmetic types");
    // ...
};
```

为了提高代码的可读性，使其与直接使用标准库相当，我定义了一个类型函数：

```
template<typename T>
constexpr bool Is_arithmetic()
{
    return std::is_arithmetic<T>::value ;
}
```

旧式代码习惯于直接使用 `::value` 而非 `()`，但我认为前者既不美观又容易暴露实现的细节。

13.9.3 enable_if

使用类型谓词的明显方式是在 `static_assert`、编译时 `if` 和 `enable_if` 中包含条件。标准库 `enable_if` 是一种被广泛使用的有条件引入定义的机制。考虑定义一个"智能指针"：

```
template<typename T>
class Smart_pointer {
    T& operator*();
    T& operator->();    // 当且仅当 T 是一个类时能正常工作
};
```

当且仅当 T 是一个类类型时才应定义 `->`。例如，`Smart_pointer<vector<T>>` 应该有 `->`，而 `Smart_pointer<int>` 就不该有。我们不能使用编译时 `if`，因为不在一个函数中，我们应该这样编写代码：

```
template<typename T>
class Smart_pointer {
    T& operator*();
    std::enable_if<Is_class<T>(),T&> operator->();    // 当且仅当 T 是一个类时才定义
};
```

我使用类型萃取 `is_class` 定义了类型函数 `Is_class()`，就像在 13.9.2 节中定义 `is_arithmetic()` 一样。

如果 Is_class<T>() 为 true，则 operator->() 的类型为 T&。否则，operator->() 的定义被忽略。

enable_if 的语法很奇怪，难以使用，而且在很多情况下可用概念（参见 7.2 节）取代。但是，enable_if 是很多当前模板元编程和很多标准库组件的基础。它依赖于一个称为 SFINAE（Substitution Failure Is Not An Error，替换失败不是一种错误）的微妙语言特性。

13.10 建议

[1] 对于库来说，不是大而复杂才会有用；13.1 节。
[2] 所谓资源是指需要先申请后（显式或隐式）释放的东西；13.2 节。
[3] 用资源句柄来管理资源（RAII）；13.2 节；[CG: R.1]。
[4] 用 unique_ptr 引用多态类型的对象；13.2.1 节；[CG: R.20]。
[5] shared_ptr（仅）用于引用共享的对象；13.2.1 节；[CG: R.20]。
[6] 与智能指针相比，优先选择具有特定语义的资源句柄；13.2.1 节。
[7] 与 shared_ptr 相比，优先选择 unique_ptr；5.3 节、13.2.1 节。
[8] 使用 make_unique() 构造 unique_ptr；13.2.1 节；[CG: R.22]。
[9] 使用 make_shared() 构造 shared_ptr；13.2.1 节；[CG: R.23]。
[10] 与垃圾回收机制相比，优先选择智能指针；5.3 节、13.2.1 节。
[11] 不要使用 std::move()；13.2.2 节；[CG: ES.56]。
[12] 只使用 std::forward() 进行转发；13.2.2 节。
[13] 在 std::move() 或 std::forward() 之后绝不从对象读取数据；13.2.2 节。
[14] 与指针加计数的接口相比，优先选择 span；13.3 节；[CG: F.24]。
[15] 在需要序列的大小为 constexpr 的地方使用 array；13.4.1 节。
[16] 与内置数组相比，优先选择 array；13.4.1 节；[CG: SL.con.2]。
[17] 如果你需要使用 N 个二进制位，而 N 又并非恰好是某种内置整数类型的大小，则使用 bitset；13.4.2 节。
[18] 不要过度使用 pair 和 tuple；命名 struct 通常会产生更易读的代码；13.4.3 节。
[19] 使用 pair 时，使用模板参数推断或 make_pair() 来避免多余的类型说明；13.4.3 节。
[20] 使用 tuple 时，使用模板参数推断或 make_pair() 来避免多余的类型说明；13.4.3 节；[CG: T.44]。
[21] 与显式使用 union 相比，优先选择 variant；13.5.1 节；[CG: C.181]。
[22] 使用分配器防止内存碎片；13.6 节。
[23] 在做出效率相关的结论前，应该测量你的程序的运行时间；13.7 节。
[24] 在报告程序的执行时间时，用 duration_cast 将结果转换为恰当的时间单位；13.7 节。
[25] 当说明一个 duration 时，使用恰当的时间单位；13.7 节。
[26] 使用 mem_fn() 或 lambda 创建函数对象，能在使用传统函数调用语法时正确调用成员函数；13.8.2 节。
[27] 当你需要存储某些能被调用的东西时，使用 function；13.8.3 节。
[28] 你可以编写显式依赖类型属性的代码；13.9 节。
[29] 只要可能，优先选择概念而非萃取和 enable_if；13.9 节。
[30] 使用别名和类型谓词来简化语法；13.9.1 节、13.9.2 节。

第 14 章

A Tour of C++, Second Edition

数　值

> 计算的意义在于洞察力，而非数字本身。
> ——理查德·汉明
> ……但是对于学生而言，
> 数字通常是培养洞察力最好的途径。
> ——A. 罗尔斯顿

- 引言
- 数学函数
- 数值算法
  并行算法
- 复数
- 随机数
- 向量算术
- 数值限制
- 建议

14.1 引言

C++ 语言最初的设计并未以数值计算为关注的焦点。然而，数值计算常常作为其他任务的一部分而出现，如数据库访问、网络系统、设备控制、图形学、仿真和金融分析等，因此 C++ 也成为完成大型系统中计算任务的一种有吸引力的工具。而且，数值计算也已走过漫长的路程，已不再是浮点数向量上的简单循环了。计算所涉及的数据结构越复杂，C++ 就越能发挥它的威力。最终的结果就是，C++ 已广泛用于科学计算、工程计算、金融计算以及其他涉及复杂数值运算的计算任务中。相应地，支持这种计算的语言设施和技术也逐渐发展起来。本章主要介绍标准库中支持数值计算的部分。

14.2 数学函数

在 `<cmath>` 中，我们可以找到标准数学函数（standard mathematical function），如用于 `float`、`double` 和 `long double` 参数类型的 `sqrt()`、`log()` 和 `sin()`：

标准数学函数	
abs(x)	绝对值
ceil(x)	>=x 的最小整数
floor(x)	<=x 的最大整数
sqrt(x)	平方根；x 必须非负
cos(x)	余弦
sin(x)	正弦
tan(x)	正切

标准数学函数	
acos(x)	反余弦,结果非负
asin(x)	反正弦,返回最接近 0 的结果
atan(x)	反正切
sinh(x)	双曲正弦
cosh(x)	双曲余弦
tanh(x)	双曲正切
exp(x)	e 的指数
log(x)	自然对数,以 e 为底,x 必须为正
log10(x)	以 10 为底的对数

用于 complex(参见 14.4 节)的版本可在 <complex> 中找到。每个函数的返回类型与其实参的类型相同。

报告错误的方式是设置来自 <cerrno> 的 errno,出现定义域错误时将它设为 EDOM,出现值域错误时将它设为 ERANGE。例如:

```
void f()
{
    errno = 0; // 清除旧的错误状态
    sqrt(-1);
    if (errno==EDOM)
        cerr << "sqrt() not defined for negative argument";

    errno = 0; // 清除旧的错误状态
    pow(numeric_limits<double>::max(),2);
    if (errno == ERANGE)
        cerr << "result of pow() too large to represent as a double";
}
```

在 <cstdlib> 中包含了其他几个数学函数。此外,在 <cmath> 中还有一些特殊数学函数(special mathematical function),如 beta()、rieman_zeta() 和 sph_bessel()。

14.3 数值算法

在 <numeric> 中有几个推广的数值算法,比如 accumulate()。

数值算法	
x=accumulate(b,e ,i)	x 是 i 和 [b:e] 范围内所有元素的和
x=accumulate(b,e ,i,f)	用 f 代替 + 执行 accumulate
x=inner_product(b,e ,b2,i)	x 是 [b:e] 和 [b2:b2+(e-b)] 的内积,也就是 i 和所有 (*p1)*(*p2) 的和,其中 p1 为 [b:e] 中的每个元素,p2 为 [b2:b2+(e-b)] 中的对应元素
x=inner_product(b,e ,b2,i,f,f2)	用 f 和 f2 代替 + 和 * 执行 inner_product
p=partial_sum(b,e,out)	[out:p) 的第 i 个元素是 [b:b+i] 中元素的和
p=partial_sum(b,e,out,f)	用 f 代替 + 执行 partial_sum
p=adjacent_difference(b,e ,out)	[out:p) 的第 i 个元素是 *(b+i)-*(b+i-1),其中 i>0;如果 e-b>0,则 *out 是 *b
p=adjacent_difference(b,e ,out,f)	用 f 代替 - 执行 adjacent_difference
iota(b,e ,v)	为 [b:e) 的每个元素依次赋值 ++v,因此序列变为 v+1, v+2, ……
x=gcd(n,m)	x 是整数 n 和 m 的最大公约数
x=lcm(n,m)	x 是整数 n 和 m 的最小公倍数

上述算法推广了一些非常常见的操作（如求和），使其可以作用于各种不同类型的序列。而且，对序列元素执行的运算被作为参数传递给算法。每个算法都在泛化的版本之外补充了一个应用最常见运算的版本。例如：

```
list<double> lst {1, 2, 3, 4, 5, 9999.99999};
auto s = accumulate(lst.begin(),lst.end(),0.0);    // 计算和：10014.9999
```

这些算法可用于任意一种标准库序列，并可接受提供的运算作为其参数（参见 14.3 节）。

并行算法

在 `<numeric>` 中，还提供了数值算法的并行版本（参见 12.9 节），这些版本稍有不同。

并行数值算法	
x=reduce(b,e,v)	x = accumulate(b, e, v)，区别是计算顺序不同
x=reduce(b,e)	x = reduce(b, e, V{})，其中 V 是 b 的值类型
x=reduce(pol,b,e,v)	x = reduce(b, e, v)，执行策略为 pol
x=reduce(pol,b,e)	x = reduce(pol, b, e, V{})，其中 V 是 b 的值类型
p=exclusive_scan(pol,b,e,out)	根据 pol 执行 p = partial_sum(b, e, out)，从第 i 个和中排除第 i 个输入元素
p=inclusive_scan(pol,b,e,out)	根据 pol 执行 p = partial_sum(b, e, out)，第 i 个和包含第 i 个输入元素
p=transform_reduce(pol,b,e,f,v)	对 [b: e) 中每个 x 执行 f(x)，然后执行 reduce
p=transform_exclusive_scan(pol,b,e,out,f,v)	对 [b: e) 中每个 x 执行 f(x)，然后执行 exclusive_scan
p=transform_inclusive_scan(pol,b,e,out,f,v)	对 [b: e) 中每个 x 执行 f(x)，然后执行 inclusive_scan

简单起见，我省略了接受函数参数的版本，那些版本不是仅使用 + 和 =。对 reduce()，我还省略了采用默认策略（顺序策略）和默认值的版本。

与 `<algorithm>` 中的并行算法（参见 12.9 节）一样，我们可以为这些算法指定执行策略：

```
vector<double> v {1, 2, 3, 4, 5, 9999.99999};
auto s = reduce(v.begin(),v.end());    // 求和，用一个 double 作为累加器

vector<double> large;
// ... 向 large 填入很多值 ...
auto s2 = reduce(par_unseq,large.begin(),large.end());   // 采用可用的并行机制求和
```

并行算法（如 `reduce()`）与串行版本（如 `accumulate()`）的不同之处在于允许不按指明的顺序对元素执行运算。

14.4 复数

标准库提供了一系列复数类型，它们与 4.2.1 节描述的 `complex` 类有些类似。为了让复数中的标量可以是单精度浮点数（`float`）、双精度浮点数（`double`）等不同类型，标准库将 `complex` 定义为模板：

```
template<typename Scalar>
class complex {
public:
    complex(const Scalar& re ={}, const Scalar& im ={});   // 默认函数参数，参见 3.6.1 节
    // ...
};
```

标准库复数类型支持常见的算术操作和数学函数，例如：

```
void f(complex<float> fl, complex<double> db)
{
    complex<long double> ld {fl+sqrt(db)};
    db += fl*3;
    fl = pow(1/fl,2);
    // ...
}
```

`<complex>`（参见 14.2 节）定义了一些常见的数学函数，`sqrt()` 和 `pow()`（幂指数）即在其中。

14.5 随机数

随机数在很多场景中都很有用，如测试、游戏、仿真和安全。为了适应各种各样的应用需求，标准库在 `<random>` 中提供了多种不同的随机数发生器供选择。一个随机数发生器包括两部分：

- 一个引擎（engine），负责生成一组随机值或者伪随机值。
- 一种分布（distribution），负责将引擎生成的值映射到某个数学分布上。

一些典型的分布包括 `uniform_int_distribution`（生成的所有整数的概率相等）、`normal_distribution`（正态分布，又名"铃铛曲线"）和 `exponential_distribution`（指数增长），它们的应用范围各不相同。例如：

```
using my_engine = default_random_engine;              // 引擎类型
using my_distribution = uniform_int_distribution<>;   // 分布类型

my_engine re {};                                      // 默认引擎
my_distribution one_to_six {1,6};                     // 将值映射到整数 1…6 的分布
auto die = [](){ return one_to_six(re); }             // 创建一个随机数发生器

int x = die();                                        // 掷骰子：x 是 [1:6] 中的一个值
```

标准库随机数组件的设计思路是，不在泛化能力和性能上妥协，归功于此，即使是领域专家也都认为它是"所有随机数库的榜样和标杆"。但另一方面，它对新手不够友好。使用 `using` 语句和 `lambda` 能令相关程序更清晰一些，这在一定程度上能缓解这个问题。

对于（任何背景的）初学者来说，随机数库的完全通用的接口可能会成为一个严重障碍。作为开始，简单的均匀分布随机数发生器通常就足够了。例如：

```
Rand_int rnd {1,10};    // 创建一个随机数发生器，能生成 [1:10] 中的随机数
int x = rnd();          // x 是 [1:10] 中的一个数
```

那么，我们该如何得到这样一个随机数发生器呢？我们必须构造一个类似 `die()` 的东西，在 `Rand_int` 类中将一个引擎和一个分布组合起来：

```
class Rand_int {
public:
    Rand_int(int low, int high) :dist{low,high} { }
    int operator()() { return dist(re); }           // 抽一个 int
    void seed(int s) { re.seed(s); }                // 选择新的随机数引擎种子
private:
    default_random_engine re;
```

```
        uniform_int_distribution<> dist;
};
```

这个定义仍然是"专家级的",不过其使用已经变得很容易了,甚至初学者在 C++ 课程的第一周就能学会使用它。例如:

```
int main()
{
    constexpr int max = 9;
    Rand_int rnd {0,max};              // 创建一个随机数发生器

    vector<int> histogram(max+1);      // 构建一个恰当大小的 vector
    for (int i=0; i!=200; ++i)
        ++histogram[rnd()];            // 将 [0:max] 之间每个数字的频率填入柱状图

    for (int i = 0; i!=histogram.size(); ++i) {  // 输出柱状图
        cout << i << '\t';
        for (int j=0; j!=histogram[i]; ++j) cout << '*';
        cout << endl;
    }
}
```

输出结果是如下所示的一个均匀分布(统计差异在合理范围之内):

```
0    *********************
1    ****************
2    ********************
3    **********************
4    ****************
5    **************************
6    ****************************
7    ***********
8    *********************
9    **************************
```

因为 C++ 没有标准图形库,所以我使用了"ASCII 图形"。众所周知,有很多为 C++ 设计的开源或者商业的图形库和 GUI 库,但是在本书中我要求自己只用 ISO 标准设施。

14.6 向量算术

11.2 节介绍的 vector 被设计成一种通用的保存值的机制,它足够灵活,也能够适应容器、迭代器和算法的架构。但它不支持数学上的向量运算。为 vector 提供这类运算并不难,但它的泛化能力和灵活性妨碍了性能优化,而这通常是重要数值计算任务所必需的。因此,标准库在 <valarray> 中提供了一个类似 vector 的模板 valarray,其通用性较弱,但针对数值计算进行了必要的优化:

```
template<typename T>
class valarray {
    // ...
};
```

valarray 支持常见的算术运算和大多数数学函数,例如:

```
void f(valarray<double>& a1, valarray<double>& a2)
{
```

```
        valarray<double> a = a1*3.14+a2/a1;        // 数值序列运算符 *、+、/ 和 =
        a2 += a1*3.14;
        a = abs(a);
        double d = a2[7];
        // ...
}
```

除了算术运算，`valarray` 还支持跨越式访问，这为实现多维运算提供了支持。

14.7 数值限制

在 `<limits>` 中，标准库提供了描述内置类型属性的类，比如 `float` 的最高阶以及 `int` 所占的字节数等。举个例子，我们可以断言 `char` 是带符号的类型：

```
static_assert(numeric_limits<char>::is_signed,"unsigned characters!");
static_assert(100000<numeric_limits<int>::max(),"small ints!");
```

注意，第二个断言能正常运行是因为 `numeric_limits<int>::max()` 是一个 `constexpr` 函数（参见 1.6 节）。

14.8 建议

[1] 数值问题通常很微妙。如果你对于某个数值问题的数学含义不是 100% 肯定，要么征询专家的建议，要么做实验验证，或者两者都做；14.1 节。

[2] 解决重要的数学计算问题时不要仅依赖裸语言，要利用标准库；14.1 节。

[3] 如果要从一个序列计算出一个结果，优先考虑使用 `accumulate()`、`inner_product()`、`partial_sum()` 和 `adjacent_difference()`，实在不行再用循环；14.3 节。

[4] 用 `std::complex` 进行复数运算；14.4 节。

[5] 将引擎绑定到某个分布上以得到一个随机数发生器；14.5 节。

[6] 小心确保你的随机数足够随机；14.5 节。

[7] 不要使用 C 标准库 `rand()`；对实际应用来说它不够随机；14.5 节。

[8] 如果运行时效率比操作和元素类型的灵活性更重要的话，应该使用 `valarray`；14.6 节。

[9] 用 `numeric_limits` 可以获得数值类型的属性；14.7 节。

[10] 用 `numeric_limits` 检查数值类型是否满足其应用的需求；14.7 节。

| 第 15 章 |

并 发

> 保持简单：尽可能地简单，但不要过度简化。
> ——A. 爱因斯坦

- 引言
- 任务和 `thread`
- 传递参数
- 返回结果
- 共享数据
- 等待事件
- 任务通信
  `future` 和 `promise`；`packaged_task`；`async()`
- 建议

15.1 引言

并发，也就是多个任务同时执行，被广泛用于提高吞吐率（用多个处理器共同完成单个运算）和提高响应速度（允许程序的一部分在等待响应时，另一部分继续执行）。所有的现代程序设计语言都提供了对并发的支持。C++ 标准库并发设施的前身在 C++ 中已应用超过 20 年了，经过对可移植性和类型安全的改进，成为标准库的一部分，它几乎适用于所有现代硬件平台。标准库并发设施重点提供系统级并发机制，而不是直接提供复杂的高层并发模型。基于标准库并发设施，可以构建出提供这类高层并发模型的库。

标准库直接支持在单一地址空间内并发执行多个线程。为此，C++ 提供了一个适合的内存模型和一套原子操作。原子操作可实现无锁的并发程序设计 [Dchev, 2010]，内存模型则保证了：只要程序员避免了数据竞争（对可变数据的不受控的并发访问），程序运行结果就是可预料的。但是，大多数用户眼中的并发就是标准库设施以及建立在其上的其他并发库。因此，本章简要介绍主要的标准库并发设施——`thread`、`mutex`、`lock()` 操作、`packaged_task` 和 `future`，给出一些示例。这些特性直接建立在操作系统并发机制之上，与系统原始机制相比，它们并不会带来额外的性能开销，当然也不保证有显著性能提升。

不要将并发看作万能灵药。如果串行执行已经能很好地完成一个任务，那么使用串行程序就好了，这通常更简单也会更快。

显式使用并发特性的一个替代选择是并行算法，我们通常可以使用并行算法来利用多个执行单元提高性能（参见 12.9 节、14.3.1 节）。

15.2 任务和 `thread`

我们称可与其他计算并行执行的计算为任务（task）。线程（thread）是任务在程序中的系统级表示。若要启动一个与其他任务并发执行的任务，可构造一个 `std::thread`（可在

`<thread>` 中找到），将任务作为它的参数。这里，任务是以函数或函数对象的形式实现的：

```
void f();                    // 函数

struct F {                   // 函数对象
    void operator()();       // F 的调用运算符（参见 6.3.2 节）
};

void user()
{
    thread t1 {f};           // f() 在独立的线程中执行
    thread t2 {F()};         // F()() 在独立的线程中执行

    t1.join();               // 等待 t1 完成
    t2.join();               // 等待 t2 完成
}
```

`join()` 保证在线程完成后才退出 `user()`。"join" 一个 `thread` 表示"等待线程结束"。

一个程序的所有线程共享单一地址空间。在这一点上，线程与进程不同，进程间通常不直接共享数据。由于共享单一地址空间，因此线程间可通过共享对象（参见 15.5 节）相互通信。通常通过锁或其他防止数据竞争（对变量的不受控制的并发访问）的机制来控制线程间通信。

编写并发任务可能非常棘手。任务 f （一个函数）和 F （一个函数对象）可以这样实现：

```
void f()
{
    cout << "Hello ";
}
struct F {
    void operator()() { cout << "Parallel World!\n"; }
};
```

这是一个典型的严重错误：在本例中，f 和 F 都使用了对象 cout，而没有采取任何形式的同步。输出结果将是不可预测的，而且程序每一次执行都可能得到不同结果，因为两个任务中的操作的执行顺序是不确定的。程序可能会产生下面这样"奇怪的"输出：

PaHeralllel o World!

`ostream` 的定义中存在可能导致程序崩溃的数据竞争，只有在 C++ 标准中给出了专门的保证后，我们才能免受其害。

当定义一个并发程序的任务时，我们的目标是保持任务的完全隔离，唯一的例外是任务间通信的部分，而这种通信应该以一种简单而明显的方式进行。思考一个并发任务的最简单的方式是，将它看作一个可以与调用者并发执行的函数。为此，我们只需传递参数、获取结果并保证两者并不同时使用共享数据（没有数据竞争）。

15.3 传递参数

任务通常需要处理数据，我们可以很容易地将数据（或指向数据的指针或引用）作为参数传递给任务，例如：

```cpp
void f(vector<double>& v);        // 处理 v 的函数

struct F {                         // 处理 v 的函数对象
    vector<double>& v;
    F(vector<double>& vv) :v{vv} { }
    void operator()();             // 调用运算符，参见 6.3.2 节
};

int main()
{
    vector<double> some_vec {1,2,3,4,5,6,7,8,9};
    vector<double> vec2 {10,11,12,13,14};

    thread t1 {f,ref(some_vec)};   // f(some_vec) 在一个独立线程中执行
    thread t2 {F{vec2}};           // F(vec2)() 在一个独立线程中执行

    t1.join();
    t2.join();
}
```

显然，`F{vec2}` 将一个指向参数（一个向量）的引用保存在 F 中。F 现在就可以使用向量了，并希望在它运行的时候其他任务不会访问 `vec2`——将 `vec2` 以传值方式传递就可以消除这个风险。

上面代码用 `{f,ref(some_vec)}` 初始化一个线程，这使用了 `thread` 的可变参数模板构造函数，它接受一个任意的参数序列（参见 7.4 节）。`ref()` 是 `<functional>` 中定义的一个类型函数，很不幸，我们必须使用它来告诉可变参数模板将 `some_vec` 作为一个引用而不是一个对象来处理。编译器检查第一个参数（函数或函数对象）是否可用后续的参数来调用，如果检查通过，就构造一个必要的函数对象，传递给线程。因此，如果 `F::operator()()` 与 `f()` 执行相同的算法，两个任务的处理就是大致相同的：都为 `thread` 构造了一个函数对象来执行任务。

15.4 返回结果

在 15.3 节的例子中，我通过一个非 `const` 引用向线程传递参数。只有在我希望任务修改引用所指向的数据时，我才会这么做（参见 1.7 节）。这种返回结果的方法有点儿不正规，但并不罕见。一种不那么晦涩的技术是将输入数据以 `const` 引用的方式传递，并将保存结果的内存地址作为第二个参数传递给线程。

```cpp
void f(const vector<double>& v, double* res);   // 从 v 获取输入，将结果放入 *res

class F {
public:
    F(const vector<double>& vv, double* p) :v{vv}, res{p} { }
    void operator()();             // 将结果放入 *res
private:
    const vector<double>& v;       // 输入源
    double* res;                   // 输出目标
};

double g(const vector<double>&);   // 使用返回值

void user(vector<double>& vec1, vector<double> vec2, vector<double> vec3)
```

```cpp
{
    double res1;
    double res2;
    double res3;

    thread t1 {f,cref(vec1),&res1};       // f(vec1,&res1) 在一个独立线程中执行
    thread t2 {F{vec2,&res2}};            // F{vec2,&res2}() 在一个独立线程中执行
    thread t3 { [&](){ res3 = g(vec3); } }; // 通过引用捕获局部变量

    t1.join();
    t2.join();
    t3.join();

    cout << res1 << ' ' << res2 << ' ' << res3 << '\n';
}
```

这种技术很有效也很常见，但我不认为通过引用返回结果是一种很优雅的方法，因此我将在 15.7.1 节再次讨论这个问题。

15.5 共享数据

有时任务之间需要共享数据。在此情况下，数据访问就必须进行同步，使得在同一时刻至多有一个任务能访问数据。有经验的程序员可能认为这将问题简单化了（例如，很多任务同时读取不变的数据是没有任何问题的），但请考虑如何确保在同一时刻至多有一个任务可以访问一组给定的对象。

此问题解决方法的基础是"互斥对象"mutex。一个 thread 使用 lock() 操作来获取一个互斥对象：

```cpp
mutex m;  // 控制共享数据访问的 mutex
int sh;   // 共享的数据

void f()
{
    scoped_lock lck {m};  // 获取 mutex
    sh += 7;              // 处理共享数据
}   // 隐式释放 mutex
```

lck 的类型被推断为 scoped_lock<mutex>（参见 6.2.3 节）。scoped_lock 的构造函数获取了互斥对象（通过调用 m.lock()）。如果另一个线程已经获取了互斥对象，则当前线程会等待（"阻塞"）直至那个线程完成对共享数据的访问。一旦线程完成了对共享数据的访问，Scoped_lock 会释放 mutex（通过调用 m.unlock()）。当一个 mutex 被释放，等待此 mutex 的 thread 会恢复执行（"被唤醒"）。互斥和锁机制在头文件 <mutex> 中提供。

注意 RAII（参见 5.3 节）的使用。使用 scoped_lock 和 unique_lock（参见 15.6 节）这样的资源句柄比显式对 mutex 加锁、解锁要更简单且更安全。

共享数据和 mutex 之间是一种常规的对应关系：程序员必须知道哪个 mutex 对应哪个数据。显然，这很容易出错，我们应努力借助多种语言特性来使这种对应关系更为清晰。例如：

```cpp
class Record {
public:
```

```
    mutex rm;
    // ...
};
```

对于一个名为 `rec` 的 `Record`，不难猜测：`rec.rm` 是一个 `mutex`，你在访问 `rec` 其他数据前应获取这个互斥对象。可见，通过注释或好的命名方式可以提高程序的可读性。

需要同时访问多个资源来执行一个操作的情况并不罕见，这可能导致死锁。例如，如果 `thread1` 获取了 `mutex1` 然后试图获取 `mutex2`，而同时 `thread2` 已经获取了 `mutex2` 然后试图获取 `mutex1`，则两个任务都无法继续执行了。为了帮助解决这个问题，`scoped_lock` 允许同时获取多个锁：

```
void f()
{
    scoped_lock lck {mutex1,mutex2,mutex3};      // 获取所有 3 把锁
    // ... 处理共享数据 ...
} // 隐式释放所有的互斥对象
```

`scoped_lock` 只有在获取了所有 `mutex` 后才会继续执行，而且当它持有 `mutex` 时，绝不会阻塞（"睡眠"）。`scoped_lock` 的析构函数保证了当 `thread` 离开作用域时 `mutex` 会被释放。

通过共享数据进行通信是一种很底层的方式。特别是，程序员必须想方设法了解不同任务已经执行以及尚未执行哪些工作。在这方面，使用共享数据不如调用–返回模式。另一方面，一些人深信数据共享肯定比参数拷贝和结果返回更高效。如果处理大量数据，这种观点可能确实是对的，但加锁和解锁是代价相当高的操作。而且，现代计算机拷贝数据的效率已经很高，特别是紧凑的数据，如 `vector` 的元素。因此，不要为了"效率"而不经思考、不经测试就选择共享数据方式来进行线程间通信。

基本的 `mutex` 每个时刻只允许一个线程访问数据，而一种最常见的数据共享方式是有很多读者和一个写者。`shared_mutex` 支持这种"读写锁"机制。一个读者可获取"共享的"互斥对象从而其他读者仍能获得访问权，而一个读者应要求互斥访问。例如：

```
shared_mutex mx;                    // 可共享的互斥对象

void reader()
{
    shared_lock lck {mx};           // 希望与其他读者共享访问
    // ... 读 ...
}

void writer()
{
    unique_lock lck {mx};           // 需要互斥（唯一）访问
    // ... 写 ...
}
```

15.6 等待事件

有时，一个 `thread` 需要等待某种外部事件，如另一个 `thread` 完成了一个任务或是已经过去了一段时间。最简单的"事件"就是时间流逝。使用 `<chrono>` 中的时间相关设施，我可以写出如下代码：

```
using namespace std::chrono;          // 参见 13.7 节

auto t0 = high_resolution_clock::now();
this_thread::sleep_for(milliseconds{20});
auto t1 = high_resolution_clock::now();

cout << duration_cast<nanoseconds>(t1–t0).count() << " nanoseconds passed\n";
```

注意，我甚至没有启动任何一个 thread，this_thread 默认指向唯一的线程。

我使用 duration_cast 将时钟单位调整为我想要的纳秒。

通过外部事件实现线程间通信的基本方法是使用 condition_variable，它定义在 <condition_variable> 中。condition_variable 提供了一种机制，允许一个 thread 等待另一个 thread。特别是，它允许一个 thread 等待某个条件（condition，通常称为一个事件，event）发生，这种条件通常是其他 thread 完成工作产生的结果。

condition_variable 支持很多优雅而高效的共享方式，但也有可能相当复杂。考虑两个 thread 通过一个 queue 传递消息来通信的经典例子。简单起见，我声明 queue 对象以及生产者、消费者共享 queue 同时避免竞争条件的机制如下：

```
class Message {          // 通信的对象
    // ...
};

queue<Message> mqueue;             // 消息的队列
condition_variable mcond;          // 通信事件用的条件变量
mutex mmutex;                      // 用于同步对 mcond 的访问
```

类型 queue、condition_variable 和 mutex 由标准库提供。

consumer() 读取并处理 Message：

```
void consumer()
{
    while(true) {
        unique_lock lck {mmutex};                        // 获取 mmutex
        mcond.wait(lck,[] { return !mqueue.empty(); });  // 释放 lck 并等待
                                                         // 被唤醒时重新获取 lck
                                                         // 除非 mqueue 非空，否则不会醒来
        auto m = mqueue.front();                         // 获取消息
        mqueue.pop();
        lck.unlock();                                    // 释放 lck
        // ... 处理 m ...
    }
}
```

这里，我通过一个 mutex 上的 unique_lock 显式保护对 queue 和 condition_variable 的操作。线程在 condition_variable 上等待时，会释放已持有的锁，直至被唤醒后（此时队列非空）重新获取锁。对条件的显式检查（本例中是 !mqueue.empty()）避免了任务醒来只是发现其他某个任务已经"先一步到达这里"，从而条件不再成立。

我使用了一个 unique_lock 而不是 scoped_lock，这出于两个原因：

- 我们需要将锁传递给 condition_variable 的 wait()。scoped_lock 不能被拷贝，而 unique_lock 可以。
- 我们希望在处理消息之前解锁保护条件变量的 mutex。unique_lock 提供了 lock()

和 `unlock()` 等操作实现底层的同步控制。

另一方面，`unique_lock` 只能处理单一的 `mutex`。

对应的 `producer` 可以这样编写：

```
void producer()
{
    while(true) {
        Message m;
        // ... 填入消息 ...
        scoped_lock lck {mmutex};    // 保护队列上的操作
        mqueue.push(m);
        mcond.notify_one();          // 通知
    }                                 // 释放锁（在作用域结束）
}
```

15.7 任务通信

标准库提供了一些设施，允许程序员在任务的抽象层次（可并发执行的工作）上进行操作，而不是直接在底层的线程和锁的层次上进行操作。

- `future` 和 `promise` 用来从在一个独立线程上创建出的任务中返回值。
- `package_task` 是帮助启动任务以及连接返回结果的机制。
- `async()` 以非常类似调用函数的方式启动一个任务。

这些设施都定义在 `<future>` 中。

15.7.1 `future` 和 `promise`

`future` 和 `promise` 的关键点是，它们允许在两个任务之间传输一个值，而无须显式使用锁——"系统"高效地实现了这种传输。基本思路很简单：当一个任务需要向另一个任务传输一个值时，它将值放入一个 `promise` 中。具体的 C++ 实现以某种方式令这个值出现在对应的 `future` 中，然后就可以从其中读取这个值了（通常是任务的启动者读取此值）。这种模式如下图所示。

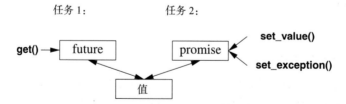

如果我们有一个名为 `fx` 的 `future<X>`，我们可以从它 `get()` 一个类型为 `X` 的值。

```
X v = fx.get();    // 如必要，等待值被计算出来
```

如果值还未准备好，线程会阻塞直至值准备好。如果值不能被计算出来，`get()` 会抛出一个异常（可能是系统抛出的，或是从我们尝试 `get()` 数据的任务传递来的）。

`promise` 的主要目的是，提供与 `future` 的 `get()` 相匹配的简单的"放置"操作（名为 `set_value()` 和 `set_exception()`）。"期货"（`future`）和"承诺"（`promise`）的命名是历史遗留问题，所以请不要批判或赞美我。现实中像这样的双关语有很多。

如果你有一个 `promise`，需要将一个类型为 `X` 的结果发送给 `future`，那么要么传递

一个值，要么传递一个异常。例如：

```
void f(promise<X>& px)    //一个任务：将结果放在 px 中
{
    //...
    try {
        X res;
        //... 为 res 计算一个值 ...
        px.set_value(res);
    }
    catch (...) {           //糟糕：不能计算 res
        px.set_exception(current_exception());    //将异常传递给 future 的线程
    }
}
```

`current_exception()` 表示捕获的异常。

为了处理经过 `future` 传递的异常，`get()` 的调用者必须准备好在某处捕获异常。例如：

```
void g(future<X>& fx)    //一个任务：从 fx 获取结果
{
    //...
    try {
        X v = fx.get();   //如必要，等待值计算出来
        //... 使用 v ...
    }
    catch (...) {          //糟糕：某人不能计算出 v
        //... 处理错误 ...
    }
}
```

如果错误无须由 `g()` 自己处理，则代码可以最简化：

```
void g(future<X>& fx)    //一个任务：从 fx 获取结果
{
    //...
    X v = fx.get();  //如必要，等待值准备好
    //... 使用 v ...
}
```

15.7.2　packaged_task

我们应该如何向一个需要结果的任务引入 `future` 呢？又如何向一个生成结果的线程引入对应的 `promise` 呢？标准库提供了 `packaged_task` 类型去简化将任务连接到 `future` 和 `promise` 的设置。一个 `packaged_task` 提供了一层包装代码，实现将某个任务的返回值或异常放入一个 `promise` 中（就像 15.7.1 节中代码所做的）。如果你通过调用 `get_future()` 来获取结果，`packaged_task` 会返回给你对应其 `promise` 的 `future`。例如，我们可以将两个任务连接起来，它们分别使用标准库 `accumulate()`（参见 14.3 节）算法将一个 `vector<double>` 中的一半元素累加起来：

```
double accum(double* beg, double* end, double init)
    //计算 [beg:end] 中元素的和，计算的初始值是 init
{
    return accumulate(beg,end,init);
}
```

```cpp
double comp2(vector<double>& v)
{
    using Task_type = double(double*,double*,double);          //任务的类型

    packaged_task<Task_type> pt0 {accum};                      //打包任务（即 accum）
    packaged_task<Task_type> pt1 {accum};

    future<double> f0 {pt0.get_future()};                      //获取 pt0 的 future
    future<double> f1 {pt1.get_future()};                      //获取 pt1 的 future

    double* first = &v[0];
    thread t1 {move(pt0),first,first+v.size()/2,0};            //为 pt0 启动一个线程
    thread t2 {move(pt1),first+v.size()/2,first+v.size(),0};   //为 pt1 启动一个线程

    // ...

    return f0.get()+f1.get();                                  //获得结果
}
```

`packaged_task` 模板接受模板参数表示任务的类型（本例中为 `Task_type`，`double(double*,double*,double)` 的别名），并接受构造函数参数作为任务（本例中为 `accum`）。`move()` 操作是必需的，因为 `packaged_task` 不能被拷贝。原因在于 `packaged_task` 是一种资源句柄：它拥有一个 `promise` 且（间接）负责其任务所拥有的资源。

请注意这段代码没有显式使用锁：通过使用 `packaged_task`，我们可以集中精力于要完成的任务，而不必操心用来管理它们通信的机制。两个任务运行于两个独立的线程上，因此可以并行执行。

15.7.3 `async()`

我在本章中所遵循的思路是：将任务当作可以与其他任务并发执行的函数来处理，这也是各种各样的思路中我认为最简单的，但同时又不失其强大性。它并非 C++ 标准库所支持的唯一模型，但它能很好地满足广泛的需求。一些更为微妙和复杂的模型，如依赖于共享内存的程序设计风格，可以根据需要使用。

如需启动可异步运行的任务，我们可以使用 `async()`：

```cpp
double comp4(vector<double>& v)
    //如果 v 足够大，则创建很多任务
{
    if (v.size()<10000)          //值得使用并发机制吗？
        return accum(v.begin(),v.end(),0.0);

    auto v0 = &v[0];
    auto sz = v.size();

    auto f0 = async(accum,v0,v0+sz/4,0.0);             //第一个四分之一
    auto f1 = async(accum,v0+sz/4,v0+sz/2,0.0);        //第二个四分之一
    auto f2 = async(accum,v0+sz/2,v0+sz*3/4,0.0);      //第三个四分之一
    auto f3 = async(accum,v0+sz*3/4,v0+sz,0.0);        //第四个四分之一

    return f0.get()+f1.get()+f2.get()+f3.get();   //收集并组合结果
}
```

基本上，`async()`将一个函数调用的"调用部分"和"获取结果部分"分离开来，并将这两部分与任务的实际执行分离开来。使用`async()`，你不必再操心线程和锁，只需考虑可异步计算结果的任务。但这显然有一个限制：不要试图对共享资源且需要用锁机制的任务使用`async()`——若使用`async()`，你甚至不知道要使用多少个`thread`，因为这是由`async()`来决定的——它根据调用发生时它所了解的系统可用资源量来确定使用多少个`thread`。

猜测计算任务和`thread`启动的相对开销是一种很原始的方法，而且容易得到关于性能的错误结论（例如使用`v.size()<10000`）。但我们不可能在本节详细讨论如何管理`thread`。因此，记住`v.size()<10000`只不过是一个简单而且可能很糟糕的实现，不要在实际代码中使用它。很少有必要手工并行化标准库算法，如`accumulate()`，因为`reduce(par_unseq,/*...*/)`这样的并行算法做得更好（参见14.3.1节）。但是，本节介绍的技术是通用的。

请注意，`async()`并非一个专门为并行计算提高性能所设计的机制。例如，我们还可以用它来创建一个任务以从用户获取信息，而让"主程序"继续进行其他计算（参见15.7.3节）。

15.8 建议

[1] 用并发提高响应速度或吞吐率；15.1节。
[2] 只要性能可接受，就应使用尽可能高层的抽象；15.1节。
[3] 将进程看作线程的一个可选的替代；15.1节。
[4] 标准库并发设施是类型安全的；15.1节。
[5] 内存模型可以免去大多数程序员在计算机体系结构层面思考问题的麻烦；15.1节。
[6] 内存模型使内存大致呈现为程序员之朴素期望；15.1节。
[7] 原子操作使程序员可以进行无锁的程序设计；15.1节。
[8] 无锁程序设计还是留给专家吧；15.1节。
[9] 有时，串行版本比并发版本更简单也更快；15.1节。
[10] 避免数据竞争；15.1节和15.2节。
[11] 优先选择并行算法而不是直接使用并发机制；15.1节、15.7.3节。
[12] `thread`是系统线程的一个类型安全的接口；15.2节。
[13] `join()`等待`thread`结束；15.2节。
[14] 只要可能就避免显式共享数据；15.2节。
[15] 优先选择RAII而非显式加锁/解锁；15.5节；[CG: CP.20]。
[16] 使用`scoped_lock`管理`mutex`；15.5节。
[17] 使用`scoped_lock`获取多个锁；15.5节；[CG: CP.21]。
[18] 使用`shared_lock`实现读写锁；15.5节。
[19] 将`mutex`及其保护的数据定义在一起；15.5节；[CG: CP.50]。
[20] 使用`condition_variable`管理`thread`之间的通信；15.6节。
[21] 当你需要拷贝一个锁或是需要底层操纵同步时，使用`unique_lock`而不是`scoped_lock`；15.6节。
[22] 使用`unique_lock`而不是`scoped_lock`来配合`condition_variable`；15.6节。
[23] 不要在没有条件的情况下等待；15.6节；[CG: CP.42]。

- [24] 最小化在临界区内花费的时间；15.6 节；[CG: CP.43]。
- [25] 从并发执行的任务的角度思考并发程序设计，而不是直接从 thread 角度思考；15.7 节。
- [26] 追求简洁；15.7 节。
- [27] 优先使用 packaged_task 和 future，而不是直接使用 thread 和 mutex；15.7 节。
- [28] 使用 promise 返回结果，从 future 获取结果；15.7.1 节；[CG: CP.60]。
- [29] 使用 packaged_task 处理任务抛出的异常并管理返回值；15.7.2 节。
- [30] 使用 packaged_task 和 future 表达对外部服务的请求和等待应答；15.7.2 节。
- [31] 使用 async() 启动简单任务；15.7.3 节；[CG: CP.61]。

第 16 章
A Tour of C++, Second Edition

历史和兼容性

> 欲速则不达。
> ——屋大维，凯撒·奥古斯都

- 历史
  大事年表；早期的 C++；ISO C++ 标准；标准和编程风格；C++ 的使用
- C++ 特性演化
  C++11 语言特性；C++14 语言特性；C++17 语言特性；C++11 标准库组件；C++14 标准库组件；C++17 标准库组件；已弃用特性
- C/C++ 兼容性
  C 和 C++ 是兄弟；兼容性问题
- 参考文献
- 建议

16.1 历史

我发明了 C++，制定了最初的定义，并完成了第一个实现。我选择并制定了 C++ 的设计标准，设计了主要的语言特性，开发或帮助开发了早期标准库中的很多内容，并且 25 年来一直在 C++ 标准委员会中负责处理扩展提案。

C++ 的设计目的是，为程序组织提供 Simula 的特性 [Dahl, 1970]，同时为系统程序设计提供 C 的效率和灵活性 [Kernighan, 1978]。Simula 是 C++ 抽象机制的最初来源。类的概念（以及派生类和虚函数的概念）也是从 Simula 借鉴而来的。不过，模板和异常则是稍晚从别处得到灵感而引入 C++ 的。

讨论 C++ 的演化，总是要针对它的使用来谈。我花了大量时间倾听用户的意见，搜集有经验的程序员的观点。特别是，我在 AT&T 贝尔实验室的同事在 C++ 的第一个十年中对其成长贡献了重要力量。

本节是一个简单概览，不会试图讨论每个语言特性和库组件，而且也不会深入细节。更多的信息，特别是更多贡献者的名字，请查阅我在"ACM 程序设计语言历史"大会上发表的两篇论文 [Stroustrup, 1993] [Stroustrup, 2007] 和我的《Design and Evolution of C++》《C++ 语言的设计和演化》一书（人们熟知的"D&E"）[Stroustrup, 1994]。这些资料介绍了 C++ 的设计和演化，记录了 C++ 从其他程序设计语言受到的影响。

一些文档是作为 ISO C++ 标准工作的一部分而编写的，其中大部分都可以在网上找到 [WG21]。在我的常见问题解答（FAQ）中，我设法维护标准库设施与其提出者和改进者之间的关联 [Stroustrup, 2010]。C++ 并非一个不露面的匿名委员会或是一个想象中的万能的"终身独裁者"的作品，而是千万名甘于奉献的、有经验的、辛勤工作的人的劳动结晶。

16.1.1 大事年表

创造 C++ 的工作始于 1979 年秋天，当时的名字是"带类的 C"。下面是简要的大事年表：

- 1979 "带类的 C"的工作开始。最初的特性集合包括类、派生类、公有/私有访问控制、构造函数和析构函数以及带实参检查的函数声明。最初的库支持非抢占的并发任务和随机数发生器。
- 1984 "带类的 C"被重新命名为 C++。在那个时候，C++ 已经引入了虚函数、函数与运算符重载、引用以及 I/O 流和复数库。
- 1985 C++ 第一个商业版本发布（10 月 14 日）。标准库中包含了 I/O 流、复数和多任务（非抢占调度）。
- 1985 《C++ Programming Language》《C++ 程序设计语言》出版（"TC++PL"，10 月 14 日）[Stroustrup, 1986]。
- 1989 《C++ Reference Manual》《C++ 参考手册批注版》出版（"the ARM"）[Ellis,1989]。
- 1991 《C++ Programming Language, Second Edition》《C++ 程序设计语言（第 2 版）》出版 [Stroustrup, 1991]，提出了使用模板的泛型编程和基于异常的错误处理，包括通用的资源管理理念"资源管理即初始化"（RAII）。
- 1997 《C++ Programming Language, Third Edition》《C++ 程序设计语言（第 3 版）》出版 [Stroustrup, 1997]，引入了 ISO C++ 标准，包括名字空间、`dynamic_cast` 和模板的很多改进。标准库加入了标准库模板库（STL）泛型容器和算法框架。
- 1998 ISO C++ 标准发布 [C++,1998]。
- 2002 标准的修订工作开始，这个版本俗称 C++0x。
- 2003 ISO C++ 标准的一个"错误修正版"发布。一个 C++ 技术报告引入了新的标准库组件，诸如正则表达式、无序容器（哈希表）和资源管理指针，这些内容后来成为 C++11 的一部分。
- 2006 ISO C++ 性能技术报告发布，涉及代价、可预测性和技术问题，这些主要与嵌入式系统程序设计相关 [C++,2004]。
- 2011 ISO C++11 标准发布 [C++,2011]。它引入了统一初始化、移动语义、从初始值推断类型（`auto`）、范围 `for`、可变参数模板、lambda 表达式、类型别名、一种适合并发的内存模型以及其他很多特性。标准库增加了一些组件，包括线程、锁机制和 2003 年技术报告中的大多数组件。
- 2013 第一个完整的 C++11 实现出现。
- 2013 《C++ Programming Language》《C++ 程序设计语言（第 4 版）》出版，增加了 C++11 的新内容。
- 2014 ISO C++14 标准发布 [C++,2014]。在 C++11 基础上补充了变量模板、数字分隔符、泛型 lambda 和一些标准库改进。第一个 C++14 实现完成。
- 2015 C++ 核心准则项目开始 [Stroustrup,2015]。
- 2015 概念技术规范被批准。
- 2017 ISO C++17 标准发布 [C++,2017]，提供了多种新特性，包括求值顺序保证、结构化绑定、折叠表达式、文件系统库、并行算法以及 `variant` 和 `optional` 类型。第一个 C++17 实现完成。
2017　模块技术规范和范围技术规范被批准。
2020　（计划）发布 ISO C++20 标准。

在开发过程中，C++11 也被称为 C++0x。就像其他大型项目中也会出现的情况一样，我们过于乐观地估计了完工日期。在快完工时，我们开玩笑说 C++0x 中的"x"表示十六进制，因此 C++0x 变成了 C++0B。另一方面，委员会按时发布了 C++14 和 C++17，主要的编译器提供商也及时提供了对应的新产品。

16.1.2　早期的 C++

我最初设计和实现一种新语言的原因是，希望在多处理器间和局域网内（现在被称为多核与集群）部署 UNIX 内核的服务。为此，我需要准确指明系统划分为几部分以及它们之间如何通信，Simula 是写这类程序的理想语言 [Dahl,1970]，但它的性能不佳。我还需要直接处理硬件的能力和高性能并发编程机制，C 很适合编写这类程序，但它对模块化和类型检查的支持很弱。我将 Simula 风格的类机制加入到 C（经典 C，参见 16.3.1 节）中，结果就得到了"带类的 C"，它的一些特性适合于编写具有最小时间和空间需求的程序，在一些大型项目的开发中，这些特性经受了严峻的考研。"带类的 C"缺少运算符重载、引用、虚函数、模板异常以及很多很多特性 [Stroustrup, 1982]。C++ 第一次应用于研究机构之外是在 1983 年 7 月。

C++ 这个名字（发音为"see plus plus"）是由 Rick Mascitti 在 1983 年夏天创造的，我们选用它来取代我创造的"带类的 C"。这个名字体现了这种新语言的进化本质——它是从 C 演化而来的，其中"++"是 C 语言的递增运算符。一个稍短的名字"C+"是一个语法错误，它也曾被用于命名另一种不相干的语言。熟悉 C 语义的内行可能会认为 C++ 不如 ++C。新语言没有被命名为 D 的原因是，它是 C 的扩展，它并没有试图通过删除特性来解决存在的问题，另一个原因是已经有好几个自称 C 语言继任者的语言被命名为 D 了。C++ 这个名字还有另一个解释，请查阅 [Orwell, 1949] 的附录。

最初设计 C++ 的目的之一是，让我的朋友和我不必再用汇编语言、C 语言以及当时各种流行的语言编写程序。其主要目标是能让程序员更简单、更愉快地编写好程序。在最初，C++ 并没有"图纸设计"阶段，其设计、文档编写和实现都是同时进行的。当时既没有"C++ 项目"，也没有"C++ 设计委员会"。自始至终，C++ 的演化都是为了处理用户遇到的问题，主导演化的主要是我的朋友、同事和我之间的讨论。

C++ 最初的设计（当时还叫"带类的 C"）包含带参数类型检查和隐式类型转换的函数声明、具备接口和实现间 public/private 差异的类机制、派生类以及构造函数和析构函数。我使用宏实现了原始的参数化机制，并一直沿用至 1980 年代中期。当年年底，我提出了一组语言设施来支持一套完整的程序设计风格。回顾往事，我认为引入构造函数和析构函数是最重要的。用当时的术语来说 [Stroustrup,1979]：

一个"创建函数"为成员函数创建执行环境，而"删除函数"则完成相反的工作。

不久之后，"创建函数"和"删除函数"被重命名为"构造函数"和"析构函数"。这是 C++ 资源管理策略的根（导致了对异常的需求），也是许多让用户代码更简洁清晰的技术的关键。我没有听说过（到现在也没有）当时有其他语言支持能执行普通代码的多重构造函数。而析构函数则是 C++ 新发明的特性。

C++ 第一个商业化版本发布于 1985 年 10 月。到那时为止，我已经增加了内联（参见 1.3 节和 4.2.1 节）、`const`（参见 1.6 节）、函数重载（参见 1.3 节）、引用（参见 1.7 节）、运算符重载（参见 4.2.1 节）和虚函数（参见 4.4 节）等特性。在这些特性中，以虚函数的形式支持运行时多态在当时是最受争议的。我是从 Simula 中认识到其价值的，但我发现几乎不可能说服大多数系统程序员也认识到它的价值。系统程序员总是对间接函数调用抱有怀疑，而熟悉其他支持面向对象编程的语言的人则很难相信 `virtual` 函数能快到足以用于系统级代码中。与之相对，很多有面向对象编程背景的程序员在当时很难习惯（现在很多人仍不习惯）这样一个理念：你使用虚函数调用只是为了表达一个必须在运行时做出的选择。虚函数当时受到很大阻力，可能与另一个理念也遇到阻力相关：你可以通过一种程序设计语言所支持的更正规的代码结构来实现更好的系统。因为当时很多 C 程序员似乎已经接受：真正重要的是彻底的灵活性和程序的每个细节都仔细地人工打造。而当时我的观点是（现在也是）：我们从语言和工具获得的每一点帮助都很重要，我们正在创建的系统的内在复杂性总是处于我们能（否）表达的边缘。

早期的文档（如 [Stroustrup,1985] 和 [Stroustrup,1994]）这样描述 C++：
C++ 是这样一个通用编程语言：
- 它是更好的 C
- 它支持数据抽象
- 它支持面向对象编程

注意，并没有"C++ 是一种面向对象编程语言"。其中，"支持数据抽象"指的是信息隐藏、非类层次中的类和泛型编程。在最初，对泛型编程的支持很蹩脚——是通过使用宏来实现的 [Stroustrup,1981]。模板和概念则是很久以后才出现的。

C++ 的很多设计都是在我的同事的黑板上完成的。在早期，Stu Feldman、Alexander Fraser、Steve Johnson、Brian Kernighan、Doug McIlroy 和 Dennis Ritchie 都给出了宝贵的意见。

在 20 世纪 80 年代的后半段，作为对用户反馈的回应，我继续添加新的语言特性。其中最重要的是模板 [Stroustrup, 1988] 和异常处理 [Koenig, 1990]，在标准制定工作开始时，这两个特性还都处于实验性状态。在设计模板的过程中，我被迫在灵活性、效率和提早类型检查之间做出决断。在那时，没人知道如何同时实现这三点。为了在高要求的系统应用开发方面能与 C 风格代码竞争，我觉得应该选择前两个性质。回顾往事，我认为这个选择是正确的，模板类型检查尚未有完善的方案，对它的探索一直在进行中 [DosReis, 2006][Gregor, 2006][Sutton, 2011][Stroustrup, 2012a]。异常的设计则关注异常的多级传播、将任意信息传递给一个异常处理程序以及异常和资源管理的融合。最后一点的解决方案是使用带析构函数的局部对象来表示和释放资源，我笨拙地将这种关键技术命名为"资源获取即初始化"（Resource Acquisition Is Initialization），其他人很快将其简化为首字母缩写 RAII（参见 4.2.2 节）。

我推广了 C++ 的继承机制，使之支持多重基类 [Stroustrup, 1987a]。这种机制被称为多重继承（multiple inheritance），它被认为是很有难度的且有争议的。我认为它远不如模板和异常重要。当前，支持静态类型检查和面向对象编程的语言普遍支持抽象类（通常被称为接口（interface））的多重继承。

C++ 语言的演化与一些关键库设施紧紧联系在一起。例如，我设计了复数类 [Stroustrup, 1984]、向量类、栈类和 (I/O) 流类 [Stroustrup, 1985] 连同运算符重载机制。第一个字符串和列表类是由 Jonathan Shopiro 和我开发的，是我们共同工作的成果之一。Jonathan 的字符串和列表类得到了广泛应用，这是第一次有库的特性得到广泛应用。标准库中的字符串类就源于这些早期的工作。[Stroustrup, 1987b] 中描述了任务库，它是 1980 年编写的第一版"带类的 C"的一部分。它提供了协同程序和一个调度器。我编写这个库及其相关的类是为了支持 Simula 风格的仿真。不幸的是，一直等到 2011 年（已经过去了 30 年！），并发特性才被放进标准并被 C++ 实现普遍支持（参见第 15 章）。协同程序似乎成了 C++20 的一部分。模板设施的发展受到了 `vector`、`map`、`list` 和 `sort` 等各种模板的影响，这些模板是由 Andrew Koenig、Alex Stepanov、我以及其他一些人设计的。

1998 年标准库中最重要的革新是 STL 的引入，这是标准库中一个算法和容器的框架（参见第 11 章和第 12 章）。它是 Alex Stepanov（与 Dave Musser、Meng Lee 及其他一些人）设计的，来源于超过 10 年的泛型编程的相关工作。STL 已经在 C++ 社区和更大范围内产生了巨大影响。

C++ 的成长环境中有着众多成熟的和实验性的程序设计语言（例如 Ada [Ichbiah, 1979]、Algol 68 [Woodward, 1974] 和 ML [Paulson, 1996]）。那时，我畅游在大约 25 种语言之中，它们对 C++ 的影响都记录在 [Stroustrup, 1994] 和 [Stroustrup, 2007] 中。但是，决定性的影响总是来自于我遇到的应用。这是一个深思熟虑的策略，它令 C++ 的发展是"问题驱动"的，而非简单模仿。

16.1.3　ISO C++ 标准

C++ 的使用爆炸式增长，这导致了一些变化。1987 年的某个时候，事情变得明朗，C++ 的正式标准化已是必然，我们必须开始为标准化工作做好准备 [Stroustrup, 1994]。因此，我们有意识地保持 C++ 编译器实现者和主要用户之间的联系——通过文件、通过电子邮件以及 C++ 大会上和其他场合下的面对面会议。

AT&T 贝尔实验室允许我与 C++ 实现者和用户共享 C++ 参考手册修订版本的草案，这对 C++ 及其社区做出了重要贡献。由于这些实现者和用户中很多人都供职于可视为 AT&T 竞争者的公司中，这一贡献的重要性绝对不应被低估。一个不甚开明的公司可能不会这样做，从而导致严重的语言碎片化问题。正是由于 AT&T 这样做了，使得来自数十个机构的大约 100 人阅读了草案并提出了意见，使之成为被普遍接受的参考手册和 ANSI C++ 标准化工作的基础文献。这些人的名字可以在《The Annotated C++ Reference Manual》（C++ 参考手册批注版）（"the ARM"）[Ellis, 1989] 中找到。ANSI 的 X3J16 委员会于 1989 年 12 月筹建，是由 HP 公司发起的。1991 年 6 月，这一 ANSI（美国国家）C++ 标准化工作成为 ISO（国际）C++ 标准化工作的一部分，并被命名为 WG21。自 1990 年起，这些联合的标准委员会逐渐成为 C++ 语言演化及其定义完善工作的主要论坛。我自始至终在这些委员会中任职。特别是，从 1990 年至 2014 年，作为扩展工作组（后来改称演化工作组）的主席，我直接负责处理 C++ 重大变化和新特性加入的提案。最初标准草案的公众预览版于 1995 年 4 月发布。1998 年，第一个 ISO C++ 标准（ISO/IEC 14882—1998）[C++, 1998] 被批准，投票结果是 22 个国家赞成 0 个国家反对。此标准的"错误修正版"于 2003 年发布，因此你有时会听人提到 C++03，但它与 C++98 本质上是相同的语言。

C++11 曾经多年被称为 C++0x，它是 WG21 的成员的工作成果。委员会的工作流程和程序日益繁重，但这都是自愿增加的。这些流程可能导致更好的（也更严格的）规范，但也

限制了创新 [Stroustrup, 2007]。这一版标准最初草案的公众预览版于 2009 年发布，正式的 ISO C++ 标准（ISO/IEC 14882—2011）[C++, 2011] 于 2011 年 8 月被批准，投票结果是 21 票赞成，0 票反对。

造成两个版本之间漫长的时间间隔的原因是，大多数委员会成员（包括我）都对 ISO 的规则有一个错误印象，以为在一个标准发布之后，在开始新特性的标准化工作之前要有一个"等待期"。结果造成新语言特性的重要工作 2002 年才开始。其他原因包括现代语言及其基础库日益增长的规模。以标准文本的页数来衡量，语言的规模增长了 30%，而标准库则增长了 100%。规模的增长大部分都是由更加详细的规范而非新功能造成的。而且，新 C++ 标准的工作显然要非常小心，不能产生不兼容而导致旧代码产生问题。委员会不可以破坏数十亿行正在使用的 C++ 代码。保持数十年的稳定性是一项至关重要的"特性"。

C++11 向标准库增加了很多设施并推动了语言特性集合的完善，这都是一种综合编程风格的需求——在 C++98 中已被证明是很成功的"范型"和风格的综合。

C++11 标准制定工作的总体目标是：
- 使 C++ 成为系统程序设计和构造库的更好的语言。
- 使 C++ 更容易教和学。

这些目标在 [Stroustrup, 2007] 中有记载和详细介绍。

C++11 标准制定的一项主要工作是实现并发系统程序设计的类型安全和可移植性。这包括一个内存模型（参见 15.1 节）和一组无锁编程特性，这些工作主要是由 Hans Boehm、Brian McKnight 和其他一些人完成的。在此基础上，我们添加了 `thread` 库。

在 C++11 之后，大家一致认为间隔 13 年才推出新标准过于漫长了。Herb Sutter 提议委员会采取"火车模型"，即按固定时间间隔发布标准的策略。我强烈主张缩短间隔来降低延期的可能，因为有些人坚持更多时间只是为了多加入"一个基本特性"。我们一致决定采用雄心勃勃的 3 年时间表，并采用次要和主要版本交替的方式。

C++14 的初衷就是一个次要版本，目标是"完善 C++11"。这反映了现实情况，当发布日期确定后，总是有一些特性我们明确想要，但不能按时发布。而且，一旦被广泛使用，特性集之间的差异不可避免地会被发现。这些都适合在次要版本中完善。

为了能令标准化工作进展得更快，为了能并行开发独立的特性，以及为了能更好地利用很多志愿者的热情和能力，委员会利用了 ISO "技术规范"（Technical Specification，TS）的开发和发布机制。这种机制看起来很适合标准库组件，虽然它可能导致开发过程中更多的阶段，从而导致延期。对于语言特性，TS 机制看起来就不那么奏效了。一个可能的原因是，很少有重要的语言特性是真正独立的，毕竟标准和 TS 在文字工作方面并没有什么不同，而且毕竟很少有人会对编译器实现进行实验。

C++17 则是一个主要版本。我认为"主要"的含义是，这个版本所包含的特性会改变我们思考软件设计和结构的方式。从这个角度看，C++17 最多是一个中间版本。它包含了很多小的扩展，但能带来巨大变革的特性（如概念、模块和协同程序）要么还未准备好，要么陷入争论中、缺乏设计方向。因此，C++17 包含一些适合每个人的新特性，但对于那些已经从 C++11 和 C++14 吸收了很多知识的程序员来说，没有能令他们的生活发生显著改变的新东西。我希望 C++20 能按承诺成为急需的主要版本，那些重要的新特性在 2020 年之前能被编译器广泛支持。面临的风险是"委员会设计"、特性膨胀、缺乏一致风格以及短视的决策。在一个每次会议都有超过 100 个成员出席（还有更多人在线参加）的委员会中，这种不良现象几乎是不可避免的。向着更易使用、更一致的语言前进是非常困难的。

16.1.4　标准和编程风格

一个标准描述了什么可以正确运作以及它们是如何运作的，但不会描述如何良好、有效地使用它们。能很好地理解编程语言特性的技术细节并不意味着能有效地将它们与其他特性、库和工具结合使用来构造更好的软件，两者之间存在巨大差异。"更好"的含义是"更易维护、更不易出错以及更快"。我们需要开发、普及并支持一致的编程风格。而且，我们必须为旧式代码向着这些更现代、更高效、更一致的风格进化提供支持。

随着语言和标准库的发展，普及有效编程风格的问题变得非常重要。很多程序员目前所采用的编程风格对某些任务很有效，让这么大的一个群体抛弃当前编程风格异常困难。现在还有人将 C++ 当作 C 的一些微小补充，也还有人认为基于大量类层次的 20 世纪 80 年代的面向对象的编程风格是程序开发的顶峰。有很多人挣扎于在充斥大量旧式 C++ 代码的环境中如何用好 C++11。另一方面，也有很多人满腔热情地过度使用新特性。例如，有些程序员坚信只有使用了大量模板元编程的代码才是真正的 C++。

什么是现代 C++？在 2015 年，我开始着手设计一套以清晰缜密的基本原理支撑的编码指南，以期回答这个问题。很快我就发现我不是一个人在努力克服这个问题，而是在与来自世界很多地方的人们一起做这件事，特别是来自微软、红帽和脸书的技术人员，我们开始了"C++ 核心准则"（C++ Core Guidelines）项目 [Stroustrup,2015]。这是一个很有野心的项目，目标是为设计更简单、更快且更易维护的代码打下完善的类型安全和资源安全基础 [Stroustrup,2016]。除了基本原理基础上的详细编码规则外，我们还开发了静态分析工具和一个小型的支持库作为这部指南的支撑。我认为，对于推动 C++ 社区大规模地向着新的语言特性、库和支持工具前进，以期从它们的改进中受益这个目标而言，上述工作是至关重要的。

16.1.5　C++ 的应用

现在，C++ 是一种应用非常广泛的编程语言。其用户数从 1979 年的一个人快速增长到 1991 年的大约 400 000 人。即，在十多年的时间内，用户数一直保持大约每 7.5 个月翻一番。自然，在初期的急剧增长之后，增长率放缓下来，但据我乐观估计，到 2018 年，世界上大约有 45 000 000 C++ 程序员 [Kazakova,2015]。其中大部分增长发生在 2005 年之后，随着处理器速度指数爆发式增长停滞，语言性能的重要性突显。而且，这种增长并非源自正式的市场营销或有组织的用户社区推动。

C++ 主要是一种工业语言。即，相比于在教育或程序设计语言研究领域，它在工业界更为突出。它成长于贝尔实验室，受到电信和系统编程（包括设备驱动、网络和嵌入式系统）各式各样迫切需求的激发。从那里，C++ 的应用漫延到每个工业领域：微电子、网络应用和基础设施、操作系统、金融、医疗、汽车、航空航天、高能物理、生物、能源生产、机器学习、视频游戏、图形学、动画、虚拟现实以及其他更多领域。它的主要应用领域都是需要 C++ 结合有效利用硬件和管理复杂性的能力来解决问题。而且，看起来应用领域还在不断扩张 [Stroustrup,1993] [Stroustrup,2014]。

16.2　C++ 特性演化

在本节中，我列出 C++11、C++14 和 C++17 新增的语言特性和标准库组件。

16.2.1 C++11 语言特性

查看语言特性列表很容易让人感到困惑。你需要记住的是，语言特性不是单独使用的。特别是，大多数 C++11 新特性如果离开了旧特性提供的框架都毫无意义。

[1] 用 {} 列表进行统一、通用的初始化（参见 1.4 节、4.2.3 节）
[2] 从初始值进行类型推断：`auto`（参见 1.4 节）
[3] 防止类型窄化（参见 1.4 节）
[4] 泛化的、有保证的常量表达式：`constexpr`（参见 1.6 节）
[5] 范围 `for` 语句（参见 1.7 节）
[6] 空指针关键字：`nullptr`（参见 1.7 节）
[7] 有作用域的且强类型的 `enum`：`enum class`（参见 2.5 节）
[8] 编译时断言：`static_assert`（参见 3.5.5 节）
[9] `{}` 列表到 `std::initializer_list` 的语言层的映射（参见 4.2.3 节）
[10] 右值引用，移动语义使能（参见 5.5.2 节）
[11] 以 >>（两个 > 之间没有空格）结束的嵌套模板参数
[12] lambda（参见 6.3.2 节）
[13] 可变参数模板（参见 7.4 节）
[14] 类型和模板别名（参见 6.4.2 节）
[15] 万国码字符
[16] `long long` 整数类型
[17] 对齐控制：`alignas` 和 `alignof`
[18] 在声明中将一个表达式的类型作为类型使用的能力：`decltype`
[19] 裸字符串字面值（参见 9.4 节）
[20] 泛化的 POD（Plain Old Data，简单旧数据）
[21] 泛化的 `union`
[22] 局部类作为模板参数
[23] 后缀返回类型语法
[24] 一种属性语法和两种标准属性：`[[carries_dependency]]` 和 `[[noreturn]]`
[25] 防止异常传播：`noexcept` 说明符（参见 3.5.1 节）
[26] 在表达式中检测 `throw` 的可能性：`noexcept` 运算符
[27] C99 特性：扩展的整型类型（即，可选的长整数类型的规则）；窄 / 宽字符串的连接；`__STDC_HOSTED__`；`_Pragma(X)`；可变参数宏和空宏参数
[28] 名为 `__func__` 的字符串保存当前函数的名字
[29] `inline` 名字空间
[30] 委托构造函数
[31] 类内成员初始值（参见 5.1.3 节）
[32] 默认控制：`default` 和 `delete`（参见 4.6.5 节）
[33] 显式转换运算符
[34] 用户自定义字面值（参见 5.4.4 节）
[35] `template` 实例化的更显式的控制：`extern template`

[36] 函数模板的默认模板参数

[37] 继承构造函数

[38] 覆盖控制：`override` 和 `final`（参见 4.5.1 节）

[39] 更简单更通用的 SFINAE 规则

[40] 内存模型（参见 15.1 节）

[41] 线程局部存储：`thread_local`

有关 C++98 到 C++11 变化的更完整的介绍，请参阅 [Stroustrup,2013]。

16.2.2　C++14 语言特性

[1] 函数返回类型推断；3.6.2 节

[2] 改进的 `constexpr` 函数，如允许 `for` 循环（参见 1.6 节）

[3] 变量模板（参见 6.4.1 节）

[4] 二进制字面值（参见 1.4 节）

[5] 数字分隔符（参见 1.4 节）

[6] 泛型 lambda（参见 6.3.3 节）

[7] 更通用的 lambda 捕获

[8] `[[deprecated]]` 属性

[9] 其他一些微小扩展

16.2.3　C++17 语言特性

[1] 有保证的复制消除（参见 5.2.2 节）

[2] 动态分配过度对齐类型

[3] 更严格的求值顺序（参见 1.4 节）

[4] UTF-8 字面值（`u8`）

[5] 十六进制浮点数字面值

[6] 表达式折叠（参见 7.4.1 节）

[7] 泛型值模板参数（`auto` 模板参数）

[8] 类模板参数类型推断（参见 6.2.3 节）

[9] 编译时 `if`（参见 6.4.3 节）

[10] 带初始值的选择语句（参见 1.8 节）

[11] `constexpr lambda`

[12] `inline` 变量

[13] 结构化绑定（参见 3.6.3 节）

[14] 新标准属性：`[[fallthrough]]`、`[[nodiscard]]` 和 `[[maybe_unused]]`

[15] `std::byte` 类型

[16] 用其基础类型的值初始化 `enum`（参见 2.5 节）

[17] 其他一些微小扩展

16.2.4　C++11 标准库组件

C++11 以两种形式向标准库添加新内容：全新组件（如正则表达式匹配库）和改进

C++98 组件（如容器的移动构造函数）。

[1] 容器的 `initializer_list` 构造函数（参见 4.2.3 节）
[2] 容器的移动语义（参见 4.6.2 节和 9.2 节）
[3] 单向链表：`forward_list`（参见 11.6 节）
[4] 哈希容器：`unordered_map`、`unordered_multimap`、`unordered_set` 和 `unordered_multiset`（参见 11.6 节和 11.5 节）
[5] 资源管理指针：`unique_ptr`、`shared_ptr` 和 `weak_ptr`（参见 13.2.1 节）
[6] 并发支持：`thread`（参见 15.2 节）、互斥对象（参见 15.5 节）、锁（参见 15.5 节）和条件变量（参见 15.6 节）
[7] 高层并发支持：`packaged_thread`、`future`、`promise` 和 `async()`（参见 15.7 节）
[8] `tuple`（参见 13.4.3 节）
[9] 正则表达式：`regex`（参见 9.4 节）
[10] 随机数：分布和引擎（参见 14.5 节）
[11] 整数类型名，如 `int16_t`、`uint32_t` 和 `int_fast64_t`
[12] 定长且连续存储的序列容器：`array`（参见 13.4.1 节）
[13] 拷贝和重抛出异常（参见 15.7.1 节）
[14] 用错误码报告错误：`system_error`
[15] 容器的 `emplace()` 操作（参见 11.6 节）
[16] `constexpr` 函数更广泛的应用
[17] `noexcept` 函数的系统使用
[18] 改进的函数适配器：`function` 和 `bind()`（参见 13.8 节）
[19] `string` 到数值的转换
[20] 有作用域的分配器
[21] 类型萃取，如 `is_integral` 和 `is_base_of`（参见 13.9.2 节）
[22] 时间工具：`duration` 和 `time_point`（参见 13.7 节）
[23] 编译时有理数运算：`ratio`
[24] 结束一个进程：`quick_exit`
[25] 更多算法，如 `move()`、`copy_if()` 和 `is_sorted()`（参见第 12 章）
[26] 垃圾收集 ABI（参见 5.3 节）
[27] 底层并发支持：`atomic`

16.2.5 C++14 标准库组件

[1] `shared_mutex`（参见 15.5 节）
[2] 用户自定义字面值（参见 5.4.4 节）
[3] 按类型元组寻址（参见 13.4.3 节）
[4] 关联容器异构查找
[5] 其他一些次要特性

16.2.6 C++17 标准库组件

[1] 文件系统（参见 10.10 节）

[2] 并行算法（参见 12.9、14.3.1 节）
[3] 特殊数学函数（参见 14.2 节）
[4] `string_view`（参见 9.3 节）
[5] `any`（参见 13.5.3 节）
[6] `variant`（参见 13.5.1 节）
[7] `optional`（参见 13.5.2 节）
[8] `invoke()`
[9] 基本字符串转换：`to_chars` 和 `from_chars`
[10] 多态分配器（参见 13.6 节）
[11] 其他一些次要特性

16.2.7 已弃用特性

目前，有数十亿行 C++ 代码"在那里"，而且没有人确切地知道哪些特性用于关键应用中。因此，ISO 委员会只是无奈地启用旧的特性，而且会经过若干年的警告期。但是，有时弃用的是一些麻烦特性：

- C++17 最终弃用了异常说明：
  `void f() throw(X,Y); // C++98 异常说明，现在是错误`
  支持异常说明的一些设施 `unexpected_handler`、`set_unexpected()`、`get_unexpected()` 和 `unexpected()` 也被弃用了。应替代使用 `noexcept`（参见 3.5.1 节）。
- 不再支持三字母词。
- `auto_ptr` 被弃用。应替代使用 `unique_ptr`（参见 13.2.1 节）。
- 存储说明符 `register` 被弃用。
- `bool` 类型的 `++` 运算符被弃用。
- C++98 的 `export` 特性被弃用，因为它太复杂，主要的编译器提供商都未支持它。取而代之，`export` 被用作模块相关的一个关键字（参见 3.3 节）。
- 如果一个类有析构函数，为其生成拷贝构造函数和拷贝赋值运算符的特性被弃用了（参见 5.1.1 节）。
- 不再允许将字符串字面值赋予一个 `char *`。应替代使用 `const char *` 或 `auto`。
- 一些 C++ 标准库函数对象和相关函数被弃用了，其中大多数是与参数绑定相关的。应替代使用 `lambda` 和 `function`（参见 13.8 节）。

通过弃用一个特性，标准委员会表达了希望程序员不再使用该特性的愿望。但是，委员会没有权利立刻删除一个广泛使用的特性——即使该特性可能是冗余的或是危险的。因此，委员会通过"弃用"这样一个强烈暗示，提示程序员这个特性在将来的标准中可能消失，应避免使用。如果程序员继续使用弃用的特性，编译器可能给出警告。但是，已弃用的特性仍是标准的一部分，而且历史表明，出于兼容性考虑，这些特性其实会"永远"保留。

16.3 C/C++ 兼容性

除了少数例外，C++ 可以看作 C（这里指 C11 标准，参见 [C11]）的超集。两者的不同大部分源于 C++ 更为强调类型检查。一个编写得很好的 C 程序往往也会是一个合法的 C++

程序。主流编译器可以诊断出 C++ 和 C 之间的所有不同。C++ 标准的附录 C 中列出了 C99 和 C++11 之间的不兼容之处。

16.3.1 C 和 C++ 是兄弟

经典 C 有两个主要后代：ISO C 和 ISO C++。多年以来，两种语言在以不同的步调，沿着不同的方向发展着。造成的一个结果就是它们都支持传统 C 风格编程，但支持的方式有着细微不同。所产生的不兼容会使某些人非常苦恼——同时使用 C 和 C++ 的人、使用一种语言编写程序但用到另一种语言编写的库的人以及为 C 和 C++ 编写库和工具的人。

我为何会说 C 和 C++ 是兄弟呢？毕竟 C++ 很明显是 C 的后代。但是，请看下面简化后的家谱。

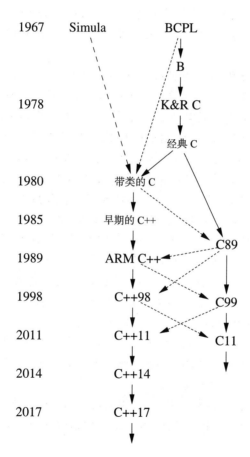

在此图中，实线表示大量特性的继承，短杠虚线表示主要特性的借用，而点虚线表示次要特性的借用。从中可以看出，ISO C 和 ISO C++ 是 K&R C [Kernighan,1978] 的两个主要后代，因此它们是兄弟。两者的发展过程中都从经典 C 继承了关键特性，但又都不是 100% 兼容经典 C。"经典 C"一词是我从 Dennis Ritchie 的显示器上贴的便条中挑出来的。它大致相当于 K&R C 加上枚举和 `struct` 赋值两个特性。BCPL 是在 [Richards,1980] 中定义的，C89 是在 [C90] 中定义的。

注意，C 和 C++ 的差别并不一定是 C++ 演化过程中对 C 特性做出改变的结果。有很多不兼容的例子是在将 C++ 中已存在很久的特性引入 C 时产生的。例如，`T *` 到 `void *` 的赋值以及全局 const 的链接 [Stroustrup, 2002]。有时，一个特性都已经成为 ISO C++ 标准的一部分，才被引入 C 并产生了不兼容，例如 inline 的含义。

16.3.2 兼容性问题

C 和 C++ 有很多小的不兼容之处。所有这些不兼容都能给程序员带来麻烦，但也都可以在 C++ 中解决。如果没有其他不可解决的不兼容问题，C 代码片段可以作为 C 程序编译并使用 extern "C" 机制与 C++ 程序链接到一起。

将一个 C 程序转换为 C++ 程序可能遇到的主要问题有：

- 次优的设计和编程风格。
- 将一个 void * 隐式转换为一个 T *（即，没有使用显式类型转换）。
- 在 C 代码中将 C++ 关键字用作了标识符，如 class 和 private。
- 作为 C 程序编译的代码片段和作为 C++ 程序编译的代码片段链接时不兼容。

16.3.2.1 风格问题

C 程序自然按 C 风格来编写，例如 K&R 风格 [Kernighan, 1988]。这意味着到处使用指针和数组，可能还有大量的宏。用这些设施编写大型程序，很难做到可靠。还有，资源管理和错误处理代码通常是为特定程序专门编写的，通过文档说明（而不是语言和工具所支持的），而且文档往往不完整，代码的依附性也太强。将一个 C 程序简单地逐行转换为一个 C++ 程序，对得到的程序最好进行全面检查。实际上，我将 C 程序改写为 C++ 程序从来没有无错的。这种改写工作，如果不改变基础结构，那么根本的错误来源也就仍然存在。如果原始的 C 程序中就有不完整的错误处理、资源泄漏或是缓存溢出，那么在 C++ 版本中它们还会存在。为了获得大的收益，你必须改变代码的基础结构：

（1）不要将 C++ 看作增加了一些特性的 C。你可以这样来使用 C++，但这将导致次最优的结果。为了真正发挥 C++ 相对于 C 的优势，你需要采用不同的设计和实现风格。

（2）将 C++ 标准库作为学习新技术和新程序设计风格的老师。注意它与 C 标准库的差异（例如，字符串拷贝用 = 而不是 strcpy() 以及字符串比较用 == 而不是 strcmp()）。

（3）C++ 几乎从不需要宏替换。作为替代，使用 const（参见 1.6 节）、constexpr（参见 1.6 节）、enum 或 enum class（参见 2.5 节）来定义明示常量，使用 inline（参见 4.2.1 节）来避免函数调用开销，使用 template（参见第 6 章）来指明函数族或类族，使用 namespace（参见 3.4 节）来避免名字冲突。

（4）在真正需要一个变量时再声明它，且声明后立即进行初始化。声明可以出现在语句可能出现的任何位置（参见 1.8 节），包括 for 语句初始值部分（参见 1.7 节）和条件中（参见 4.5.2 节）。

（5）不要使用 malloc()。new 运算符（参见 4.2.2 节）可以完成相同的工作，而且完成得更好。同样，不要使用 realloc()，尝试用 vector（参见 4.2.3 节和 12.1 节）。但注意不要简单地用"裸的"new 和 delete 来代替 malloc() 和 free()（参见 4.2.2 节）。

（6）避免使用 void*、联合以及类型转换，除非在某些函数和类的深层实现中。使用这些特性会限制你从类型系统得到的支持，而且会损害性能。在大多数情况下，一次类型转换就暗示着一个设计错误。

（7）如果你必须使用显式类型转换，尝试使用命名转换（如 static_cast，参见 16.2.7 节），这能更精确地表达你的意图。

（8）尽量减少数组和 C 风格字符串的使用。与这种传统的 C 风格程序相比，通常可以用 C++ 标准库中的 `string`（参见 9.2 节）、`array`（参见 13.4.1 节）和 `vector`（参见 11.2 节）写出更简单也更易维护的代码。一般而言，如果标准库中已经提供了相应的功能，就尽量不要自己重新构造代码。

（9）除非是在非常专门的代码中（例如内存管理器），或是进行简单的数组遍历（例如 `++p`），否则要避免对指针进行算术运算。

（10）不要认为用 C 风格（回避诸如类、模板和异常等 C++ 特性）辛苦写出的程序会比一个简短的替代程序（例如，使用标准库特性写出的代码）更高效。实际情况通常（当然并不是绝对的）正好相反。

16.3.2.2　void *

在 C 中，`void *` 可用来为任何指针类型的变量赋值或初始化，但在 C++ 中则可能是不行的。例如：

```
void f(int n)
{
    int* p = malloc(n*sizeof(int));   /* 不是 C++ 代码；在 C++ 中，用 "new" 分配 */
    // ...
}
```

这可能是最难处理的不兼容问题了。注意，从 `void *` 到不同指针类型的转换并非总是无害的：

```
char ch;
void* pv = &ch;
int* pi = pv;      // C++ 不可以
*pi = 666;         // 覆盖了 ch 和临近字节中的数据
```

如果你同时使用两种语言，应将 `malloc()` 的结果转换为正确类型。如果你只使用 C++，应避免使用 `malloc()`。

16.3.2.3　链接

C 和 C++ 可以实现为使用不同的链接规范（通常很多实现也确实这么做）。其基本原因是 C++ 更为强调类型检查。还有一个实现上的原因是 C++ 支持重载，因此可能出现两个都叫作 `open()` 的全局函数，链接器必须用某种办法解决这个问题。

为了让一个 C++ 函数使用 C 链接规范（从而使它可以被 C 程序片段所调用），或者反过来，让一个 C 函数能被 C++ 程序片段所调用，需要将其声明为 `extern "C"`。例如：

```
extern "C" double sqrt(double);
```

这样，`sqrt(double)` 就可以被 C 或 C++ 代码片段调用，而其定义既可以作为 C 函数编译也可以作为 C++ 函数编译。

在一个作用域中，对于一个给定的名字，只允许一个具有该名字的函数使用 C 链接规范（因为 C 不允许函数重载）。链接说明不会影响类型检查，因此对一个声明为 `extern "C"` 的函数仍要应用 C++ 函数调用和参数检查规则。

16.4　参考文献

[Boost]　　　　　*The Boost Libraries: free peer-reviewed portable C++ source libraries.* www.boost.org.

[C,1990]	X3 Secretariat: *Standard – The C Language*. X3J11/90-013. ISO Standard ISO/IEC 9899-1990. Computer and Business Equipment Manufacturers Association. Washington, DC.
[C,1999]	ISO/IEC 9899. *Standard – The C Language*. X3J11/90-013-1999.
[C,2011]	ISO/IEC 9899. *Standard – The C Language*. X3J11/90-013-2011.
[C++,1998]	ISO/IEC JTC1/SC22/WG21 (editor: Andrew Koenig): *International Standard – The C++ Language*. ISO/IEC 14882:1998.
[C++,2004]	ISO/IEC JTC1/SC22/WG21 (editor: Lois Goldtwaite): *Technical Report on C++ Performance*. ISO/IEC TR 18015:2004(E)
[C++Math,2010]	*International Standard – Extensions to the C++ Library to Support Mathematical Special Functions*. ISO/IEC 29124:2010.
[C++,2011]	ISO/IEC JTC1/SC22/WG21 (editor: Pete Becker): *International Standard – The C++ Language*. ISO/IEC 14882:2011.
[C++,2014]	ISO/IEC JTC1/SC22/WG21 (editor: Stefanus du Toit): *International Standard – The C++ Language*. ISO/IEC 14882:2014.
[C++,2017]	ISO/IEC JTC1/SC22/WG21 (editor: Richard Smith): *International Standard – The C++ Language*. ISO/IEC 14882:2017.
[ConceptsTS]	ISO/IEC JTC1/SC22/WG21 (editor: Gabriel Dos Reis): *Technical Specification: C++ Extensions for Concepts*. ISO/IEC TS 19217:2015.
[CoroutinesTS]	ISO/IEC JTC1/SC22/WG21 (editor: Gor Nishanov): *Technical Specification: C++ Extensions for Coroutines*. ISO/IEC TS 22277:2017.
[Cppreference]	*Online source for C++ language and standard library facilities*. www.cppreference.com.
[Cox,2007]	Russ Cox: *Regular Expression Matching Can Be Simple And Fast*. January 2007. swtch.com/~rsc/regexp/regexp1.html.
[Dahl,1970]	O-J. Dahl, B. Myrhaug, and K. Nygaard: *SIMULA Common Base Language*. Norwegian Computing Center S-22. Oslo, Norway. 1970.
[Dechev,2010]	D. Dechev, P. Pirkelbauer, and B. Stroustrup: *Understanding and Effectively Preventing the ABA Problem in Descriptor-based Lock-free Designs*. 13th IEEE Computer Society ISORC 2010 Symposium. May 2010.
[DosReis,2006]	Gabriel Dos Reis and Bjarne Stroustrup: *Specifying C++ Concepts*. POPL06. January 2006.
[Ellis,1989]	Margaret A. Ellis and Bjarne Stroustrup: *The Annotated C++ Reference Manual*. Addison-Wesley. Reading, Massachusetts. 1990. ISBN 0-201-51459-1.
[Garcia,2015]	J. Daniel Garcia and B. Stroustrup: *Improving performance and maintainability through refactoring in C++11*. Isocpp.org. August 2015. http://www.stroustrup.com/improving_garcia_stroustrup_2015.pdf.
[Garcia,2016]	G. Dos Reis, J. D. Garcia, J. Lakos, A. Meredith, N. Myers, B. Stroustrup: *A Contract Design*. P0380R1. 2016-7-11.
[Garcia,2018]	G. Dos Reis, J. D. Garcia, J. Lakos, A. Meredith, N. Myers, B. Stroustrup: *Support for contract based programming in C++*. P0542R4. 2018-4-2.
[Friedl,1997]:	Jeffrey E. F. Friedl: *Mastering Regular Expressions*. O'Reilly Media. Sebastopol, California. 1997. ISBN 978-1565922570.
[GSL]	N. MacIntosh (Editor): *Guidelines Support Library*. https://github.com/microsoft/gsl.
[Gregor,2006]	Douglas Gregor et al.: *Concepts: Linguistic Support for Generic Programming in C++*. OOPSLA'06.
[Hinnant,2018]	Howard Hinnant: *Date*. https://howardhinnant.github.io/date/date.html. Github. 2018.

[Hinnant,2018b]	Howard Hinnant: *Timezones*. https://howardhinnant.github.io/date/tz.html. Github. 2018.
[Ichbiah,1979]	Jean D. Ichbiah et al.: *Rationale for the Design of the ADA Programming Language*. SIGPLAN Notices. Vol. 14, No. 6. June 1979.
[Kazakova,2015]	Anastasia Kazakova: *Infographic: C/C++ facts*. https://blog.jetbrains.com/clion/2015/07/infographics-cpp-facts-before-clion/ July 2015.
[Kernighan,1978]	Brian W. Kernighan and Dennis M. Ritchie: *The C Programming Language*. Prentice Hall. Englewood Cliffs, New Jersey. 1978.
[Kernighan,1988]	Brian W. Kernighan and Dennis M. Ritchie: *The C Programming Language, Second Edition*. Prentice-Hall. Englewood Cliffs, New Jersey. 1988. ISBN 0-13-110362-8.
[Knuth,1968]	Donald E. Knuth: *The Art of Computer Programming*. Addison-Wesley. Reading, Massachusetts. 1968.
[Koenig,1990]	A. R. Koenig and B. Stroustrup: *Exception Handling for C++ (revised)*. Proc USENIX C++ Conference. April 1990.
[Maddock,2009]	John Maddock: *Boost.Regex*. www.boost.org. 2009. 2017.
[ModulesTS]	ISO/IEC JTC1/SC22/WG21 (editor: Gabriel Dos Reis): *Technical Specification: C++ Extensions for Modules*. ISO/IEC TS 21544:2018.
[Orwell,1949]	George Orwell: *1984*. Secker and Warburg. London. 1949.
[Paulson,1996]	Larry C. Paulson: *ML for the Working Programmer*. Cambridge University Press. Cambridge. 1996.
[RangesTS]	ISO/IEC JTC1/SC22/WG21 (editor: Eric Niebler): *Technical Specification: C++ Extensions for Ranges*. ISO/IEC TS 21425:2017. ISBN 0-521-56543-X.
[Richards,1980]	Martin Richards and Colin Whitby-Strevens: *BCPL – The Language and Its Compiler*. Cambridge University Press. Cambridge. 1980. ISBN 0-521-21965-5.
[Stepanov,1994]	Alexander Stepanov and Meng Lee: *The Standard Template Library*. HP Labs Technical Report HPL-94-34 (R. 1). 1994.
[Stepanov,2009]	Alexander Stepanov and Paul McJones: *Elements of Programming*. Addison-Wesley. 2009. ISBN 978-0-321-63537-2.
[Stroustrup,1979]	Personal lab notes.
[Stroustrup,1982]	B. Stroustrup: *Classes: An Abstract Data Type Facility for the C Language*. Sigplan Notices. January 1982. The first public description of "C with Classes."
[Stroustrup,1984]	B. Stroustrup: *Operator Overloading in C++*. Proc. IFIP WG2.4 Conference on System Implementation Languages: Experience & Assessment. September 1984.
[Stroustrup,1985]	B. Stroustrup: *An Extensible I/O Facility for C++*. Proc. Summer 1985 USENIX Conference.
[Stroustrup,1986]	B. Stroustrup: *The C++ Programming Language*. Addison-Wesley. Reading, Massachusetts. 1986. ISBN 0-201-12078-X.
[Stroustrup,1987]	B. Stroustrup: *Multiple Inheritance for C++*. Proc. EUUG Spring Conference. May 1987.
[Stroustrup,1987b]	B. Stroustrup and J. Shopiro: *A Set of C Classes for Co-Routine Style Programming*. Proc. USENIX C++ Conference. Santa Fe, New Mexico. November 1987.
[Stroustrup,1988]	B. Stroustrup: *Parameterized Types for C++*. Proc. USENIX C++ Conference, Denver, Colorado. 1988.

[Stroustrup,1991]	B. Stroustrup: *The C++ Programming Language (Second Edition)*. Addison-Wesley. Reading, Massachusetts. 1991. ISBN 0-201-53992-6.
[Stroustrup,1993]	B. Stroustrup: *A History of C++: 1979–1991*. Proc. ACM History of Programming Languages Conference (HOPL-2). ACM Sigplan Notices. Vol 28, No 3. 1993.
[Stroustrup,1994]	B. Stroustrup: *The Design and Evolution of C++*. Addison-Wesley. Reading, Massachusetts. 1994. ISBN 0-201-54330-3.
[Stroustrup,1997]	B. Stroustrup: *The C++ Programming Language, Third Edition*. Addison-Wesley. Reading, Massachusetts. 1997. ISBN 0-201-88954-4. Hardcover ("Special") Edition. 2000. ISBN 0-201-70073-5.
[Stroustrup,2002]	B. Stroustrup: *C and C++: Siblings*, *C and C++: A Case for Compatibility*, and *C and C++: Case Studies in Compatibility*. The C/C++ Users Journal. July-September 2002. www.stroustrup.com/papers.html.
[Stroustrup,2007]	B. Stroustrup: *Evolving a language in and for the real world: C++ 1991-2006*. ACM HOPL-III. June 2007.
[Stroustrup,2009]	B. Stroustrup: *Programming – Principles and Practice Using C++*. Addison-Wesley. 2009. ISBN 0-321-54372-6.
[Stroustrup,2010]	B. Stroustrup: *The C++11 FAQ*. www.stroustrup.com/C++11FAQ.html.
[Stroustrup,2012a]	B. Stroustrup and A. Sutton: *A Concept Design for the STL*. WG21 Technical Report N3351==12-0041. January 2012.
[Stroustrup,2012b]	B. Stroustrup: *Software Development for Infrastructure*. Computer. January 2012. doi:10.1109/MC.2011.353.
[Stroustrup,2013]	B. Stroustrup: *The C++ Programming Language (Fourth Edition)*. Addison-Wesley. 2013. ISBN 0-321-56384-0.
[Stroustrup,2014]	B. Stroustrup: C++ Applications. http://www.stroustrup.com/applications.html.
[Stroustrup,2015]	B. Stroustrup and H. Sutter: *C++ Core Guidelines*. https://github.com/isocpp/CppCoreGuidelines/blob/master/CppCoreGuidelines.md.
[Stroustrup,2015b]	B. Stroustrup, H. Sutter, and G. Dos Reis: *A brief introduction to C++'s model for type- and resource-safety*. Isocpp.org. October 2015. Revised December 2015. http://www.stroustrup.com/resource-model.pdf.
[Sutton,2011]	A. Sutton and B. Stroustrup: *Design of Concept Libraries for C++*. Proc. SLE 2011 (International Conference on Software Language Engineering). July 2011.
[WG21]	ISO SC22/WG21 The C++ Programming Language Standards Committee: *Document Archive*. www.open-std.org/jtc1/sc22/wg21.
[Williams,2012]	Anthony Williams: *C++ Concurrency in Action – Practical Multithreading*. Manning Publications Co. ISBN 978-1933988771.
[Woodward,1974]	P. M. Woodward and S. G. Bond: *Algol 68-R Users Guide*. Her Majesty's Stationery Office. London. 1974.

16.5 建议

[1] ISO C++ 标准 [C++, 2017] 定义了 C++。

[2] 当为一个新项目选择一种风格时，或是对一个代码库进行现代化时，依靠 C++ 核心准则；16.1.4 节。

[3] 当学习 C++ 时，不要孤立地关注单个语言特性；16.2.1 节。

[4] 不要陷入几十年之久的古老的语言特性集和设计技术中；16.4.1 节。

[5] 在产品级代码中使用新特性之前,先进行试验,编写一些小程序,测试你计划使用的 C++ 实现与标准是否一致,性能是否满足要求。

[6] 学习 C++ 时,使用你能得到的最新的、最完整的标准 C++ 实现。

[7] C 和 C++ 的公共子集并非学习 C++ 的最好起点;16.3.2.1 节。

[8] 优先选择命名类型转换,如 `static_cast`,而非 C 风格类型转换;16.2.7 节。

[9] 当你将一个 C 程序改写为 C++ 程序时,首先检查函数声明(原型)和标准头文件的使用是否一致;16.3.2 节。

[10] 当你将一个 C 程序改写为 C++ 程序时,重新命名与 C++ 关键字同名的变量;16.3.2 节。

[11] 出于移植性和类型安全的考虑,如果你必须使用 C,应使用 C 和 C++ 的公共子集编写程序;16.3.2.1 节。

[12] 当你将一个 C 程序改写为 C++ 程序时,将 `malloc()` 的结果转换为恰当的类型,或者索性将所有 `malloc()` 都改为 `new`;16.3.2.2 节。

[13] 当你用 `new` 和 `delete` 替换 `malloc()` 和 `free` 时,考虑使用 `vector`、`push_back()` 和 `reserve()` 而不是 `realloc()`;16.3.2.1 节。

[14] C++ 不允许 int 到枚举类型的隐式类型转换,如果必须进行这种转换,使用显式类型转换。

[15] 每个标准 C 头文件 `<X.h>` 都将名字定义在全局名字空间中,对应的 C++ 头文件 `<cX>` 则将名字定义在名字空间 `std` 中。

[16] 声明 C 函数时使用 `extern "C"`;16.3.2.3 节。

[17] 优先选择 `string` 而不是 C 风格字符串(直接处理以 0 结尾的 `char` 数组)。

[18] 优先选择 `iostream` 而不是 `stdio`。

[19] 优先选择容器(如 `vector`)而不是内置数组。

索 引

知识分为两种：一种是我们自己知道；另一种是我们知道能从哪里找到。
——萨缪尔·约翰逊

索引中的页码为英文原书页码，与书中页边标注的页码一致。

符号

`!=`
    container（容器不等比较），147
    not-equal operator（不等运算符），6

`"`, string literal（字符串字面常量），3

`$`, `regex`（匹配行尾），117

`%`
    modulus operator（模运算符），6
    remainder operator（余数运算符），6

`%=`, operator（取模赋值复合运算符），7

`&`
    address-of operator（取地址运算符），11
    reference to（引用），12

`&&`, rvalue reference（右值引用），71

`(`, `regex`（子模式开始），117

`()`, call operator（调用运算符），85

`(?:` pattern（非子模式），120

`)`, `regex`（子模式结束），117

`*`
    contents-of operator（取值运算符），11
    multiply operator（乘法运算符），6
    pointer to（指针），11

`regex`（闭包运算），117

`*=`, contents-of operator（乘法赋值复合运算符），7

`*?` lazy（闭包懒惰匹配），118

`+`
    plus operator（加法运算符），6

`regex`（正则闭包压缩），117

`string` concatenation（字符串连接），111

`++`, increment operator（递增运算符），7

`+=`
    increment operator（加法赋值复合运算符），7
    `string` append（字符串追加），112

`+?` lazy（正则闭包懒惰匹配），118

`-`, minus operator（减法运算符），6

`--`, decrement operator（递减运算符），7

`.`, `regex`（任意字符（通配符）），117

`/`, divide operator（除法运算符），6

`//` comment（注释），2

`/=`, scaling operator（除法赋值复合运算符），7

`:` `public`（公有继承），55

`<<`, 75
    output operator（输出运算符），3

`<=`
    container（容器小于等于比较），147
    less-than-or-equal operator（小于等于运算符），6

`<`
    container（容器小于比较），147
    less-than operator（小于运算符），6

`=`
    `0`（纯虚函数），54
    and `==`（= 和 ==），7
    assignment（赋值），16

`auto`（`auto` = 通过初始值推断变量类型），8
    container（容器赋值），147
    initializer（初始值），7

`string` assignment（字符串赋值），112

`==`
    `=` and（= 和 == 7）
    container（容器相等比较），147
    equal operator（相等运算符），6

`string`（字符串相等比较），112

`>`

索引

container（容器大于比较），147
greater-than operator（大于运算符），6

`>=`
    container（容器大于等于比较），147
    greater-than-or-equal operator（大于等于运算符），6

`>>` 75
    template arguments（模板参数），215

`?`, regex（可选运算），117
`??` lazy（可选懒惰匹配），118
`[`, regex（字符集开始），117
`[]`
    array（array 下标操作），171
    array of（内置数组下标操作），11
    string（string 下标操作），112
`\`, backslash（反斜线，转义符），3
`]`, regex（字符集结束），117
`^`, regex（匹配行首 / 逻辑非），117
`{`, regex（指定次数重复开始），117
`{}`
    grouping（语句分组），2
    initializer（初始值），8
`{}?` lazy（指定次数重复懒惰匹配），118
`|`, regex（或运算），117
`}`, regex（指定次数重复结束），117
`~`, destructor（析构函数），51
`0`
`=`（纯虚函数），54
`nullptr NULL`（空指针），13

A

`abs()`（绝对值函数），188
    abstract（抽象），
`class`（抽象类），54
`type`（抽象类型），54
`accumulate()`（求和算法），189
    acquisition RAII, resource（资源获取即初始化 RAII），164
    adaptor, lambda as（lambda 作为函数适配器），180
    address, memory（内存寻址），16

address-of operator &（取地址运算符），11
`adjacent_difference()`（相邻元素差算法），189
    aims, C++11（C++11 的目标），213
    algorithm（算法），149
    container（容器算法），150, 160
    lifting（提升），100
    numerical（数值算法），189
    parallel（并行算法），161
    standard library（标准库算法），156
`<algorithm>`（算法头文件），109, 156
    alias, `using`（类型别名），90
`alignas`（对齐控制），215
`alignof`（对齐控制），215
    allocation（内存分配），51
    allocator `new`, container（标准库容器默认分配器 `new`），178
    almost container（拟容器），170
`alnum`, regex（字母数字），119
`alpha`, regex（字母），119
`[[:alpha:]]` letter（字母字符集），119
    ANSI C++，212
`any`（在任意类型中选择一个类型），177
    append `+=`, `string`（字符串追加），112
    argument（参数）
    constrained（约束参数），81
    constrained template（约束模板），82
    default function（默认函数参数），42
    default template（默认模板参数），98
    function（函数参数），41
    passing, function（函数参数传递），66
    type（模板类型参数），82
    value（模板值参数），82
    arithmetic（算术运算）
    conversions, usual（常用算术类型转换），7
    operator（算术运算符），6
    vector（向量算术运算），192
    ARM（《C++ 参考手册批注版》），212
    array（数组）
`array` vs.（`array` 与内置数组），172
    of `[]`（内置数组下标操作），11

`array`, 171
    `[]`（array下标操作），171
    `data()`（获取起始地址），171
        initialize（初始化），171
    `size()`（获取大小），171
        vs. array（array与内置数组），172
        vs. vector（array与vector），171
`<array>`（array头文件），109
`asin()`（反正弦函数），188
    assembler（汇编器），210
`assert()`（断言），40
    assertion `static_assert`（静态断言），40
Assignable（可赋值类型概念），158
    assignment（赋值），
`=`（赋值），16
`=`, string（字符串赋值），112
    copy（拷贝赋值），66, 69
    initialization and（初始化和赋值），18
    move（移动赋值），66, 72
    associative array（关联数组），参见，map
`async()` launch—（启动异步任务），204
`at()`（带范围检查的下标操作），141
`atan()`（反正切函数），188
`atan2()`（双参数反正切函数），188
    AT&T Bell Laboratories（AT&T贝尔实验室），212
`auto =`（通过初始值推断变量类型），8
`auto_ptr`, deprecated（已弃用特性），218

B

`back_inserter()`（插入迭代器），150
    backslash \（反斜线，转义符），3
`bad_variant_access`（variant异常），176
    base and derived class（基类和派生类），55
`basic_string`（字符串通用模板），114
    BCPL（一种编程语言），219
`begin()`（获取容器首位置迭代器），75, 143, 147, 150
    beginner, book for（入门书籍），1
    Bell Laboratories, AT&T（AT&T贝尔实验室），212

`beta()`（数学函数），188
    bibliography（参考文献），222
BidirectionalIterator（双向迭代器概念），159
BidirectionalRange（双向范围概念），160
    binary search（二分搜索），156
    binding, structured（结构化绑定），45
    bit-field, `bitset` and（`bitset`和位域），172
`bitset` 172
    and bit-field（`bitset`和位域），172
    and enum（`bitset`和枚举），172
`blank`, `regex`（空白符（换行回车除外）），119
    block（块）
    as function body, `try`（`try`块作为函数体），141
`try`（try块），36
    body, function（函数体），2
    book for beginner（入门书籍），1
`bool`（布尔类型），5
Boolean（布尔类型比较概念），158
BoundedRange（有界范围概念），160
`break`（中断语句），15

C

C, 209
    and C++ compatibility（C和C++的兼容性），218
    Classic（经典C），219
    difference from（C++和C的差异），218
    K&R（K&R C），219
`void *` assignment, difference from（C++中`void*`赋值与C不同），221
    with Classes（带类的C），208
    with Classes language features（带类特性的C），210
    with Classes standard library（带类标准库的C），211
C++
    ANSI（ANSI C++），212
    compatibility, C and（C和C++的兼容性），218

索　引　201

Core Guidelines（C++ 核心准则），214
core language（核心语言特性），2
 history（C++ 历史），207
 ISO（C++ ISO 标准），212
 meaning（C++ 名称的含义），209
 modern（现代 C++），214
 pronunciation（C++ 的发音），209
 standard, ISO（C++ ISO 标准），2
 standard library（C++ 标准库），2
 standardization（C++ 的标准化进程），212
 timeline（C++ 大事年表），208
C++03，212
C++0x, C++11，209，212
C++，11
 aims（目标），213
C++0x（也被称为 C++0x），209，212
 language feature（语言特性），215
 library component（标准库组件），216
C++14
 language feature（语言特性），216
 library component（标准库组件），217
C++17
 language feature（语言特性），216
 library component（标准库组件），217
C++，98，212
 standard library（标准库），211
C11，218
C89 and C99（C89 和 C99），218
C99, C89 and（C89 和 C99），218
call operator **()**（调用运算符），85
callback（回调），181
`capacity()`（获取容器容量），139，147
 capture list（捕获列表），87
`carries_dependency`（属性，允许捕获函数调用间的依赖关系），215
 cast（显式类型转换），53
catch
 clause（`catch` 子句），36
 every exception（捕获所有异常），141
`catch(...)`（捕获所有异常），141
`ceil()`（向上取整），188

`char`（字符类型），5
 character set, multiple（多字符集），114
 check（检查）
 compile-time（编译时检查），40
 run-time（运行时检查），40
 checking, cost of range（范围检查的代价），142
`chrono, namespace`（处理时间设施的名字空间），179
`<chrono>`（时间处理头文件），109，179，200
 class（类），48
 concrete（具体类），48
 scope（类作用域），9
`template`（类模板），79
class
 abstract（抽象类），54
 base and derived（基类和派生类），55
 hierarchy（类层次），57
 Classic C（经典 C），219
 C-library header（C 标准库头文件），110
`clock` timing（时钟，计时用），200
`<cmath>`（数学函数头文件），109，188
`cntrl, regex`（正则表达式控制符），119
 code complexity, function and（函数和代码的复杂度），4
 comment, //（注释），2
`Common`（共同类型概念），158
`CommonReference`（共同引用类型概念），158
`common_type_t`，158
 communication, task（任务通信），202
 comparison（比较），74
 operator（比较运算符），6，74
 compatibility, C and C++（C 和 C++ 的兼容性），218
 compilation（编译）
 model, template（模板编译模型），104
 separate（分别编译），30
 compiler（编译器），2
 compile-time（编译时）
 check（编译时检查），40
 computation（编译时计算），181

evaluation（编译时求值），10
complete encapsulation（完整封装），66
`complex`（复数类型），49, 189
`<complex>`（复数头文件），109, 188, 190
　complexity, function and code（函数和代码的复杂度），4
　component（组件）
　　C++11 library（C++11 标准库组件），216
　　C++14 library（C++14 标准库组件），217
　　C++17 library（C++17 标准库组件），217
　computation, compile-time（编译时计算），181
　concatenation +, `string`（字符串连接运算），111
　concept（概念），81, 94
　　range（范围），157
`concept` support（对 `concept` 的支持），94
　concrete（具体的）
　　class（具体类），48
　　type（具体类型），48
　concurrency（并发），195
　condition, declaration in（在条件中声明），61
`condition_variable`（条件变量），201
　`notify_one()`（解锁一个等待条件的线程），202
　`wait()`（等待条件），201
`<condition_variable>`（条件变量头文件），201
`const`
　immutability（常量的不可变性），9
　member function（`const` 成员函数），50
　constant expression（常量表达式），10
`const_cast`（常量转换），53
`constexpr`
　function（`constexpr` 函数），10
　immutability（`constexpr` 的不可变性），9
`const_iterator`（常量迭代器），154
　constrained（约束）
　　argument（参数），81
　　template（模板），82
　　template argument（模板参数），82
`Constructible`（销售函数），158

constructor（构造函数）
　and destructor（构造函数和析构函数），210
　copy（拷贝构造函数），66, 69
　default（默认构造函数），50
　delegating（委托构造函数），215
　`explicit`（显式构造函数），67
　inheriting（继承构造函数），216
　initializer-list（构造函数初始值列表），52
　invariant and（不变式和构造函数），37
　move（移动构造函数），66, 71
　container（容器），51, 79, 137
`>`（容器大于比较），147
`=`（容器赋值），147
`>=`（容器大于等于比较），147
`<`（容器小于比较），147
`==`（容器相等比较），147
`!=`（容器不等比较），147
`<=`（容器小于等于比较），147
　algorithm（容器算法），150, 160
　allocator new（容器默认分配器 new），178
　almost（拟容器），170
　object in（容器中的对象），140
　overview（容器概览），146
　return（返回容器），151
　`sort()`（容器排序），181
　specialized（特殊容器），170
　standard library（标准库容器），146
　contents-of operator *（取值运算符），11
　contract（合约），40
　conversion（转换），67
　　explicit type（显式类型转换），53
　　narrowing（窄化转换），8
　　conversions, usual arithmetic（常用算术类型转换），7
`ConvertibleTo`（可转换类型概念），158
　copy（拷贝），68
　　assignment（拷贝赋值），66, 69
　　constructor（拷贝构造函数），66, 69
　　cost of（拷贝的代价），70
　　elision（拷贝消除），72
　　elision（拷贝消除），66

memberwise（逐成员拷贝），66
`copy()`（拷贝算法），156
`Copyable`(可拷贝、可移动、可赋值对象概念)，158
`CopyConstructible`（可拷贝构造、可移动构造对象概念），158
`copyif()`（条件拷贝算法），156
　Core Guidelines, C++（C++ 核心准则），214
　core language, C++（C++ 核心语言特性），2
　coroutine（协同程序），211
`cos()`（余弦函数），188
`cosh()`（双曲余弦函数），188
　cost（代价）
　　of copy（拷贝的代价），70
　　of range checking（范围检查的代价），142
`count()`（计数算法），156
`count_if()`（条件计数算法），155–156
`cout`, output（`cout` 输出流），3
`<cstdlib>`（`<stdlib.h>` 的 C++ 版本），110
　C-style（C 风格）
　　error handling（C 风格错误处理），188
　　string（C 风格字符串），13

D

`\d`, `regex`（正则表达式十进制数字），119
`\D`, `regex`（正则表达式非十进制数字），119
`d`, `regex`（正则表达式十进制数字），119
　data race（数据竞争），196
`data()`, `array`（获取起始地址），171
　D&E（《C++ 语言的设计和演化》），208
　deadlock（死锁），199
　deallocation（释放），51
　debugging `template`（模板调试），100
　declaration（声明），5
　　function（函数声明），4
　　in condition（在条件中声明），61
　　interface（接口声明），29
　　-declaration, `using`（`using` 声明），34
　declarator operator（声明运算符），12
　`decltype`（获取实体或表达式类型），215
　decrement operator `--`（递减运算符），7

　deduction（推断）
　　guide（推断指导），83, 176
　　`return-type`（推断返回类型），44
　default（默认）
　　constructor（默认构造函数），50
　　function argument（默认函数参数），42
　　member initializer（默认成员初始值），68
　　operation（默认操作），66
　　template argument（默认模板参数），98
`=default`（默认拷贝/移动控制成员），66
`DefaultConstructible`（可默认构造对象概念），158
　　definition implementation（定义实现），30
　　delegating constructor（委托构造函数），215
`=delete`（禁止拷贝/移动控制成员），67
`delete`
　　naked（裸 `delete`），52
　　operator（内存释放运算符），51
　　deprecated（已弃用）
`auto_ptr`, 218
　　feature（已弃用特性），218
　deque（双端队列），146
　　derived `class`, base and（基类和派生类），55
`DerivedFrom`（派生自），158
`Destructible`（销毁函数），158
　　destructor（析构函数），51, 66
　　~（析构函数名字前缀），51
　　constructor and（构造函数和析构函数），210
　virtual（虚析构函数），59
　　dictionary（字典），参见 `map`
　　difference（差异）
　　from C（C++ 与 C 的差异），218
　　from C `void *` assignment（C++ 中 `void*` 赋值与 C 不同），221
　digit, `[[:digit:]]`（正则表达式十进制数字字符集），119
`digit`, `regex`（正则表达式十进制数字），119
`[[:digit:]]` digit（正则表达式十进制数字字符集），119
　　-directive, `using`（`using` 指示），35
　　dispatch, tag（标签分发），181

distribution, random（随机分布），191
divide operator /（除法运算符），6
domain error（定义域错误），188
double（双精度类型），5
duck typing（鸭子类型），104
duration（时间段），179
duration_cast（时间段转换），179
dynamic store（动态存储），51
dynamic_cast（动态转换），61
is instance of（实例），62
is kind of（类型），62

E

EDOM（定义域错误），188
element requirement（需要的元素数），140
elision, copy（拷贝消除），66
emplace_back()（容器追加操作），147
empty()（判断容器是否为空），147
enable_if（条件编译），184
encapsulation, complete（完整封装），66
end()（获取容器尾后迭代器），75, 143, 147, 150
engine, random（随机数引擎），191
enum, bitset and（bitset 和枚举），172
equal operator ==（相等运算符），6
equality preserving（相等性保持），159
EqualityComparable（相等性可比较概念），158
equal_range()（相等子序列算法），156, 173
ERANGE（值域错误），188
erase()（删除元素），143, 147
errno（错误代码），188
error（错误）
domain（定义域错误），188
handling（错误处理），35
handling, C-style（C 风格错误处理），188
range（值域错误），188
recovery（错误恢复），38
run-time（运行时错误），35
error-code, exception vs（异常对错误码），38
essential operations（基本操作），66

evaluation（求值）
compile-time（编译时求值），10
order of（求值顺序），7
example（例程）
find_all()（查找所有出现的位置），151
Hello, World!，2
Rand_int（随机整数），191
Vec（向量），141
exception（异常），35
and main()（异常和主函数），141
catch every（捕获所有异常），141
specification, removed（异常说明，已删除特性），218
vs error-code（异常对错误码），38
exclusive_scan()（不包含的扫描操作），189
execution policy（执行策略），161
explicit type conversion（显式类型转换），53
explicit constructor（显式构造函数），67
exponential_distribution（指数分布），191
export removed（export，已删除特性），218
exp()（指数函数），188
expression（表达式）
constant（常量表达式），10
lambda lambda（表达式），87
extern template（显式控制模板实例化），215

F

fabs()（浮点绝对值函数），188
facilities, standard library（标准库设施），108
fail_fast，170
feature, deprecated（已弃用特性），218
features（特性）
C with Classes language（带类特性的 C），210
C++11 language（C++11 语言特性），215
C++14 language（C++14 语言特性），216
C++17 language（C++17 语言特性），216
file, header（头文件），31
final（覆盖控制），216

find()（查找算法），150, 156
find_all() example（查找所有出现位置例程），151
find_if()（条件查找算法），155–156
first, pair member（pair 的 first 成员），173
floor()（向下取整函数），188
fmod()（浮点数模函数），188
for
　　statement（for 语句），11
　　statement, range（范围 for 语句），11
forward()（参数转发），167
　　forwarding, perfect（完美转发），168
ForwardIterator（前向迭代器概念），159
forward_list（单向链表），146
　　singly-linked list（单向链表），143
<forward_list>（单向链表头文件），109
ForwardRange（前向范围概念），160
　　free store（自由存储区），51
frexp()（浮点数二进制分解函数），188
<fstream>（文件流头文件），109
__func__（当前函数的名字），215
　　function（函数），2
　　and code complexity（函数和代码的复杂度），4
　　argument（函数参数），41
　　argument, default（默认函数参数），42
　　argument passing（函数参数传递），66
　　body（函数体），2
　　body, try block as（try 块作为函数体），141
const member（const 成员函数），50
constexpr（constexpr 函数），10
　　declaration（函数声明），4
　　implementation of virtual（虚函数实现），56
　　mathematical（数学函数），188
　　object（函数对象），85
　　overloading（函数重载），4
　　return value（函数的返回值），41
template（函数模板），84

type（函数类型），181
value return（函数传值返回），66
function（标准库类型），180
　　and nullptr（function 类型和 nullptr），180
　　fundamental type（基本类型），5
future
　　and promise（future 和 promise 用于任务通信），202
　　member get()（成员函数 get() 用来获取值），202
<future>（任务通信头文件），109, 202

G

garbage collection（垃圾收集），73
generic programming（泛型编程），93, 210
get<>()（获取 tuple 成员）
　　by index（通过索引获取），174
　　by type（通过类型获取），174
get(), future member（future 成员，获取传输的值），202
graph, regex（正则表达式图形符），119
greater-than operator >（大于运算符），6
greater-than-or-equal operator >=（大于等于运算符），6
greedy match（正则表达式贪心匹配），118, 121
grouping, {}（正则表达式代码分组），2
gsl（范围检查）
namespace（范围检查名字空间），168
span（范围检查类型），168
　　Guidelines, C++ Core（C++ 核心准则），214

H

half-open sequence（半开序列），156
handle（句柄），52
resourc（资源句柄），69, 165
hardware, mapping to（映射到硬件），16
hash table（哈希表），144
hash<>, unordered_map（无序映射，哈希函

数），76
header（头文件）
  C-library（C 标准库头文件），110
  file（头文件），31
  standard library（标准库头文件），109
heap（堆），51
Hello, World! example（Hello, World! 例程），2
hierarchy（层次）
  class（类层次），57
  navigation（类层次导航），61
history, C++（C++ 历史），207
HOPL（ACM 程序设计语言历史大会），208

I

`if` statement（`if` 语句），14
  immutability（不可变性）
`const`（`const` 不可变性），9
`constexpr`（`constexpr` 不可变性），9
  implementation（实现）
    definition（定义实现），30
    inheritance（实现继承），60
    iterator（迭代器实现），153
    of `virtual` function（虚函数实现），56
  `string`（`string` 实现），113
  in-class member initialization（类内成员初始化），215
`#include`（包含头文件），31
`inclusive_scan()`（包含的扫描操作），189
  increment operator ++（递增运算符），7
  index, `get<>()` by（通过索引获取 `tuple` 成员），174
  inheritance（继承），55
  implementation（实现继承），60
  interface（接口继承），60
  multiple（多重继承），211
inheriting constructor（继承构造函数），216
initialization（初始化）
  and assignment（初始化和赋值），18
  in-class member（类内成员初始化），215

initialize（初始化），52
`array`（`array` 初始化），171
initializer（初始值）
`=`（初始值），7
`{}`（初始值列表），8
  default member（默认成员），68
initializer-list constructor（初始值列表构造函数），52
`initializer_list`（初始值列表类型），52
`inline`（内联关键字），49
`namespace`（内联名字空间），215
inlining（内联），49
`inner_product()`（内积），189
`InputIterator`（输入迭代器概念），159
`InputRange`（输入范围概念），160
`insert()`（插入元素操作），143, 417
  instantiation（实例化），81
  instruction, machine（机器指令），16
`int`（整型），5
  output bits of（输出整型数的二进制表示），172
`Integral`（整数类型概念），158
interface（接口）
  declaration（接口声明），29
  inheritance（接口继承），60
  invariant（不变式），37
  and constructor（不变式和构造函数），37
`Invocable`（可调用概念），159
`InvocableRegular`（相等性保持可调用概念），159
  I/O, iterator and（迭代器和 I/O），154
`<ios>`（I/O 流头文件），109
`<iostream>`（I/O 流头文件），3, 109
`iota()`（递增赋值算法），189
is（是）
  instance of, `dynamic_cast`（动态类型转换，实例），62
  kind of, `dynamic_cast`（动态类型转换，类型），62
  ISO（国际标准组织）

C++（ISO C++ 标准），212
C++ standard（ISO C++ 标准），2
ISO-14882（第一个 ISO C++ 标准），212
`istream_iterator`（输入流迭代器），154
    iterator（迭代器），75, 150
    and I/O（迭代器和 I/O），154
    implementation（迭代器实现），153
`Iterator`（迭代器概念），159
`iterator`（迭代器类型），143, 154
`<iterator>`（迭代器头文件），182
`iterator_category`（迭代器类别），182
`iterator_traits`（迭代器类型萃取），181-182
`iterator_type`（返回迭代器的类型），182

J

`join()`, `thread`（等待线程结束），196

K

key and value（关键字和值），144
K&R C，219

L

`\L`, regex（正则表达式非小写字母），119
`\l`, regex（正则表达式小写字母），119
lambda
    as adaptor（lambda 作为函数适配器），180
    expression（lambda 表达式），87
    language（语言）
    and library（语言和库），107
    features, C with Classes（带类特性的 C），210
    features, C++11（C++11 语言特性），215
    features, C++17（C++14 语言特性），216
    features, C++17（C++17 语言特性），216
    launch, `async()`（启动异步任务），204
    lazy（正则表达式懒惰匹配）
`*?`（闭包懒惰匹配），118
`+?`（正则闭包懒惰匹配），118
`??`（可选懒惰匹配），118
`{}?`（指定重复次数懒惰匹配），118
    match（懒惰匹配），118, 121
`ldexp()`（指数乘法函数），188

leak, resource（资源泄漏），62, 72, 164
less-than operator `<`（小于运算符），6
less-than-or-equal operator `<=`（小于等于运算符），6
letter, `[[:alpha:]]`（正则表达式字母字符集），119
library（库）
    algorithm, standard（标准库算法），156
    C with Classes standard（带类标准库的 C），211
    C++98 standard（C++98 标准库），211
    components, C++11（C++11 标准库组件），216
    components, C++14（C++14 标准库组件），217
    components, C++17（C++17 标准库组件），217
    container, standard（标准库容器），146
    facilities, standard（标准库设施），108
    language and（语言和库），107
    non-standard（非标准库），107
    standard（标准库），107
lifetime, scope and（作用域和生命周期），9
lifting algorithm（提升算法），100
`<limits>`（数值类型信息头文件），181, 193
linker（链接器），2
list（列表）
    capture（捕获列表），87
`forward_list` singly-linked（单向链表），143
`list`（链表容器），142, 146
literal（字面值）
    `"`, string（字符串字面值），3
    raw string（原始字符串字面值），116
    suffix, `s`（字符串字面值后缀 `s`），113
    suffix, `sv`（字符串视图字面值后缀 `sv`），115
    type of string（字符串字面值类型），113
    user-defined（用户自定义字面值），75, 215
`literal`
`string_literal`（字符串字面值名字空间），113
`string_view_literal`（字符串视图字面值

名字空间),115
 local scope (局部作用域),9
 lock, reader-writer (读写锁),200
`log()` (自然对数函数),188
`log10()` (以 10 为底的对数函数),188
`long long` (C++11 新整型类型),215
`lower`, `regex` (正则表达式小写字母),119

M

machine instruction (机器指令),16
`main()` (主函数),2
 exception and (异常与主函数),141
`make_pair()` (创建 `pair`),173
`make_shared()` (创建共享指针),166
`make_tuple()` (创建 `tuple`),174
`make_unique()` (创建独占指针),166
 management, resource (资源管理),72,164
`map` (映射),144,146
 and `unordered_map` (映射和无序映射),146
`<map>` (映射头文件),109
 mapped type, value (值或映射类型),144
 rnapping to hardware (映射到硬件),16
 match (正则表达式匹配)
  greedy (贪心匹配),118,121
  lazy (懒惰匹配),118,121
 mathematical (数学)
  function (数学函数),188
  functions, special (特殊数学函数),188
  functions, standard (标准数学函数),188
`<math.h>` (数学头文件),188
 Max Munch rule (最长匹配法则),118
 meaning, C++ (C++ 名字的含义),209
 member
  function, `const` (`const` 成员函数),50
  initialization, in-class (类内成员初始化),215
  initializer, default (默认成员初始值),68
  memberwise copy (逐成员拷贝),66
`mem_fn()` (构造非成员函数对象),180
 memory (内存),73
  address (内存寻址),16

`<memory>` (内存头文件),109,164,166
`merge()` (合并算法),156
`Mergeable` (可合并迭代器概念),159
 minus operator − (减法运算符),6
 model, template compilation (模板编译模型),104
 modern C++ (现代 C++),214
`modf()` (浮点取模运算),188
 modularity (模块化),29
`module` (模块特性),32
 support (对模块特性的支持),32
 modulus operator `%` (模运算符),6
`Movable` (可移动、可赋值、可交换对象概念),158
 move (移动),71
 assignment (赋值),66,72
 constructor (构造函数),66,71
`move()` (移动函数),72,156,167
`MoveConstructible` (可移动构造),158
 moved-from (移动后)
  object (移动后对象),72
  state (移动后状态),168
 move-only type (只可移动的类型),167
 multi-line pattern (正则表达式多行模式),117
`multimap` (重复关键字映射),146
 multiple (多重)
  character sets (多字符集),114
  inheritance (多重继承),211
  return-values (多返回值),44
  multiply operator `*` (乘法运算符),6
`multiset` (重复关键字集合),146
`mutex` (互斥量),199
`<mutex>` (互斥量头文件),199

N

`\n` (回车符),3
 naked (裸)
`delete` (裸 `delete`),52
 new (裸 new),52
 namespace scope (名字空间作用域),9
`namespace` (名字空间关键字),34

索引　209

`chrono`（时间名字空间），179
`gsl`（范围检查名字空间），168
`inline`（内联名字空间），215
`pmr`（多态内存资源名字空间），178
`std`（标准名字空间），3, 35, 109
 narrowing conversion（窄化转换），8
 navigation, hierarchy（类层次导航），61
`new`（新）
 container allocator（容器默认分配器 new），178
 naked（裸 `new`），52
 operator（内存分配运算符），51
 newline `\n`（换行符 `\n`），3
`noexcept`（阻止异常传播说明符），37
`noexcept()`（检测抛出异常可能性运算符），215
 non-memory resource（非内存资源），73
 non-standard library（非标准库），107
`noreturn`（属性，函数不返回），215
`normal_distribution`（正态分布），191
 notation, regular expression（正则表达式符号），117
 not-equal operator `!=`（不等运算符），6
`notify_one()`, `condition_variable`（条件变量唤醒一个线程），202
`NULL 0`, `nullptr`（空指针），13
`nullptr`（空指针），13
`function and`（函数和空指针），180
`NULL 0`（空指针），13
 number, random（随机数 191
`<numeric>`（数值算法头文件），189
 numerical algorithm（数值算法），189
`numeric_limits`（数值限制），193

O

 object（对象），5
 function（函数对象），85
 in container（容器中的对象），140
 moved-from（移动后对象），72
 object-oriented programming（面向对象程序设计），57, 210

operation（操作）
 default（默认操作），66
 essential（基本操作），66
operator（运算符）
 `%=`（取模赋值复合运算符），7
 `+=`（加法赋值复合运算符），7
 `&`, address-of（取地址运算符），11
 `()`, call（调用运算符），85
 `*`, contents-of（取值运算符），11
 `--`, decrement（递减运算符），7
 `/`, divide（除法运算符），6
 `==`, equal（相等运算符），6
 `>`, greater-than（大于运算符），6
 `>=`, greater-than-or-equal（大于等于运算符），6
 `++`, increment（递增运算符），7
 `<`, less-than（小于运算符），6
 `<=`, less-than-or-equal（小于等于运算符），6
 `-`, minus（减法运算符），6
 `%`, modulus（模运算符），6
 `*`, multiply（乘法运算符），6
 `!=`, not-equal（不等运算符），6
 `<<`, output（输出运算符），3
 `+`, plus（加法运算符），6
 `%`, remainder（余数运算符），6
 `*=`, scaling（乘法赋值复合运算符），7
 `/=`, scaling（除法赋值复合运算符），7
 arithmetic（算术运算符），6
 comparison（比较运算符），6, 74
 declaratory（声明运算符），12
`delete`（内存释放运算符），51
`new`（内存分配运算符），51
 overloaded（运算符重载），51
 user-defined（用户自定义运算符），51
 optimization, short-string（短字符串优化），113
`optional`（可选或不选类型），176
 order of evaluation（求值顺序），7
`ostream_iterator`（输出流迭代器），154
`out_of_range`（越界异常），141
 output（输出）
  bits of `int`（输出整型数的二进制表示），172

`cout`（输出流），3
    `operator <<`（输出运算符），3
`OutputIterator`（输出迭代器概念），159
`OutputRange`（输出范围概念），160
    overloaded operator（重载的运算符），51
    overloading function（函数重载），4
`override`（关键字，指出函数覆盖），55
    overview, container（容器概览），146
    ownership（所有权），164

P

`packaged_task thread`（打包任务），203
`pair`（值对类型），173
    and structured binding（值对和结构化绑定），174
    member `first`（`first` 成员），173
    member `second`（`second` 成员），173
`par`（并行执行策略），161
    parallel algorithm（并行算法），161
    parameterized type（参数化类型），79
`partial_sum()`（前缀和算法），189
`par_unseq`（并行且/或非顺序（向量化）执行策略），161
    passing data to task（向任务传递数据），197
    pattern（模式），116
    `(?:`（非子模式），120
    multi-line（多行模式），117
    perfect forwarding（完美转发），168
`Permutable`（可交换迭代器概念），159
`phone_book` example（电话簿例程），138
    plus operator +（加法运算符），6
`pmr, namespace`（多态内存资源名字空间），178
    pointer（指针），17
    smart（智能指针），164
    to *（指针类型），11
    policy, execution（执行策略），161
    polymorphic type（多态类型），54
`pow()`（幂函数），188
    precondition（前置条件），37
    predicate（谓词），86, 155

    type（类型谓词 183
`Predicate`（谓词可调用概念），159
`print, regex`（正则表达式可打印字符），119
    program（程序），2
    programming（程序设计）
    generic（范型程序设计），93, 210
    object-oriented（面向对象程序设计），57, 210
    procedural（过程式程序设计），2
`promise`
`future and`（`future` 和 `promise` 用于任务通信），202
    member `set_exception()`（`set_exception()` 成员，传递异常），202
    member `set_value()`（`set_value()` 成员，发送值），202
    pronunciation, C++（C++ 的读音），209
`punct, regex`（正则表达式标点符号），119
    pure `virtual`（纯虚函数），54
    purpose, template（模板的目的），93
`push_back()`（添加到队尾），52, 139, 143, 147
`push_front()`（添加到队首），143

R

`R"`（裸字符串），116
    race, data（数据竞争），196
    RAII（资源获取即初始化）
    and resource management（RAII 和资源管理），36
    and `try`-block（RAII 和 `try` 块），40
    and `try`-statement（RAII 和 `try` 语句），36
    resource acquisition（资源获取），164
`scoped_lock and`（`scoped_lock` 和 RAII），199-200
`RAII` 52
`Rand_int` example（随机整数例程），191
    random number（随机数），191
`random`（随机）
    distribution（随机分布），191
    engine（随机数引擎），191
`<random>`（随机数头文件），109, 191
`RandomAccessIterator`（随机访问迭代器概

念), 159
RandomAccessRange (随机访问范围概念), 160
 range (范围)
 checking, cost of (范围检查的代价), 142
 checking Vec (Vec 的范围检查), 140
 concept (范围概念), 157
 error (范围错误), 188
 for statement (范围 for 语句), 11
Range (范围概念), 157, 160
 raw string literal (裸字符串字面值), 116
 reader-writer lock (读写锁), 200
 recovery, error (错误恢复), 38
reduce() (并行求和算法), 189
 reference (引用), 17
&&, rvalue (右值引用), 71
 rvalue (右值引用), 72
 to & (引用类型), 12
regex (正则表达式库)
] (字符集结束), 117
[(字符集开始), 117
^ (匹配行首), 117
? (可选), 117
. (任意字符(通配符)), 117
+ (正则闭包运算), 117
* (闭包运算), 117
) (子模式结束), 117
((子模式开始), 117
$ (匹配行尾), 117
{ (指定次数重复开始), 117
} (指定次数重复结束), 117
| (或), 117
alnum (字母数字), 119
alpha (字母), 119
blank (空白符(换行回车除外)), 119
cntrl (控制符), 119
\D (非十进制数字), 119
\d (十进制数字), 119
d (十进制数字), 119
digit (十进制数字), 119
graph (图形符), 119

\l (小写字母), 119
\L (非小写字母), 119
lower (小写字母), 119
print (可打印字符), 119
punct (标点符号), 119
 regular expression (正则表达式), 116
 repetition (重复), 118
\s (空白符), 119
\S (非空白符), 119
s (空白符), 119
space (空白符), 119
\U (大写字母), 119
\u (非大写字母), 119
upper (大写字母), 119
w (字母数字或下划线), 119
\w (字母数字或下划线), 119
\W (非字母数字及下划线), 119
xdigit (十六进制数字), 119
<regex> (正则表达式头文件), 109, 116
 regular expression (正则表达式), 116
regex_iterator (正则匹配迭代器), 121
regex_search (搜索匹配字符串), 116
 regular (常规)
 expression notation (正则表达式符号), 117
 expression <regex> (正则表达式头文件), 116
 expression regex (正则表达式类), 116
Regular (常规对象概念), 158
reinterpret_cast (不可移植的类型转换), 53
Relation (关系可调用概念), 159
 remainder operator % (余数运算符), 6
 removed (已弃用)
 exception specification (异常说明, 已弃用特性), 218
export (export, 已弃用特性), 218
 repetition, regex (正则表达式, 重复), 118
replace() (替换算法), 156
 string (字符串替换), 112
replace_if() (条件替换算法), 156
 requirement, template (模板对参数的要求),

94
 requirements, element（容器对元素的要求），140
reserve()（容器预留空间），139, 147
resize()（改变元素数目），147
 resource（资源）
  acquisition RAII（资源获取即初始化），164
  handle（资源管理），69, 165
  leak（资源泄漏），62, 72, 164
  management（资源管理），72, 164
  management, RAII and（RAII 和资源管理），36
  non-memory（非内存资源），73
  retention（资源预留），73
  safety（资源安全），73
 rethrow（重抛出），38
 return（返回）
  function value（函数传值返回），66
  type, suffix（后缀返回类型），215
  value, function（函数的返回值），41
return（返回语句）
 container（返回容器），151
 type, void（void 返回类型），3
 returning results from task（从任务返回结果），198
return-type deduction（返回类型推断），44
 return-values, multiple（多返回值），44
riemanzeta()（特殊数学函数），188
 rule
 Max Munch（最长匹配法则），118
 of zero（零原则），67
 run-time（运行时）
  check（运行时检查），40
  error（运行时错误），35
 rvalue（右值）
  reference（右值引用），72
  reference &&（右值引用符号 &&v），71

S

s literal suffix（字符串字面值后缀 s），113
\s, regex（空白符），119

s, regex（空白符），119
\S, regex（非空白符），119
 safety, resource（资源安全），72
Same（相同类型概念），158
 scaling（缩放运算符）
 operator *=（乘法赋值复合运算符），7
 operator /=（除法赋值复合运算符），7
 scope（作用域）
 and lifetime（作用域和生命周期），9
 class（类作用域），9
 local（局部作用域），9
 namespace（名字空间作用域），9
scoped_lock（互斥对象锁），164
 and RAII（scoped_lock 和 RAII），199-200
unique_lock and（unique_lock 和 scoped_lock），201
scoped_lock()（共享数据锁），199
 search, binary（二分搜索），156
second, pair member（pair 的成员 second），173
Semiregular（半常规类型概念），158
Sentinel（哨兵迭代器概念），159
 separate compilation（分别编译），30
 sequence（序列），150
 half-open（半开序列），156
set（集合容器），146
<set>（集合头文件），109
set_exception(), promise member（promise 的成员 set_exception()），202
set_value(), promise member（promise 的成员 set_value()），202
shared_lock（共享锁），200
shared_mutex（共享互斥对象），200
shared_ptr（共享指针），164
 sharing data task（任务共享数据），199
 short-string optimization（短字符串优化），113
SingedIntegral（带符号整数类型概念），158
 SIMD（单指令流多数据流），161
 Simula（面向对象语言 Simula），207
sin()（正弦函数），188

singly-linked list, `forward_list`（`forward_list` 单向链表），143
`sinh()`（双曲正弦函数），188
  size of type（类型的大小），6
`size()`75, 147
  array（获取 array 的元素数），171
SizedRange（常量时间可知大小的范围概念），160
SizedSentinel（可知大小的哨兵迭代器概念），159
`sizeof`（类型大小运算符），6
`sizeof()`（类型大小函数），181
`size_t`（保存大小的类型），90
  smart pointer（智能指针），164
`smatch`（正则表达式搜索匹配类），116
`sort()`（排序算法），149, 156
  container（容器排序算法），181
Sortable（可排序迭代器概念），159
`space`, `regex`（正则表达式空白符），119
`span`（范围检查类型）
`gsl`（范围检查名字空间），168
`string_view` and（`string_view` 和 `span`），168
  special mathematical functions（特殊数学函数），188
  specialized container（特殊容器），170
`sphbessel()`（特殊数学函数），188
`sqrt()`（平方根函数），188
`<sstream>`（字符串流头文件），109
  standard（标准）
  ISO C++（ISO C++ 标准库），2
  library（标准库），107
  library algorithm（标准库算法），156
  library, C++（C++ 标准库），2
  library, C with Classes（带类标准库的 C），211
  library, C++98（C++98 标准库），211
  library container（标准库容器），146
  library facilities（标准库设施），108
  library header（标准库头文件），109
  `library std`（标准库名字空间 `std`），109
  mathematical functions（标准数学函数），188

standardization, C++（C++ 标准化），212
state, moved-from（移动后状态），168
statement（语句）
  `for`（`for` 循环语句），11
  `if`（`if` 条件分支语句），14
  range `for`（范围 `for` 循环语句），11
  `switch`（`switch` 多分支语句），14
  `while`（`while` 循环语句），14
`static_assert`（静态断言），193
  assertion（断言），40
`static_cast`（静态类型转换），53
`std`（标准库名字空间），2
  namespace（`std` 名字空间），3, 35, 109
  standard library（标准库名字空间），109
`<stdexcept>`（异常头文件），109
  STL（标准模板库），211
  store（存储）
  dynamic（动态存储），51
  free（自由存储区），51
StrictTotallyOrdered（严格全序比较概念），158
StrictWeakOrder（严格弱序关系可调用概念），159
  string（字符串）
  C-style（C 风格字符串），13
  literal "（字符串字面值），3
  literal, raw（原始字符串字面值），116
  literal, type of（字符串字面值类型），113
  Unicode（万国码字符串），114
`string`（字符串类），111
  `[]`（下标操作，获取字符），112
  `==`（字符串相等比较），112
  append `+=`（字符串追加操作），112
  assignment `=`（字符串赋值运算符），112
  concatenation `+`（字符串连接运算符），111
  implementation（字符串实现），113
`replace()`（子串替换成员函数），112
`substr()`（获取子串成员函数），112
`<string>`（字符串头文件），109, 111
`string_literals`, literals（字符串字面值名字空间），113

`string_span`（字符范围检查类型），170
`string_view`（字符串视图），114
    and `span`（`string_view` 和 `span`），168
`string_view_literals, literals`（字符串视图字面值名字空间），115
    structured（结构化）
        binding（结构化绑定），45
        binding, `pair` and（`pair` 和结构化绑定），174
        binding, `tuple` and（`tuple` 和结构化绑定），174
    subclass, superclass and（超类和子类），55
`[ ]`subscripting（下标操作 `[ ]`），147
`substr()`, `string`（获取子串成员函数），112
    suffix（后缀）75
    return type（后缀返回类型），215
s literal（字符串字面值后缀 s），113
sv literal（字符串视图字面值后缀 sv），115
    superclass and subclass（超类和子类），55
    suport, `module`（对模块特性的支持），32
    support, `concept`（对概念特性的支持），94
sv literal suffix（字符串视图字面值后缀 sv），115
`swap()`（标准库交换算法），76
`Swappable`（自身可交换类型概念），158
`SwappableWith`（两者可交换类型概念），158
`switch` statement（`switch` 多分支语句），14
`synchronized_pool_resource`（同步池资源类），178

T

    table, hash（哈希表），144
    tag dispatch（标签分发），181
`tanh()`（双曲正切函数），188
    task（任务）
        and `thread`（任务和线程），196
        communication（任务通信），202
        passing data to（向任务传递数据），197
        returning results from（从任务返回结果），198
        sharing data（任务共享数据），199
    TC++PL（《C++ 程序设计语言》），208

`template`（模板）
    argument, constrained（约束模板参数），82
    argument, default（默认模板参数），98
    arguments, >>（模板参数），215
    compilation model（模板编译模型），104
    constrained（约束模板），82
    variadic（可变参数模板），100
`template`（模板关键字），79
    class（类模板），79
    debugging（调试模板），100
`extern`（显式控制模板实例化），215
    function（函数模板），84
    purpose（模板的目的），93
    requirement（模板对参数的要求），94
`this`（当前对象指针），70
`thread`（线程类）
    `join()`（等待线程结束），196
`packaged_task`（打包任务），203
    task and（任务和线程），196
`<thread>`（线程头文件），109, 196
`thread_local`（线程局部存储），216
    time（标准库处理时间组件），179
    timeline, C++（C++ 大事年表），208
`time_point`（时间点类型），179
    timing, clock（时钟，计时用），200
    to hardware, mapping（映射到硬件），16
`transform_reduce()`（并行转换求和算法），189
    translation unit（翻译单元），32
`try`
    block（`try` 块），36
    block as function body（`try` 块作为函数体），141
`try`-block, RAII and（`try` 块，RAII 和），40
`try`-statement, RAII and（`try` 语句，RAII 和），36
`tuple`（多值类型），174
    and structured binding（`tuple` 和结构化绑定），174
    type（类型），5
    abstract（抽象类型），54
    argument（模板类型参数），82

concrete（具体类型），48
conversion, explicit（显式类型转换），53
function（类型函数），181
fundamental（基本类型），5
get<>() by（通过类型获取 tuple 元素），174
move-only（只能移动的类型），167
of string literal（字符串字面值类型），113
parameterized（参数化类型），79
polymorphic（多态类型），54
predicate（类型谓词），183
size of（类型大小），6
typename（模板类型参数），79, 152
<type_traits>（类型萃取），183
typing, duck（鸭子类型），104

U

\U, regex（正则表达式大写字母），119
\u, regex（正则表达式大写字母），119
udl（用户自定义字面值），75
Unicode string（万国码字符串），114
uniform_int_distribution（整数均匀分布），191
uninitialized（未初始化），8
unique_copy()（去重拷贝），149, 156
unique_lock（互斥锁），200-201
and scoped_lock（unique_lock 和 scoped_lock），201
unique_ptr（独占指针），62, 164
unordered_map（无序映射），144, 146
hash<>（哈希函数），76
map and（map 和 unordered_map），146
<unordered_map>（无序映射头文件），109
unordered_multimap（重复关键字无序映射），146
unordered_multiset（重复关键字无序集合），146
unordered_set（无序集合），146
unsigned（无符号），5
UnsignedIntegral（无符号整数类型概念），158
upper, regex（正则表达式大写字母），119

user-defined（用户自定义）
literal（用户自定义字面值），75, 215
operator（用户自定义运算符），51
using
alias（类型别名），90
-declaration（using 声明），34
-directive（using 指示），35
usual arithmetic conversions（常用算术类型转换），7
<utility>（工具头文件），109, 173-174

V

valarray（数值计算向量类型），192
<valarray>（向量类型头文件），192
value（值），5
argument（值参数），82
key and（关键字和值），144
mapped type（值映射的类型），144
return, function（函数传值返回），66
value_type（值类型），90
valuetype（元素类型），147
variable（变量），5
variadic template（可变参数模板），100
variant（多个类型中选择一个），175
Vec
example（Vec 例程），141
range checking（Vec 的范围检查），140
vector arithmetic（向量算术运算），192
vector（向量容器），138, 146
array vs.（array 对 vector），171
<vector>（向量头文件），109
vector<bool>（位序列），170
vectorized（向量化），161
View（视图范围概念），160
virtual（虚），54
destructor（虚析构函数），59
function, implementation of（虚函数的实现），56
function table vtbl（虚函数表），56
pure（纯虚函数），54
void（无类型）

`*`（无类型指针），221
`*` assignment, difference from C（C++中void*赋值与C不同），221
`return` type（无返回值），3
vtbl, virtual function table（虚函数表），56

W

w, `regex`（正则表达式字母数字或下划线），119
\w, `regex`（正则表达式字母数字或下划线），119
\W, `regex`（正则表达式非字母数字及下划线），119
`wait()`, `condition_variable`（等待条件变量），201
`WeaklyEqualityComparable`（自身弱相等性可比较概念），158
WG21（ISO C++ 标准化工作的一部分），208
`while` statement（`while` 循环语句），14

X

X3J16（ANSI C++ 标准委员会），212
xdigit, `regex`（正则表达式十六进制数字字符），119

Z

zero, rule of（零原则），67

推荐阅读

C++程序设计：原理与实践（基础篇）（原书第2版）

作者：[美] 本贾尼·斯特劳斯特鲁普 （Bjarne Stroustrup） ISBN：978-7-111-56225-2 定价：99.00元

C++程序设计：原理与实践（进阶篇）（原书第2版）

作者：[美] 本贾尼·斯特劳斯特鲁普 （Bjarne Stroustrup） ISBN：978-7-111-56252-8 定价：99.00元

将经典程序设计思想与C++开发实践完美结合，全面地介绍了程序设计基本原理，包括基本概念、设计和编程技术、语言特性以及标准库等，教你学会如何编写具有输入、输出、计算以及简单图形显示等功能的程序。此外，本书通过对C++思想和历史的讨论、对经典实例（如矩阵运算、文本处理、测试以及嵌入式系统程序设计）的展示，以及对C语言的简单描述，为你呈现了一幅程序设计的全景图。

推荐阅读

C++程序设计语言（第1~3部分）（原书第4版）

作者：[美] 本贾尼·斯特劳斯特鲁普 （Bjarne Stroustrup） ISBN：978-7-111-53941-4 定价：139.00元

C++程序设计语言（第4部分：标准库）（原书第4版）

作者：[美] 本贾尼·斯特劳斯特鲁普 （Bjarne Stroustrup） ISBN：978-7-111-54439-5 定价：89.00元

C++语言之父的经典名著之最新版本，全面掌握标准C++11及其编程技术的权威指南！

本书是在C++语言和程序设计领域具有深远影响、畅销不衰的经典著作，由C++语言的设计者和最初的实现者Bjarne Stroustrup编写，对C++语言进行了最全面、最权威的论述，覆盖标准C++以及由C++所支持的关键编程技术和设计技术。

新的C++11标准使得程序员能以更清晰、更简明、更直接的方式表达思想，从而编写出更快速和高效的代码。在最新出版的第4版中，Stroustrup博士针对最新的C++11标准，为所有希望更有效使用C++语言编程的程序员重新组织、扩展和全面重写了这本C++语言的权威参考书和学习指南，细致、全面、综合地阐述了C++语言及其基本特性、抽象机制、标准库和关键设计技术。